‘We shape our tools and thereafter our tools shape us.’

MARSHALL MCLUHAN

我们塑造工具，尔后工具又塑造我们。

中国 · 武汉

DELFT DESIGN GUIDE

设计方法与策略（第二版）

[荷] 代尔夫特理工大学工业设计工程学院 著

倪裕伟 译

DELFT UNIVERSITY OF TECHNOLOGY FACULTY OF INDUSTRIAL DESIGN ENGINEERING

PERSPECTIVES MODELS APPROACHES METHODS

代尔夫特设计指南

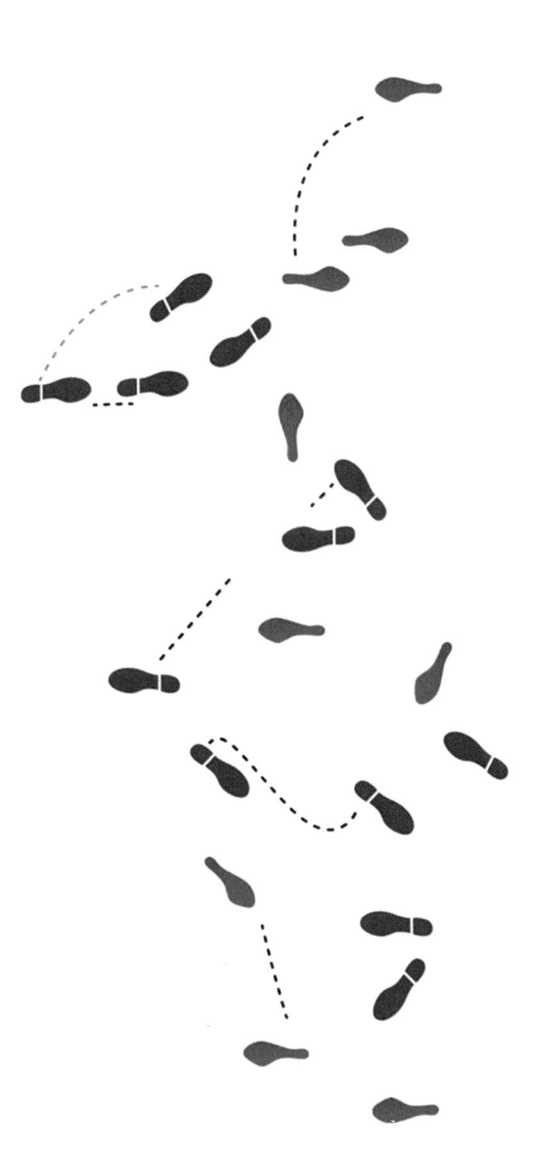

引言

代尔夫特理工大学工业设计工程学院（Delft Faculty of Industrial Design Engineering）创始于20世纪60年代，在几十年的设计教学中，一直采用系统化方法。但这些方法并非都无可争议。荷兰作家Godfried Bomans曾断言："在思想的境界里，方法如同拐杖；真正的思想者能行走自如。"

许多设计师赞同他的观点。优秀设计师似乎从不依赖特定的方法，他们将成功归功于直觉、创造力与专业能力。

确实，设计师的创作离不开直觉、创造力和专业能力。针对"解决问题的行为"和"设计思维的过程"的研究也充分证明了这些能力的本质与作用。但这并不意味着方法在设计领域毫无立足之地。

尽管有诸多的批评与质疑（20世纪60年代一些"设计方法运动"的教父们开始驳斥自己曾经的观点），但设计方法从未在历史舞台上消失。它们常被用于设计教学。设计研究最重要的目的也是寻找更好的设计方法。在设计咨询领域，不少咨询公司招揽客户的杀手锏正是自己独有的设计方法。

1991年，我与Johannes Eekels共同创作了《产品设计：基本原理和方法》（Product Design: Fundamentals and Methods）一书。此后，代尔夫特理工大学工业设计工程学院的学生一直在此书的影响下学习设计。书中的内容最早能追溯至20世纪70年代的设计课堂，很多内容现在看来依旧经典。然而，如今的设计领域正在发生翻天覆地的变化，工业设计师也活跃于服务设计与社会经济产品的开发。除产品工程学外，社会行为学也在产品开发中起着举足轻重的作用。此外，生产力和消费力也在与日俱增，新的技术将设计工具的研发推向了新的高度。

许多新的设计方法在此发展过程中不断涌现。于是，《设计方法与策略（第二版）：代尔夫特设计指南》应运而生。书中涵盖了最新的设计方法。众所周知，传统的设计教材总是枯燥地解释方法，而忽略了实际应用。《设计方法与策略（第二版）：代尔夫特设计指南》则放弃了对设计方法的赘述，对所有方法只做简明扼要的阐释，并附注参考信息以便读者查阅进行深入学习。如何针对特定的目标和相关资源制作项目计划？何时在怎样的情境中如何应用某个特定的方法？使用某个方法能或不能得到哪些结果？这些实际的问题，你都能在书中找到答案。

感谢你选择《设计方法与策略（第二版）：代尔夫特设计指南》！这本书对设计方法的理论研究做出了重要贡献。此书第一版广受好评，因此，我对第二版的前景充满信心。

Norbert Roozenburg

国际刊物《设计研究》（Design Studies）副主编

代尔夫特理工大学工业设计工程学院首位毕业生（毕业于1971年）

序言

在我职业生涯的早期，我有幸跟随澳大利亚著名设计师Marc Newson设计了那款简洁又精致的福特021C概念汽车。那是Marc初次体验交通工具设计。在高强度的设计过程中，他向我形容："这就像同时在设计500款产品"。

汽车设计让人无比兴奋，但又极为复杂。在某种程度上，就其本身的复杂性及其对社会和人类生活的影响而言，汽车可以算得上是设计的巅峰产物。我现在的国际设计团队每天都在经历着Marc所经历的过程：团队共有550名成员，分布在全球的6个工作室，从圣保罗到上海，随时都在同步推进50至60个设计项目。我经常称赞我们的团队是创意设计机器。

在这些项目中，我们和上下游的合作伙伴紧密合作，其中不乏市场研究员、产品策划师、工程师、软件开发团队、制造供应商、市场营销与销售等多种合作伙伴。对很多人而言，创意过程是难以捉摸的。设计模型、设计思路和设计方法可以提高创意过程的透明度和时间把控度，能帮助我们更好地与来自其他领域的参与者协同作业。

我们使用了有效的设计方法和流程协助团队和谐地达成愿景共识。我们需要这些方法和流程保证项目处在正确运行的轨道上：应对正确的未来挑战，瞄准准确的目标客户，提升品牌价值，控制进度和预算等，同时还要遵守诸多的法律规范。

汽车行业正处在电子化、互联化、自动驾驶化、共享化的巨大变革中。在都市化等大趋势的推动下，自主拥有汽车出行正逐渐向出行服务转变。我们不仅要为人们提供自由便利的出行服务，满足人们互联的需求，还要寻找对环境负责的解决方案。人类社会渴望消除交通事故，提升生活品质，节约宝贵的时间。这些千载难逢的变革正在寻求新的解决方案，而新的解决方案需要新的方法。

当然，再强的设计工具也无法保证解决方案的创造力和有效性。这仍然取决于每个设计师的才华、直觉和专业技能。但是方法所构建的框架可以为我们创造从容有序的思考空间和反思时间。根据我的亲身经历，我知道真正进入创造力爆棚的状态是需要一定的时间的。

我很高兴向你介绍这本《设计方法与策略（第二版）：代尔夫特设计指南》。看到本书精选的许多方法，我很开心（也有些放心）。我深知它们的价值，因为我们每天都在使用。但更重要的是本书提出了许多有启发性和挑战性的问题，并提供了新的模型和思路供读者尝试。

本书所提及的设计观点、设计模型、设计思路和设计方法宛如作曲家所需的乐器。虽然仅用一支长笛也能演绎一曲美妙的旋律，但是为什么不试试运用完整的管弦乐队来谱一曲动人的交响乐呢?

Laurens van den Acker

雷诺集团设计执行副总裁

1990年毕业于代尔夫特理工大学工业设计工程学院

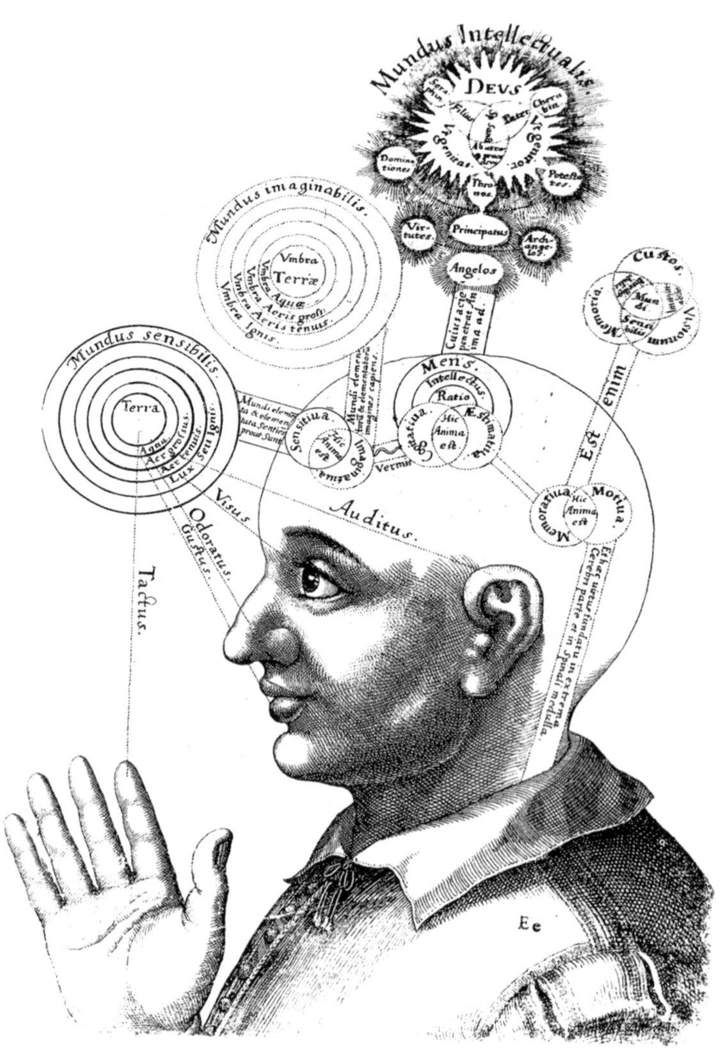

17世纪初，英国医生Robert Fludd设计了这幅大脑思维简图；
下图为21世纪初一款模块化智能手机的分解图。

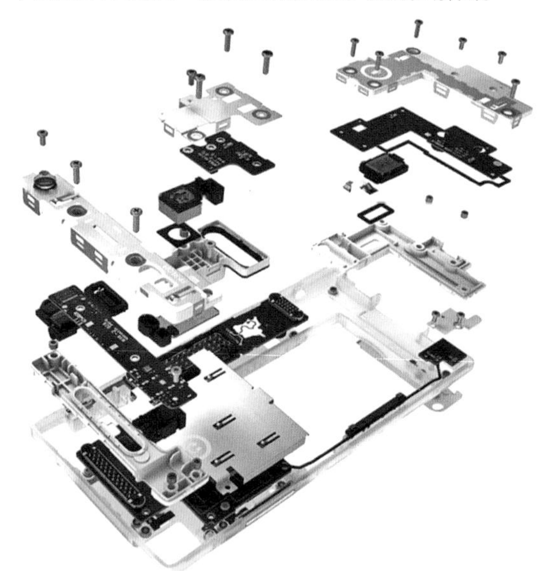

前言

在实际的产品开发、服务设计和其他表现形式的创意过程中，往往需要全面的纵览、深刻的洞察、强有力的辅助手段帮助我们选择和理解正确的设计观点，以便定义设计目标，了解设计理论模型，选择合适的思路和方法。《设计方法与策略：代尔夫特设计指南》（英文版2013年出版）在此需求下应运而生。这本书在世界各地的设计教育机构和设计实践领域受到推崇，让我们喜出望外。它对塑造“代尔夫特设计”的形象和语言发挥了很大的作用，并促进了代尔夫特设计文化在全球范围的推广和普及。感谢本书的图形和版式设计师Yvo Zijlstra（来自Antenna-Men公司），他出色的图形设计和版式设计使得本书成为一本集启发性和易读性于一体的不可多得的参考书。得益于此，《设计方法与策略：代尔夫特设计指南》被全球众多设计机构和学校采用。感谢我们的中国校友倪裕伟，本书中文版于2014年出版。2015年，日文版也已出版。

《设计方法与策略（第二版）：代尔夫特设计指南》对第一版做了全面的改版。第二版再次集中呈现了代尔夫特理工大学工业设计工程学院在设计教育中运用的设计观点、设计模型、设计思路和设计方法。书中提供的工具集对设计师有着重要价值，同时也能让我们深入了解代尔夫特设计思维的独到之处。令我们自豪的是，本书是代尔夫特理工大学工业设计工程学院众多同事自下而上共同创造的智慧结晶。

设计领域正在迅速发生变化，时隔六年，我们感到对第一版进行全面回顾和改版的时机已经成熟。融合“人-科技-组织”的模型依然是本书的核心。设计领域的关注点正在从实体产品和个体用户转向更广泛的层面：实体产品和个体用户仅仅是更庞大系统的一部分，非实体产品设计（比如服务设计）和非直接用户在这个更庞大的系统中也同样举足轻重。人们越来越关注设计对人类、环境和社会所造成的影响，即设计的理由。当设计变得越来越复杂，设计工作也需要新的或更适合的方法。

《设计方法与策略（第二版）：代尔夫特设计指南》主要有四点修改。首先，新增了50多页内容；第二，内容结构划分更为清晰（分为设计观点、设计模型、设计思路、设计方法）；第三，删除了第一版的部分主题，对部分主题进行了合并；第四，所有主题都用新增的“思维方式”模块进行了充实，这个模块阐释基本的设计价值观和原则。

希望大家在学习本书的过程中获得愉快的体验！

编辑

Annemiek van Boeijen

Jaap Daalhuizen

Jelle Zijlstra

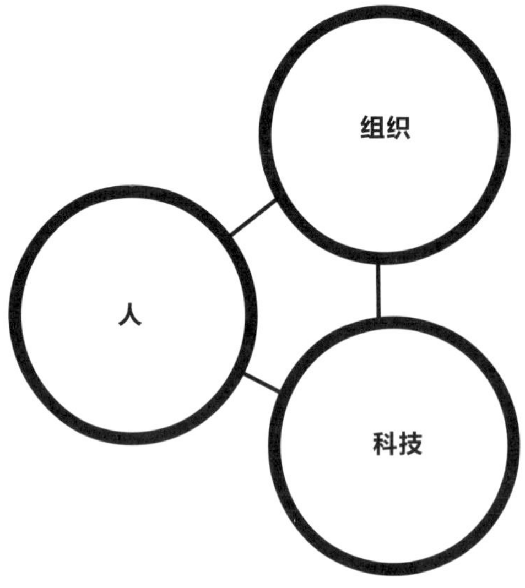

代尔夫特理工大学
工业设计工程学院

致谢　本书的创作离不开诸多设计研究人员的专业知识、灵感和研究技能，也离不开代尔夫特理工大学工业设计工程学院管理团队的支持。在此，要特别感谢为本书做出贡献的教职人员以及学生。我们相信本书的出版是对所有贡献者辛勤付出的肯定！

Aadjan van der Helm, Anton Jellema, Arjen Jansen, Armaĝan Albayrak, Arnold Vermeeren, Bas Flipsen, Bert Deen, Carlos Cardoso, Chen Hao, Chèr van Slobbe, Conny Bakker, Corné Quartel, Corrie van der Lelie, Dirk Snelders, Elif Ozcan Vieira, Ellis van den Hende, Elisa Giaccardi, Elmer van Grondelle, Elvin Karana, Ena Voûte, Erik Jan Hultink, Erik Roscam Abbing, Esther Zijtregtop, Frido Smulders, Froukje Sleeswijk Visser, Gerd Kortuem, Gert Pasman, Gert Hans Berghuis, Giulia Calabretta, Ingrid de Pauw, Jan Buijs (in memoriam), Jan Schoormans, Jan Willem Hoftijzer, Jasper van Kuijk, Jeroen van Erp, Johan Molenbroek, Joost Vogtländer, Jos Kraal, Lilian Henze, Lianne Simonse, Katrina Heijne, Koos Eissen, Maaike Kleinsmann, Marc Tassoul, Marcel Crul, Marieke Sonneveld, Marielle Creusen, Marina Bos-De Vos, Mathieu Gielen, Matthijs van Dijk, Mieke van der Bijl-Brouwer, Nazli Cila, Nancy Bocken, Norbert Roozenburg, Nynke Tromp, Paul Hekkert, Peter Vink, Petra Badke-Schaub, Pieter Desmet, Pieter Jan Stappers, Pinar Cankurtaran, Remco Timmer, Remke Klapwijk, Renee Wever, Richard Goosens, Roos van der Schoor, Roy Bendor,

Ruud Balkenende, Sicco Santema, Stefan van de Geer, Stella Boess, Sylvia Mooij, Thomasz Jaskiewicz, Valentijn Visch, Wilfred van der Vegte, Wouter Kersten, Wouter van der Hoog, Students of the master course Design Theory Methodology 2018-2019

DELFT DESIGN GUIDE 目录

设计观点 - 设计模型 - 设计思路 - 设计方法

阅读指南

本书是为所有设计师以及希望成为设计师的朋友编写的。它能帮助你理解代尔夫特式设计师的思维方式、工作方式和工作内容。从本书采编的丰富设计观点和设计方法中，不难看出设计的应用领域非常广泛，能应用的工作方式和工具也极其多样。我们采编了一系列的设计观点、设计模型、设计思路、设计方法，旨在实现以下四个目标。

首先，帮助你在设计项目中有序地进行发散思维和聚合思维活动，确定并选择与设计问题相对应的解决方案；其次，帮助你在制定决策时，找到和使用正确的信息和知识，从而有效推进项目开展；再次，记录和传播一种能促进你与他人协作的工作方式；最后，让你成为更棒的设计师，掌握强有力的设计工具，以便应对未来的挑战！

帮助建立思维方式

当下，设计发挥作用的领域和应用场景愈发错综复杂，例如，设计推动医疗体系改革的政策，或者设计改善人与气候关系的方案等。这些设计问题极其复杂，不仅需要专业的知识技能、创造力、缜密的执行力，还需要高效的跨界合作。本书内容可以帮助你在面对这类设计挑战时发挥作为设计师的作用。但我们认为仅此还不够，我们希望代尔夫特理工大学工业设计工程学院的文化、价值观、工作方式和设计原则能打动你，在你心中生根发芽。通过这些，我们可以清晰地看到代尔夫特设计师的共同基因。比如，我们坚信以人为本和循证设计，我们推崇迭代思维和共创思维。方法论只是基础，设计从业人员需要建立思维方式，让方法有效地融入设计，让工作变得更有意义。因此，第二版的每种方法介绍都增加了“思维方式”模块，帮助读者理解这些方法如何以及为何能达成相应的设计目标。当然，对设计师而言最重要的还是成功地解决设计难题，并最大程度地发挥自己的作用。

引导设计反思

我们所理解的设计是以目标为导向的、旨在创造变化的活动。这个概念并不新鲜，早在1996年，诺贝尔奖得主Herbert Simon就在他的《人工科学》一书中这样定义：“所谓设计就是试图找到一个能够更好地改变现状的途径。”从Simon对设计的描述中，不难发现设计具有其内在的不确定性。设计师在探索新领域（有时甚至是从未涉足的领域）时，不禁会问：“什么样的状况比现状更好？”设计师发现并定义创新和改进的机遇，他们思考在特定的情境中什么才是对人类有意义和有价值的，并敢于明确立场，引领创新。当设计师问“现状到底有什么问题”时，他们其实是在挑战既定的设计任务和设计问题。他们不断提问，直到找到问题的根本原因，找到核心价值作为设计的切入点。当设计师问“哪些执行方案可以更好地改变现状，需要哪些人参与才能实现”时，他们其实是在推动设计解决方案的开发，以实现改变现状的途径。他们推动想法和愿景落地，并反复探索其潜力，以实现所需的改变。他们不断思考在如今我们所处的复杂体系中，如何才能用最小的投入实现最大的效果。

本书包含了丰富的设计观点、设计模型、设计思路和设计方法，可以帮助你有效地克服设计过程中的不确定性，从而实现设计目标。但有一个重要的先决条件：你要自己掌握方向，并反复思考什么样的工作方式才能最有效地帮助你达成目标。你不仅要反思自己的价值观和信念，还要反思服务对象和合作伙伴的价值观和信念。你应该不断追问以下三个核心问题：一、我想实现和贡献什么？二、达成目标的最佳方法是什么？三、我是否仍处在达成目标的最佳路径上？简而言之：要反思！

实现共创与协调

设计是一项综合性活动。设计师需要与客户、内部利益相关者、外部利益相关者、不同领域的专家、用户等一同工作。本书中的设计观点、设计模型、设计思路和设计方法的一个重要作用是为创新项目和实践提供通用框架和语言，以促进参与设计的各种人员之间的有效协作与信任。

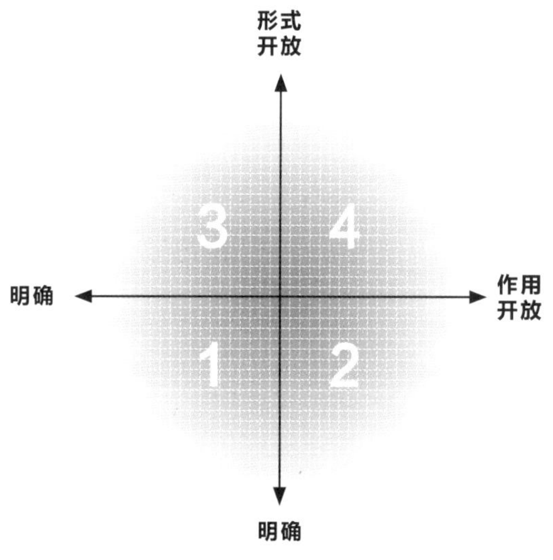

项目导航图
（来源：Jeroen van Erp）

指导设计方向

设计项目通常沿着两个维度展开：作用和形式。作用是指设计的预期效果。形式是指设计在现实世界中的表现方式，例如，实体产品、服务、App、游戏。设计项目的作用和形式都可以进一步用是否明确或开放来划分，从而形成四个象限。判断项目处于哪个象限，可以帮助我们找到合适的思路和方法达成设计目标。当然，这个世界并非如象限所展示的那样泾渭分明，我们应该将此图作为参考。你的经验越丰富，就越懂得如何利用这张图。

1.作用明确，形式明确

典型的设计任务：设计产物的形式和作用都是明确的，例如，为公共交通设计自动售票机。在这个设计任务中，无论是设计的作用还是表现形式在一开始就已经确定。

此类设计任务可以选择以用户为中心的设计思路贯穿整个设计流程。运用设计访谈、焦点小组等方法挖掘和验证用户需求。在问题分析阶段，可以运用WWWWWH方法生成相关问题。运用需求清单收集和管理项目开发过程中的所有需求。

2.作用开放，形式明确

这类设计项目往往聚焦于创造新的商业模式或对现有的商业模式进行拓展。此类项目的表现形式往往与企业或组织的资产相关，例如现有的生产设施、技术实力和销售渠道等。以GPS导航产品闻名的TomTom就是一个很好的案例。智能手机出现后，TomTom意识到向消费者销售硬件产品不再是可持续的商业模型，因此，公司开始改变策略，成功实现了业务模式从B2C向B2B的转型，改变了资产结构。

此类设计项目可以借助“产品创新流程”规划整体设计流程；运用SWOT和品牌DNA等方法分析理解企业的现状；使用商业模式和需求清单等方法定义设计大纲；根据创意解难的思路来开发和测试解决方案。

3.作用明确，形式开放

此类项目通常迫切需要推动实现某个特定领域或现状的改变。2017年获得博士学位的Hester Le Rich开发了一个叫做“魔法桌（荷兰语：Tovertafel）”的设备，它可以为智力障碍人士及其身边的人创造幸福的体验。该项目的设计目标一开始就明确提出要为智力障碍人士的生活带来积极作用，但是设计形式并没有明确的限制。

此类设计任务可以选择以用户为中心的设计思路，使用情境地图、用户观察等方法深入洞察相关领域。这些洞识和见解又可以通过人物画像、旅程图等方法进行整合。头脑风暴和How-to等方法可以用来辅助产生创意；而这些创意概念则可用讲故事和体验原型等方法测试和改进。

4.作用开放，形式开放

此类设计项目往往着眼于探索某个领域（如医疗领域或交通领域）未来的可能性。这就有必要站在超越现状的视角，构建未来的愿景。以重新设计心理健康护理体系为例，这个项目由行业内众多的企业和机构共同发起，期望在2030年之前改善现有的心理健康护理状况。该项目展望的是改变现有的固化体系，构建一个动态多元的未来心理健康护理体系。

此类设计项目可以遵循“ViP产品设计法则”的思路来组织工作，并借助预期作用或提案方向等方法探索、定义未来趋势。然后运用头脑风暴或How-to方法辅助产生创意，并使用讲故事和体验原型等方法测试和优化创意。

贯穿项目全程

设计项目通常不会局限在某个单一的象限中。随着项目的开展，它在导航图中所处的位置也会转移，直到最终进入第一象限。例如，Boyan Slat的“海洋吸尘器”项目便是从第三象限以开放的形式开始探索的。后来，他发现大约有一千条河流将80%的塑料垃圾带入海洋。因此，他提出“关闭水龙头”的概念，认为这更有利于清理海洋塑料垃圾污染。这使他产生了海洋垃圾拦截器的想法，这时，项目进入到了第一象限。有时，设计项目的目标可能不明确，甚至相互矛盾，让我们很难确定它到底应该处于哪个象限。遇到这种情况，应该多向项目各方提问，收集更多有效信息，共同确定真正的设计目标。

很多创业公司的项目在导航图上“漂泊不定”。因为此类项目往往始于某种观察到的现象、某个灵感，或者对某种技术导入市场机会的主观预判，换言之，其表现形式相对明确，但其作用相对开放。可是，在项目推进过程中，创业者可能会发现这些初始创意的表现形式并不合适。于是，项目往往会在第二象限和第三象限之间徘徊。创业者通常会在用户价值和商业机会上反复权衡，直到想法成熟，才会聚焦于某个特定的象限，长期投入资源。

“我们要习惯通过他人的眼睛看世界。”

布鲁诺·穆纳里

设计观点

设计观点是描述性的，它们往往强调力求达到的效果和品质。例如，可持续设计描述了设计的预期效果及其重要性。许多设计观点往往与某种特定的设计思路及若干种设计方法相关联。这些设计思路和方法可以在设计项目中帮助设计师达到所需的设计效果。

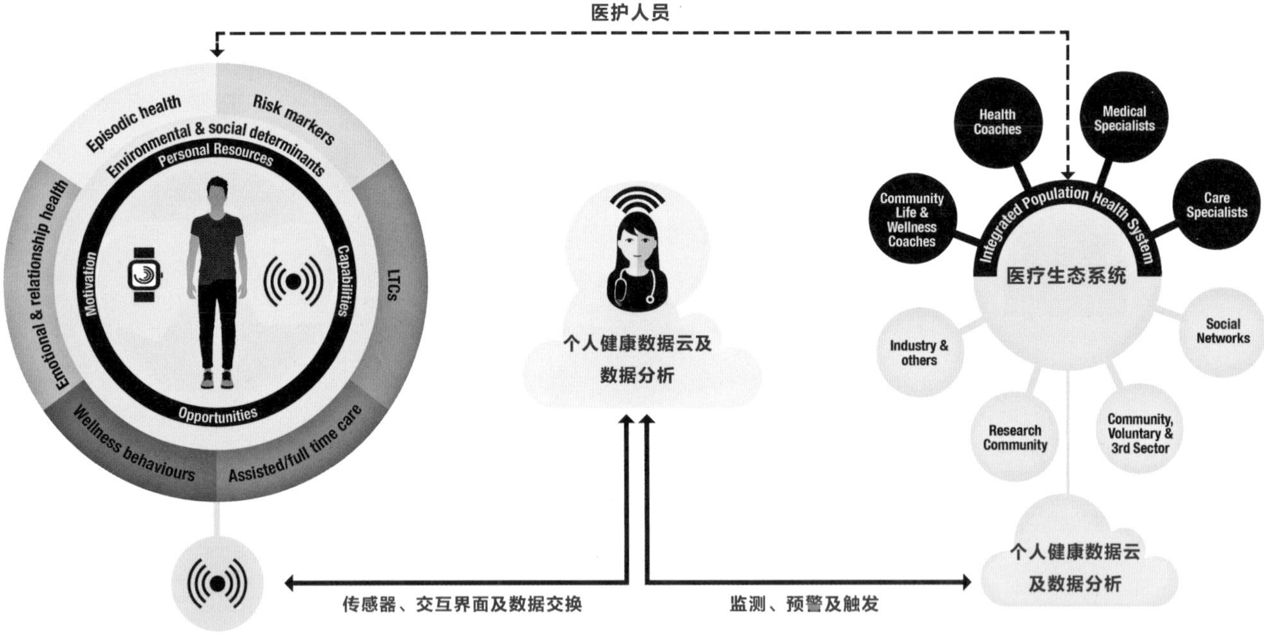

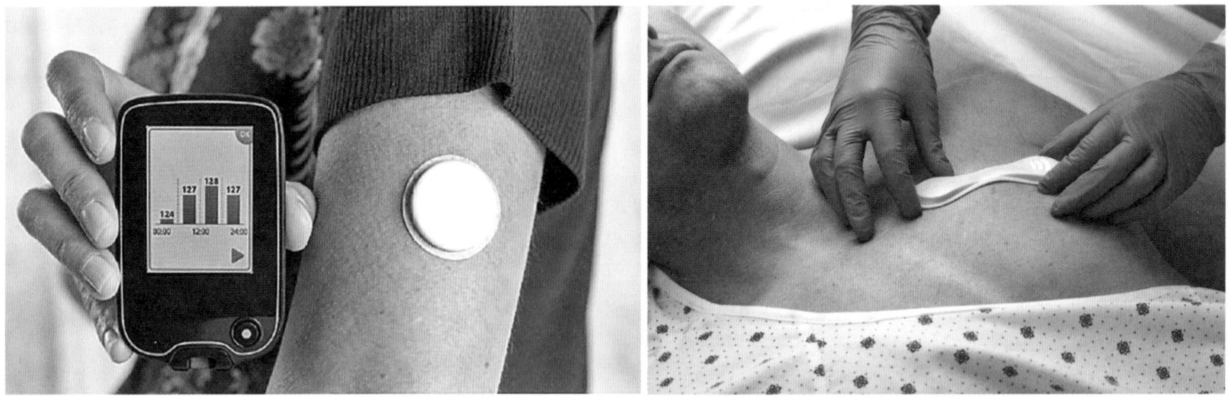

生物传感器是与智能手环、智能手表截然不同的可穿戴设备。它是一种自粘性的贴片，患者佩戴后仍然可以自由行动。它主要用于采集患者的运动轨迹、心率、呼吸频率和体温等数据。此类设备的使用可以有效预防患者心跳和呼吸骤停，从而大大降低患者病情恶化的概率。它表明可穿戴设备具有改善患者康复条件的作用，同时也能为医护人员减轻工作负担。

设计观点

为健康和幸福而设计

“为健康和幸福而设计”的设计观点可以帮助设计师了解医疗保健系统的复杂性，明确不同利益相关者的需求和期望，从而设计出为人类健康幸福生活增加价值的创新可持续性解决方案。

内涵及原因

医疗保健环境包含物理环境、信息环境及组织环境。对于一个需要被照顾的人而言，这个复杂的环境可能会让他产生困惑。医疗和护理服务过程中包含病人、专业医疗人员、医疗产品和服务之间的各种互动，错综复杂。此类过程通常受到明确的规程和道德规范的严格限制，涉及诸多利益相关者：患者、护理人员，以及各种跨学科的专业医疗保健人员。所有个体都来自不同的背景，关注点也截然不同。这就导致了他们之间的互动是以一种“多语言”的方式进行的。

医疗保健系统提供护理的方式在不断变化。医疗保健成本的增加和人员的短缺，使得我们急需尝试不同的方法来维持高质量可持续的医疗保健服务。这些新的挑战让护理流程变得更加复杂。疾病预防将会在未来的医疗体系中发挥越来越重要的作用。虽然当前的护理体系依然重点关注治疗病人，但未来的重点将更多地放在预防疾病上。因此，个人数据（例如健康数据）将会起到至关重要的作用。管理这些庞大的数据可能会让许多医疗保健系统从业者不堪重负。

为了应对日益复杂的挑战，我们需要找到更全面的将医疗保健知识和观察结果有机整合起来的有意义且可持续的解决方案。只有这样，当今的设计师才能为未来的人类健康贡献价值。

思维方式：“为健康和幸福而设计”要求设计师为社会技术系统中的问题寻找解决方案。此类系统的设计需要具备社会意义及可持续性，且应该预见医疗保健体系未来的变化。这需要设计师具备一定的大局观，以及与多学科团队协作的能力。

如何应用

面对复杂医疗保健系统设计，我们可以运用“以人为本设计”“情景化设计”“参与式设计”（如“协同设计和协同创新”）等设计思路来切入。在上述设计思路中，我们通常可以采用“患者旅程图”“患者剖析”“情境地图”“人物画像”等设计方法。

提示与注意

开展研究，全面了解面临的设计挑战，然后设计并提出可持续的解决方案，最后评估并验证方案对医疗保健系统的作用及影响。

为了创造有社会意义且可持续的解决方案，深入了解医疗保健体系及相关流程是至关重要的。

局限和限制

在整个项目过程中，设计师都需要依靠来自不同领域的利益相关者的参与，开展跨界协作。

务必为所有的利益相关者创造能增加价值的解决方案。

参考资料及拓展阅读： Carayon, P. & Wooldridge, A.R., 2019. Improving Patient Safety in the Patient Journey: Contributions from Human Factors Engineering. In A.E. Smith (Ed.), Woman in Industrial and Systems Engineering: Key Advantages and Perspectives on Emerging Topics. Springer International Publishing. / Simonse, L., Albayrak, A., & Starre, S., 2019. Patient journey method for integrated service design. Design for Health, 3(1), 82–97. / Groeneveld, B.S., Melles, M., Vehmeijer, S.B.W., Mathijssen, N.M.C., Dekkers, T., & Goossens, R.H.M., 2019. Developing digital applications for tailored communication in orthopaedics using a research through design approach. Digital Health, 5, 1–14. / Ridder, E. de, Dekkers, T., Porsius, J.T., Kraan, G., & Melles, M., 2018. The perioperative patient experience of hand and wrist surgical patients: An exploratory study using patient journey mapping. Patient Experience Journal, 5(3), 97–107.

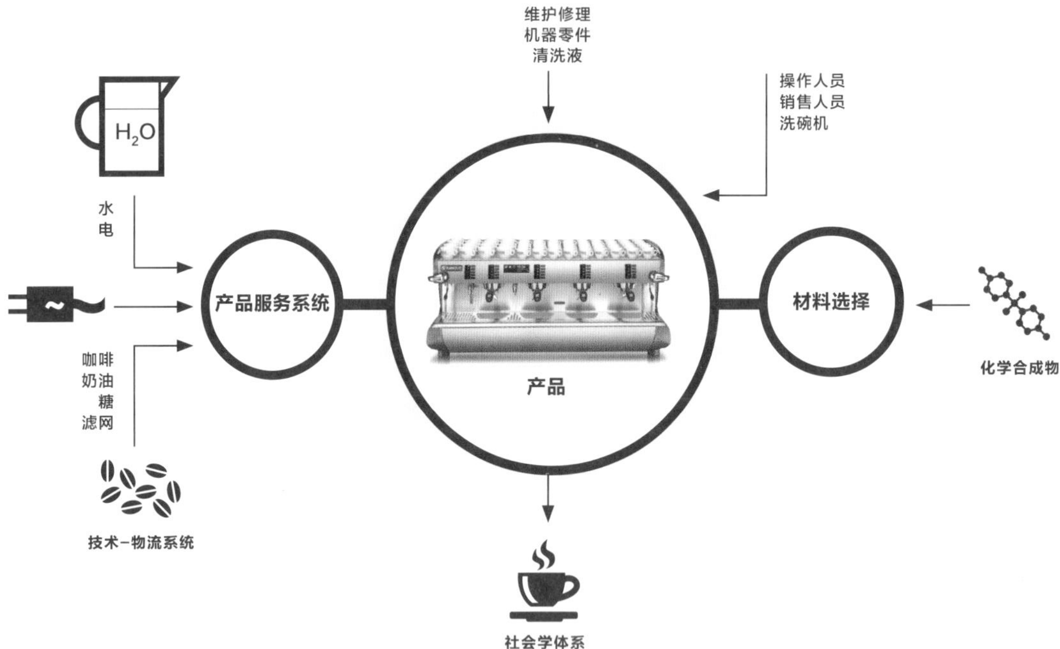

世界上没有孤立存在的产品。在浩瀚的宇宙中，我们所关注的仅仅是极其微小的部分，这部分内容的范围大到社会技术系统，小到化学合成物。实际产品所处的领域通常介于产品服务体系与可用材料选择之间。可持续设计将人与自然的和谐相处摆在首位，它重视系统化思维，鼓励去物质化（用更少的可再生或自然材料创造产品以实现更多的“服务”），强调材料和部件的有机循环利用。

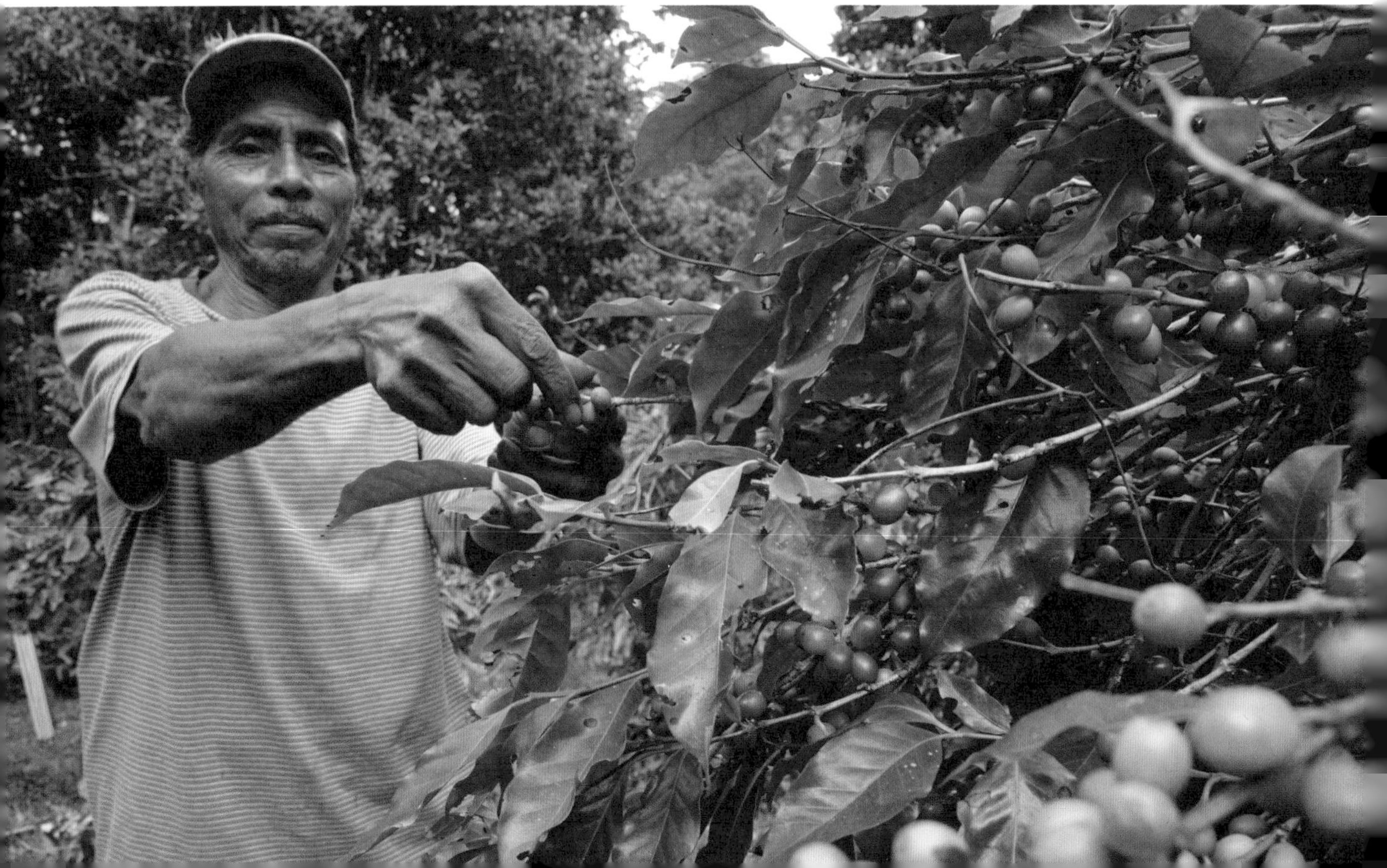

可持续设计

任何产品或服务体系都会对社会和自然环境产生影响。可持续设计的核心目标是产生积极正面的影响，即对社会和自然环境有益的成果。了解如何进行可持续设计是设计师应该具备的基本技能。

内涵及原因

“可持续设计”是指设计有利于自然环境的产品或产品-服务系统，提高人类社会（尤其是贫困落后地区人群）的幸福感，同时促进经济繁荣。

从长远来看，可持续发展无论对人类生存还是幸福生活都至关重要。设计师有责任关注并重视作品可能带来的可持续性影响。在设计项目中，我们往往倾向于优先实现其他更实际的需求，最后才考虑产品-服务体系的可持续性需求。我们需要认识到，可持续性需求与其他需求并不形成竞争关系。可持续性是每个产品-服务系统持续存在的基础先决条件，它影响着我们所作出的每一个设计决策。

可持续性并不是一个可以被解决的问题，而是一个挑战。面对这样的挑战，我们应该做出明智的反应，并从中吸取经验。可持续性本质上也是系统性的。当针对可持续性的某个方面做出选择时，这个决策自然而然也会影响可持续性的其他方面。比如，当你选择可再生材料时，就有可能影响生物多样性。作为设计师，你必须具备系统性思维。当我们面临特定挑战时，任何设计方案都会带来协同效益、溢出效应和负面影响。我们必须了解上述的这些因素，从而使我们的设计干预具有可持续价值。

思维方式：设计师为可持续设计带来的最大价值便是其责任感及系统性思考的意愿。进行可持续设计意味着和谐处理人类福祉、地球环境以及经济效益三者之间的关系。如果设计能为我们的生活带来诸多好处，却对生态造成破坏，则该设计不可持续。

提示与注意

切勿将可持续性的重要程度排在其他需求之后。

在任何产品和服务开发项目的初始阶段就着手解决可持续性问题。

局限和限制

可持续设计是否成功取决于诸多因素，并非所有的因素都可以由设计师控制。

设计师需要有足够的耐心，甚至是足够“顽固”，在设计过程中不断向客户和同事提出可持续设计的观点及其带来的机遇。

设计师不得不在项目中应对可靠数据缺乏等不确定问题。

设计师需要有长远的眼光和开放的心态，保持对社会和科学发展的关注，并根据需要相应地调整设计思路。

如何应用

设计方法多种多样，每种方法都有利弊。如果你对可持续设计比较陌生，则可以从“生态设计清单”“生态设计战略轮”两种方法入手，将这两种方法结合可以看到该领域的全貌。生态设计方法的局限在于它更关注既有产品的渐进式改进。如果你想尝试更基本的可持续设计方法，可以选择“仿生设计”“从摇篮到摇篮”“循环经济设计”等方法。“产品旅程图”“可持续商业模式画布”这两个工具在进行循环经济设计时非常有用。

无论你使用哪种方法进行可持续设计，都应该牢记并遵行以下10条可持续设计的黄金法则!

1 **有毒性：**限制使用有毒物质。如果必须使用，请尝试设计闭合的物料环。

----

2 **壳体包装：**通过更好的壳体和包装设计减少生产和运输过程中的能源和资源损耗。

----

3 **重量：**在不影响性能的前提下，选择可以减轻产品重量的材料和设计。

----

4 **能耗：**考虑终端产品的使用场景，尽可能帮助用户在使用过程中节约能源和资源。

----

5 **升级：**在设计时考虑产品的升级和维修，尤其是使用周期较长的产品以及依赖系统的产品。

----

6 **生命周期：**优化产品的预期使用寿命。

----

7 **保护性：**使用耐用材料及表面处理工艺以保护产品。

8 **信息：**通过可访问链接、标签、模块化设计和产品手册等方式为消费者提供产品升级、维修和回收等方面的信息。

----

9 **混合材料：**混合材料的使用不利于产品回收。尽可能减少材料种类并运用简单的形式。

----

10 **结构：**尽可能减少连接件的使用，避免不必要的螺钉和粘合，寻找更巧妙的几何结构解决方案。

参考资料及拓展阅读： Shedroff, N., 2009. Design is the problem. The future of design must be sustainable. Rosenfeld, USA. / Crul, M., Diehl, J.C., Ryan, C. (Eds.). 2009. Design for Sustainability, a step-by-step approach. United Nations Environment Program. / Papanek, V.J., 1985. Design for the real world. Human Ecology and Social Change. Academy Chicago Publishers. / Bakker, C.A., 2019. Ten Golden Rules of Design for Sustainability. Proc. PLATE 2019, Product Lifetimes and the Environment, Berlin.

印度新德里首次引入的这种斑马线技术巧妙地利用了光学错觉，迫使司机在快速行驶中减速。
右图：根据蓝光照射可以使人情绪平静的理论，日本火车站开始安装蓝光LED面板，作为预防自杀的措施。
东京大学的一项研究表明，过去10年的数据显示火车站自杀次数因此下降了84%。

肯顿长凳是敌意建筑的典范。这是一种有争议的城市设计，旨在防止人们以不良的方式占用公共空间。
此类设计的形式可能是尖锐或者倾斜的长凳，在商店台阶和窗台上安装螺栓，甚至在平坦表面上安装间歇出水装置等。
肯顿长凳的设计主要为了不让人们在板凳上睡觉、藏匿毒品或玩轮滑。

设计观点

为行为改变而设计

“为行为改变而设计”旨在设计改变人们行为的产品和服务。此类设计项目基本上都是跨学科的。其设计成果可以帮助人们提高意识、实现预期行为或保持优选行为。

内涵及原因

设计师越来越多地被要求创造产品、服务，或者两者结合的方式来帮助人们改变行为。

“为行为改变而设计”运用了心理学和社会科学的模型来描述行为的心理学过程。从心理学可知，人们改变自己的行为时往往会经历三个阶段：（1）意识到新行为，包括沉思和尝试新行为的意图；（2）准备并开始新行为的动作；（3）维持并习惯新行为。设计师应该了解并尊重目标用户行为改变的三个阶段，并依此相应地调整设计。行为的改变通常是设计成功的主要评判指标，我们可以在交互行为进行中通过体验导向指标进行评估，也可以在交互行为后立即通过目标导向指标进行评估，还可以在交互行为发生一段时间后通过行为导向和态度导向指标进行评估。“为行为改变而设计”并不严格将目标限制于行为改变（通常可以理解为身体动作），也可以将目标定位于提高意识、影响社会变化或促进认知变化等。

例如，我们设计一款智能药盒，其主要作用是帮助患者每天选择正确的用药量，并在患者没有服药的情况下发送劝导性的提醒信息。该设计所要实现的行为目标可以非常清晰地传达给患者。当然，此项目还涉及到了道德伦理层面的考虑，比如患者对药盒的依赖性，以及该智能系统的可信赖度等。还有一些软性推广案例不会将行为目标清晰地传达给用户。例如，一家糖果店为推广某款糖果，会将糖果放置在柜台附近触手可及的位置上。在这种情况下，人们会不知不觉地受到糖果放位置的影响。这种无意识的行为可能与某些用户的行为意图（比如饮食健康）背道而驰。

思维方式：“为行为改变而设计”涉及道德问题，其重要性往往由具体产品或服务及所处的情境决定。

提示与注意

务必考虑道德问题，参阅本页“思维方式”部分。

为了更好地了解个体行为，设计师需要了解人们所生活的社会文化背景。

要与不同学科领域的专家及利益相关者展开合作，例如心理学专家、人类学专家、执行伙伴、目标用户等。

不仅要关注能在短期内快速改变行为的动机，还要考虑长期改变行为的动机策略。

对可能出现的意外结果和困难敏感状况进行预判。

“为行为改变而设计”通常需要通过共创和观察逐步迭代实现。

局限和限制

设计师通过设计产生的行为影响是有限的。在实践中，许多（有时无法预料的）个体和社会因素会影响个体行为和设计效果。

如何应用

可以运用多种设计思路和方法来进行“为行为改变而设计”。本书中的“说服性游戏设计”方法可以运用游戏激励元素为行为改变设计提供设计秘诀。我们还可以运用CARDS-FOR-CHANGE卡牌来探索和选择行为改变技巧，用于设计之中。

参考资料及拓展阅读： Prochaska, J.O., & DiClemente, C.C., 1983. Stages and processes of self-change of smoking: toward an integrative model of change. Journal of consulting and clinical psychology, 51(3), 390. / van der Kooij, K., Hoogendoorn, E., Spijkerman, R. & Visch, V., 2015. Validation of games for behavioral change: connecting the playful and serious. International Journal of Serious Games, 2(3), 63-75. / Cash, P.J., Hartlev, C.G., & Durazo, C.B., 2017. Behavioural design: A process for integrating behaviour change and design. Design Studies, 48, 96-128. / Darnton, A., 2008. An overview of behaviour change models and their uses. GSR Behaviour Change Knowledge Review (p. 81). Retrieved from https://research.fit.edu/media/site-specific/researchfitedu/coast-climate-adaptation-library/climate-communications/messaging-climate-change/Darnton.-2008.-Behaviour-Change-Models--Uses.pdf

能够深入挖掘用户情绪的设计，不仅能满足用户表达的需求，还能为用户提供更高层面的体验。
音乐家可以和演奏的乐器建立高度良性的关系。研究表明许多音乐家在表达情绪时和他们演奏的乐器是融为一体的。
那些把乐器视为身体一部分的音乐家们在表演时通常会显得更加自信而不易焦虑。
图：小提琴演奏家和指挥家David Oistrakh（1908-1974）。

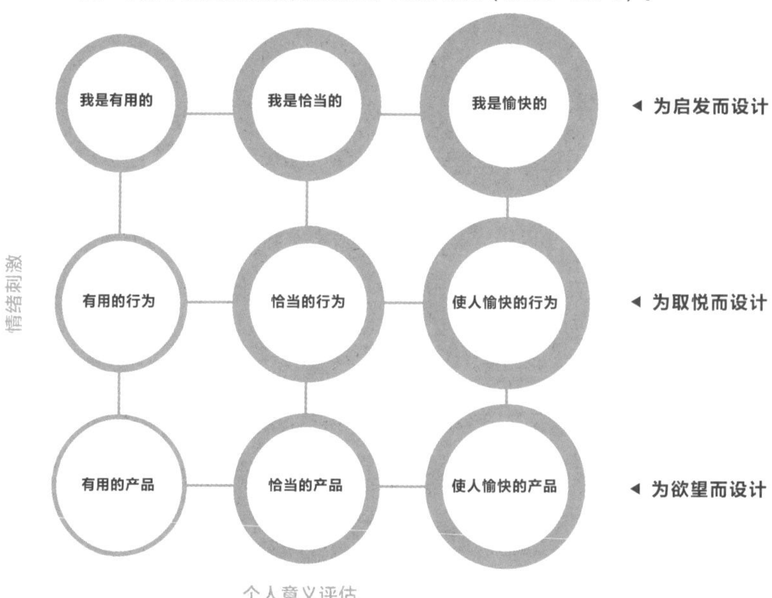

人类与物体的情绪联系表现为以下三个层面：本能层面、行为层面和反思层面。
普拉奇克（Plutchik）的情绪进化理论将情绪分成基本情绪以及对基本情绪的反应两种类型。

设计观点

情绪化设计

情绪化设计是一种在设计过程中将预期的情绪影响作为主要设计原则的设计观点。

内涵及原因

情绪化设计是一种针对预定义情绪取向进行产品设计的系统化设计思路。可用于（1）定义合适的情绪效应；（2）收集相关用户信息，以便实现该情绪效应；（3）设想能唤起该情绪效应的设计概念；（4）评估设计概念在多大程度上唤起了预期的情绪效应。情绪化设计从设计中的情绪基础模型出发，帮助设计师区分设计过程中需要考虑的不同层面的情绪联系。

情绪基础模型中的两个关键变量为刺激因素（stimulus）和关注点（concerns）。刺激因素主要表现在物体本身、使用行为和用户情境三个层面，关注点主要表现在目标、标准和态度三个方面。这两个变量组合形成了产品的情绪九宫格（见左页图）。

思维方式：情绪化设计以认知研究方法为基础，对伴随人类经验不断进化的情绪进行分析。情绪在人类认识和理解世界的能力中扮演着极为重要的角色。积极的经历激发我们的好奇心，而消极的经历帮助我们避免重蹈覆辙。它需要我们用分析的视角来看待情绪，并以研究为依据进行设计。

如何应用

测量情绪的方法有许多种，例如PrEmo（产品情绪测量仪）。访谈的方法可以用来探索情绪与潜在目标和需求之间的关系。

关注点 通过三个问题确定用户潜在的关注点：（1）他们的目标是什么？可以提及一些物品，询问他们想要通过它完成什么或者期待看到什么。（2）他们的标准是什么？这可能会涉及到用户本人及周边人针对目标物体的行为反应的期待和看法。（3）他们的态度是什么？这是指用户对目标物体、人或行为的好恶是怎样的。以上三个关注点应该不仅限于相关的物体本身（即所需设计的产品），还与使用产品过程中的行为活动以及使用情境中的人（包括用户）有关。

反应 在使用情境中观察用户当时的情绪反应，以确定其关注点。观察所得的既有情绪反应可以作为用户访谈的切入点，进而挖掘更深层次的关注点。

冲突 着重留意用户不同关注点之间可能存在的冲突，这些冲突能为创造新设计提供空间。设计概念的情绪效应可以通过PrEmo进行测量。

提示与注意

用户在与产品的交互中至少能体验到25种不同的情绪。在设计过程中，应首先定义预期情绪，因为不同的情绪需要不同的设计。

情绪化设计即为用户的关注点而设计。因此，必须研究用户并确定用户的关注点。

用户关注点应表述为：“我想要……”“我，某人，某产品应该……”或“我喜欢……”

这些表述应尽可能具体，不仅要包含用户的目的，还要涵盖他们的评判标准及态度。

局限和限制

情绪化设计只关注设计中的情绪效应而忽略其他设计中必要的因素与需求，因此建议将它与其他常用设计思路方法结合使用而不要单独使用。

虽然此设计观点的基本概念很容易理解，但在具体实践中需要使用者具备一定的经验。

参考资料及拓展阅读： Desmet, P.M.A., 2012. Faces of Product Pleasure; 25 Positive Emotions in Human-Product Interactions. International Journal of Design, 6(2), pp. 1-29. / Desmet, P.M.A., Fokkinga, S.F., Ozkaramanli, D., & Yoon, J., 2016. Emotion-driven product design. In: H.L. Meiselman (Ed.), Emotion Measurement (pp. 405-426). Amsterdam: Elsevier. / Desmet, P.M.A. & Schifferstein, N.J.H., 2012. Emotion research as input for product design. In J. Beckley, D. Paredes, & K. Lopetcharat (Eds.), Product Innovation Toolbox: A Field Guide to Consumer Understanding and Research (pp. 149-175). Hoboken, NJ: John Wiley & Sons. / Ozkaramanli, D. & Desmet, P.M.A., 2012. I know I shouldn't, yet I did it again! Emotion-driven design as a means to subjective wellbeing. International Journal of Design, 6(1), pp. 27-39.

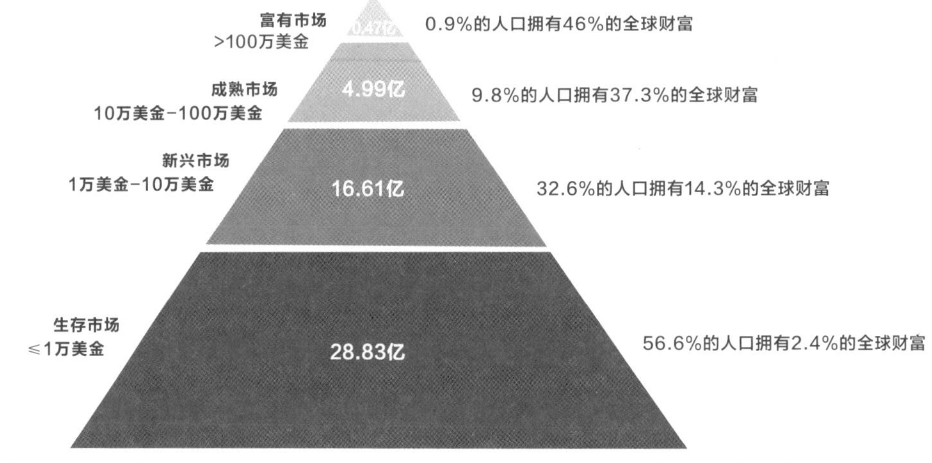

大多数公司专注于顶级市场，而全球成年人口中有四分之三处于财富金字塔底部，他们基本上没有被覆盖。在发达国家，大约有20%的成年人属于这一类。全球27亿人每天的生活费不足2.5美元。（来源：瑞士信贷银行2019年全球财富报告）

一升水照明计划（Liter of Light）是巴西设计师Alfredo Moser的开源设计，主要用于为采光差的贫民窟住房提供低成本照明瓶用于白天室内照明。该装置很简单：在一个透明的2升瓶子中装满水和少许抑制藻类生长漂白剂，然后装入屋顶的洞口中。白天，瓶子里的水会折射阳光，为室内提供相当于40-60瓦白炽灯泡的照明效果。照明瓶的使用寿命长达5年。该计划已在超过15个国家安装了35万多盏照明瓶，并将技术无偿授权给当地的草根创业者。

为大多数人设计

为大多数人设计意味着为世界上拥有较少财富的人口设计产品和产品服务系统。这些人通常生活在生产和消费快速增长的新兴市场国家。

内涵及原因

大多数产品是为处在世界经济金字塔顶端（ToP）的用户设计的，这些产品并不适合绝大多数处在世界经济金字塔底端（BoP）的人群。ToP产品通常价格昂贵，生活在贫穷地区的BoP人群难以承受，且不适合当地的实际情况。一般设计师对BoP人群的社会经济背景不熟悉，因此，需要通过全面的情境研究（contextual research）来获得对目标用户和产品使用情景的共情理解。BoP场景中的设计项目面临的另一个挑战在于利益相关者的多样性和复杂性。此类项目往往牵涉到除公司以外不同利益和背景的政府机构、非政府组织、援助基金会和学术机构等。

思维方式：为BoP项目工作的设计师坚信获得福利和幸福的权利应该在全球范围内更加平等地分配。在为陌生的环境进行设计时，必须抱着开放的态度。至少要对自己的假设进行足够的质疑：比如，当地的规范是什么，设计应该做什么，好的设计是什么等。此外，设计师还需要为各种不确定的意外情况做好准备，以便灵活应对。

如何应用

通常需要结合当地的实际情况，使用现有的设计模型、思路和方法。比如，需要根据目标人群的文化特征调整参与式的研究方法（参考“文化敏感设计”）。在针对BoP环境和新兴市场进行设计时，需要特别关注以下原则：

· **可购性（affordability）：** 设计师首先要面临的挑战便是设计一款用户买得起的产品。降低产品成本的策略有多种，注意从全局考虑，不要只考虑降低产品的生产成本，还要关注整个系统，权衡所有利益相关者（包括当地创业者）的利益。

· **可达性（accessibility）：** 目标用户通常居住在基础设施落后的偏远地区，产品应该让他们方便获取。

· **可行性（availability）：** 如果产品在当地生产，就必须考虑生产材料和生产技术的可行性。

· **可靠性（reliability）：** 设计方案应该可靠，且易于维护和就地维修，从而减少对外界的依赖。

· **可持续性（sustainability）：** 设计方案应该具备可持续性，不破坏当地脆弱的生活环境。

· **可接受性（acceptability）：** 必须全面深刻了解目标人群、潜在用户以及设计所影响到的相关人群的机遇和好恶。要意识到他们既是本地文化团队的成员，也是全球社区的成员。

上述原则是整合设计、整体设计及跨学科设计思路的重要组成部分，主要用于激发本土化和国际化的创业项目。

提示与注意

设计师作为一个“局外人”，需要先做好功课！当地人的生活方式和行为方式通常建立在悠久的历史基础之上。在进行干预之前，最重要的是先了解人们所作所为的内在原因。

需要额外注意的事项：建立信任、放下成见、理解文化差异、处理落后的基础设施带来的障碍。这往往需要比常见设计项目花费更多时间。

现有的情景化设计研究方法需要根据当地的情况做出调整。

对BoP组织而言，针对西方市场的产品质量、消费者喜好、安全性等要求不一定适用。

为了更好地了解当地情况，设计师需要亲自体验当地的环境。

世界格局瞬息万变，“发展中国家”“东西方”等概念已经过时，它们既不能反映也无法证明现实情况。

局限和限制

产品或服务的成功取决于众多因素。许多设计甚至根本无法进入市场，这在BoP环境中尤其显著。因此与当地人及有经验的人合作极为重要。

参考资料及拓展阅读： Jansen, G.J. & Crul, M.R.M., 2012. Sustainable Product Innovation: A Do-it-yourself Toolkit for SMEs in Emerging Economies. Delft: Delft University of Technology. / Kandachar, P.H., de Jongh, I. & Diehl, J.C., 2009. Designing for Emerging Markets-Design of Products and Services. Delft: Delft University of Technology. / van Boeijen, A.G.C., 2015. Crossing Cultural Chasms: Towards a culture-conscious approach to design. Doctoral Thesis, Delft University of Technology, Delft. / Mink, A. 2017. Design for Well-Being: An Approach for Understanding Users’ Lives in Design for Development. Doctoral thesis, Delft University of Technology.

奢侈品牌Gucci出品的这款价值890美金的Balaclava黑色高领羊毛帽衫的设计灵感来自“经典滑雪面具”，设计师将领子延伸到了嘴部。2018年产品发布时，在社交媒体上引起了轩然大波。有人将它称为“千禧一代的高级定制黑脸扮装”。黑脸又称涂黑脸，是戏剧化妆的一种形式，主要由非黑人表演者使用，以表现黑人的形象。Gucci的这一系列做法助长了刻板的种族印象传播。
最终Gucci品牌发表了道歉声明，并从新品系列中全面下架了这件毛衣产品。（Gucci，维基共享资源）

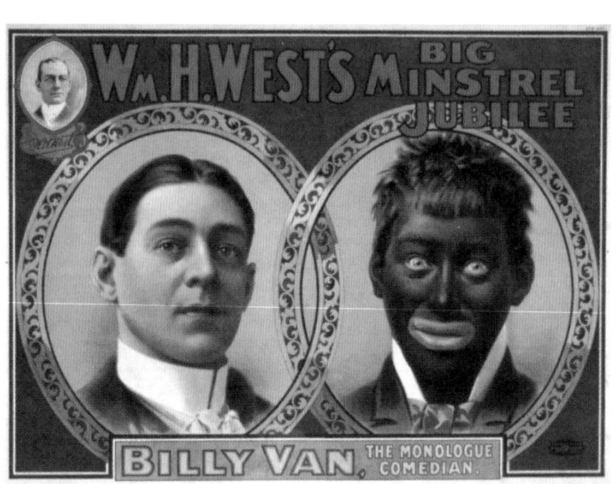

设计观点

文化敏感设计

“文化敏感设计”是一种强调文化对设计师背景、设计过程、设计产物的影响的设计观点。这只对文化背景敏感的“眼睛”，能帮助设计师发现机会，克服文化影响所造成的壁垒。

内涵及原因

设计项目通常会审视个体价值观、个体需求、普遍价值观、普遍需求，但文化视角常常被忽略，或者没有明确提出。文化背景对设计认知的影响是一把双刃剑。

在全球化的背景下，社会相互关联，多文化群体错综复杂，人们有着不同信仰、价值观、行为习惯，这是设计师面临的重大挑战。我们可以将它视为需要解决的问题（为了避免文化冲突），也可以视为生活在不同文化背景下（如不同地区、职业、家庭、状况、气候、经济、人口、政治等）人们的一种积极的态度转变。

设计师不仅要注意目标人群的文化背景，还要充分了解自身文化对设计产生的影响。

思维方式：培养文化意识和文化敏感性必须具备好奇心、开放的思想以及广泛的社会历史兴趣。文化敏感设计需要设计师反思自身的文化背景，了解其对自身价值观和信仰的影响，以及对自己设计作品的意义。

如何应用

“文化敏感设计”提供的模型可以帮助设计师更敏锐地审视文化、筛选方法、探索文化背景。其理论基础来自人类学、设计史、社会学等学科。设计师需要将这些理论与实际需求融会贯通。例如，文化循环（the circuit of culture）模型是包含五个影响事物文化意义环节（生产、消费、规则、表征、认同）的综合模型。

有一种与人物画像（Persona）相似的新方法名为文化画像（Cultura）。它可以帮助设计师深入了解人们的文化背景，并在新产品或服务开发的早期阶段引入跨文化的共情理解。社会文化维度（sociocultural dimensions）卡片和跨文化鸿沟（crossing culture chasms）卡片能够帮助设计师提出文化特征问题，并根据特定的价值取向产生创意。

提示与注意

文化是综合性名词，不易界定，无法具体化。因此，设计师需要具备开放灵活的头脑和广泛的兴趣。

个人往往不认为自己是某个文化群体的代表。我们可以用森林打比方：森林可以分为各种类型，如热带雨林或地中海森林，尽管不同类型的森林有差别，但它们也有共同点。

文化敏感性有助于设计师根据目标用户调整设计研究方法，并帮助设计师针对不同文化背景下的设计表达形成自己的立场。文化敏感性还能帮助设计师明确在特定文化背景下所包含或排除的目标人群。

局限和限制

文化敏感设计将每个人视为群体成员，因此，缺少对个体差异的关注。

文化敏感设计并没有强调大多数个体的共同点，例如人类行为的普遍原则。

为规避设计失误，应该将设计敏感性纳入到常规的设计流程中。

参考资料及拓展阅读： du Gay, P., Hall, S., Janes, L., Mackey, H., & Negus, K., 1997. Doing Cultural studies: The Story of the Sony Walkman. London: Sage Publications (in association with the Open University). / Hao, C., van Boeijen, A.G.C., & Stappers, P.J., 2017. Generative research techniques crossing cultures: a field study in China. International Journal of Cultural and Creative Industries. / van Boeijen, A.G.C., 2015. Crossing Cultural Chasms: Towards a culture-conscious approach to design. Doctoral Thesis, Delft University of Technology, Delft. / van Boeijen, A.G.C., 2020. Culture Sensitive Design: A guide to culture in practice. Amsterdam: BIS Publishers.

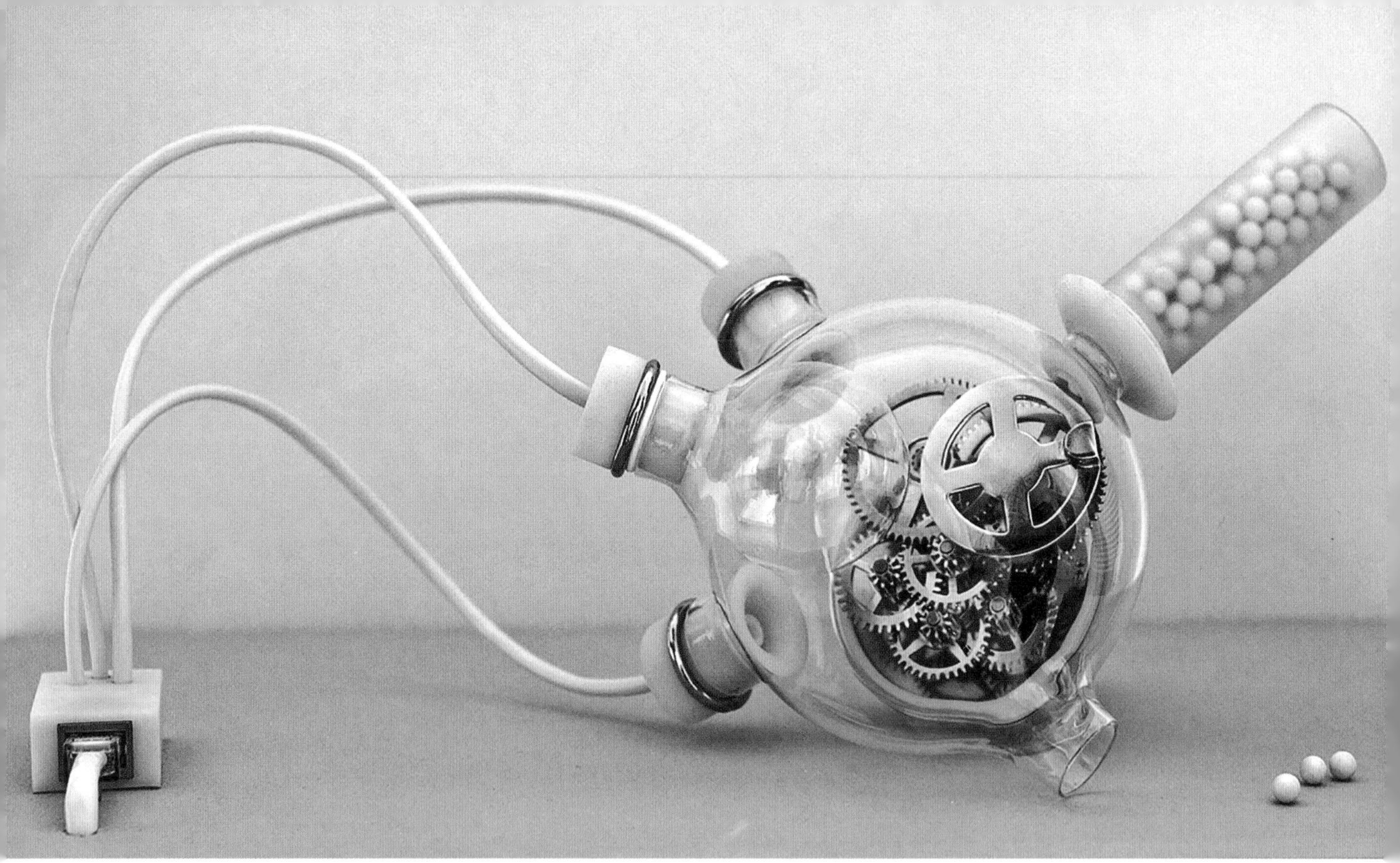

这是一个人工生物钟设计作品，它着重强调：当今社会里女性的生殖潜力受当下复杂的社会压力和期望所支配，而不再遵循人体的自然规律。
该生物钟装满了医生、疗愈师和银行经理等通过互联网提供的各种服务信息，如果一个女性需要清楚地了解自身的状况，只要查看这个生物钟即可。
当这些复杂的因素都协调同步时，闹钟会提醒她具备生孩子的条件了。（RevitalCohen，2008）

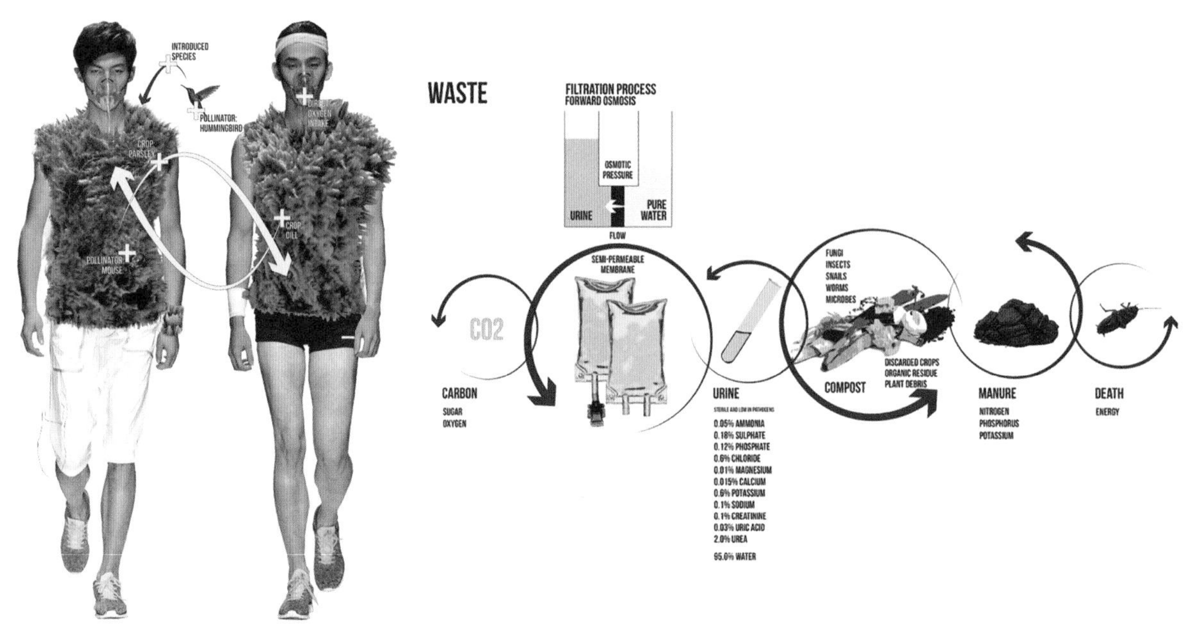

“后人类栖息地”是一套可穿戴景观系统。这套服装可以促进健康的饮食和生活方式。
景观植物利用身体排出的废物作为养料，它鼓励穿戴者多从事户外活动，以便让植物进行充分的光合作用。
生物、人工制品、环境的边界在此已经模糊，融为一体。该设计中身体系统和植物生态是共生的，人类变成了栖息领域的一部分。
（www.foreground-da.com）

设计观点

思辨设计

“思辨设计”旨在围绕重要的社会问题创造并推动批判性的论述。设计师通过激进挑衅的有形设计推测未来的可能性，试图揭示社会问题，激发社会想象。运用此观点推测未来，可以针对当前社会现状与问题提出质问，并深入思考未来的替代方案。

内涵及原因

在处理社会困境时，思辨设计将未来作为大背景，帮助设计师摆脱当前的社会认知、规范和行为限制。它为设计师创造自由想象的空间，让他们思考和表达人类当下及未来生活方式的后果。思辨设计可视为一种交流形式：邀请用户对问题进行反思和辩论，推演未来情境（如同试穿衣物），从而发现更合适的方案。

思辨设计的想象自由和未来导向的特点非常适合处理错综复杂的“抗解问题”（wicked problem）。此类问题的特点是各种新兴且互相关联的因素动态地交织在一起，像谜团一样。因此，传统的设计形式难以处理。思辨设计从多个维度探究问题，而不急于解决问题，从而为解决这些问题提供新视角。

思维方式：思辨设计在多个时间点上进行，从而暗示不一样的过去、现在和未来。为了做到这一点，设计师和用户都需要暂时放下对设计结果的怀疑。用可信度（感觉这样的未来会实现吗？）取代合理性（这在未来会实现吗？）作为评估结果的标准。用内在一致性的感觉取代外在真实世界的参照。

如何应用

思辨设计通常开始于将当前社会、文化、技术趋势映射到未来场景里，然后运用设计工具、技术、媒介将未来的可能性制作成具有启发性和想象力的实际场景。

虽然思辨设计没有单一的标准或常规形式，大多数设计师会从针对未来的研究（或未来学）中提炼设计技巧，比如，“趋势预测”（Trend Foresight）、天际线扫描（Horizon Scanning）。但更常用的方法还是“场景描述“（Written Scenarios），提出假设（what if）问题并据此得出合乎逻辑的结论。（参考“趋势预测”和“场景描述”）。用这种方式对未来进行多元化推导，往往可以得到出乎意料且令人回味的结果。

思辨设计通常以讲故事的形式进行，因此会运用大量的虚构技术。其主要目的是创造出既令人信服又能充分引发争议的叙述和情境。

提示与注意

思辨设计的意义在于激发设计师和用户的想象力，以及对多种可能性的感知。

思辨设计不应与其他面向未来的设计技术相混淆，尤其是设计幻象（Design Fiction）。设计幻想可以看作是对未来的应对方式，而非对未来的延展性的描绘。

构建激发想象的情境的有效方式是更微妙地运用修辞手法，比如幽默、讽刺、怪诞夸张等。

既要体现设计对自己的意义和影响，又要对设计保持批判性的距离。

局限和限制

思辨设计的成功取决于所选场景（包括时间范围、文化背景等）与核心角色之间的契合度，以及针对用户的解释策略（如何解释他们现有的社会想象、文化比喻、背景信息等）。

切记：如果设计场景过于遥远，或者情境缺乏可信度，或者交互缺乏一致性，那么设计结果将更像是对未来的幻想而不是批判性的猜测。

参考资料及拓展阅读： Dunne, A., & Raby, F., 2013. Speculative everything: design, fiction, and social dreaming. Cambridge, Mass.: MIT Press. / Wakkary, R., Odom, W., Hauser, S., Hertz, G., & Lin, H., 2015. Material Speculation: Actual Artifacts for Critical Inquiry. Aarhus Series on Human Centered Computing, 1(1), 97-108. / Wilkie, A., Savransky, M., & Rosengarten, M. (Eds.)., 2017. Speculative Research: The Lure of Possible Futures. Abingdon, UK; New York: Routledge. / Bendor, R., van der Helm, A., & Jaskiewicz, T. (Eds.)., 2018. A Spectrum of Possibilities: A Catalog of Tools for Urban Citizenship in the Not-So-Far Future. Delft: Faculty of Industrial Design Engineering, Delft University of Technology.

新西兰的毛利部落不认为自己是宇宙的主人，他们把自己看作是宇宙的组成部分。
为了赋予旺阿努伊河与人类相同的合法权益，他们进行了长达140年的法律斗争，最终在2017年赢得了这场官司。
这意味着旺阿努伊河将被视为一个不可分割的生命实体，而不是从所有权和经营权的角度来看待它。
这种观点并不是反对河流的开发和经济利用，而是将河流视为生物，并以此信念为中心考虑它的未来。（维基共享资源）

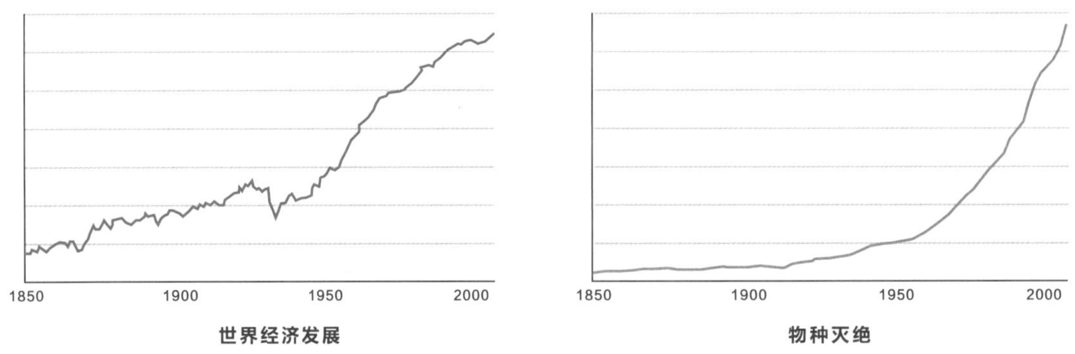

经济增长图表带有明显的政治色彩。它将错综复杂的现实简化，排除了经济以外的现实问题。
在过去的一百多年里，除了个别时期，我们一直在盲目快速向前发展。
当我们对比另一张同时期的物种灭绝图表时，才意识到这种进步不过是一场人类孤独的胜利。
（来源：爱达荷大学）

设计观点

超人类设计

“超人类设计”考虑非人类实体（植物、动物，甚至智能事物）的知识和行为，其目的在于针对人类和非人类的交汇点建立新的意义和行为秩序。

内涵及原因

我们正在通过设计改变地球以满足用户的需求和欲望。虽然设计意图是好的，但其结果并非都是积极的，例如气候变化、资源枯竭、监控资本主义等。超人类设计主张人类不只是用户，也是生态系统的一部分。在这个生态系统中，能够通过行为产生影响的不仅是人类，植物、动物、智能事物都可以创造新的可能性。

思维方式：超人类设计提倡，为了探索可能面对的未来世界，我们需要跳出以人类为中心的世界观来探究世界会发生什么。这种探究是有必要的，不是因为人类不重要，而是因为，由于人类被视为产品消费者的设计理念的存在，人类社会已经很大程度威胁到生态的包容性、多样性和健康性。

如何应用

运用超人类设计观点，设计师可以尝试获取关于非人类实体的知识和行为，并将它们运用到设计工作中。这有助于我们开发出新的协同设计方法。非人类视角指的是植物、动物、智能事物的“观点”，即它们能“看到”什么，对我们理解设计情境有什么样的帮助。非人类视角可以通过运用多物种民族志和科学技术研究的方式结合到设计过程中。我们可以通过智能相机、计算机、生物传感器以及相关算法实现对非人类实体的研究。值得注意的是，其重点并不是如何像鸽子一样看待事物，也不是如何与鸽子产生共鸣，而是批判性地增强人类的观察视角、丰富我们的考虑范畴、挑战人类视角的盲点和偏见。这些局限尤其存在于所获取的非人类事物数据轨迹和人类理论分析的交汇处。

以本指南中的“物志学”（Thing Ethnography）方法为例，它可以应用在智能互联产品的设计中。这类智能互联产品可以感知和交换数据，并通过分布式计算机网络自主处理数据。该方法的主要目的是描绘出产品生态系统内相互间的依赖关系及其潜在的社会影响。当然，本指南中其他“以人为中心”提出的方法同样可以扩展应用到对植物、动物、智能事物的知识和行为探索中。

提示与注意

超人类设计观最主要的挑战是要建立起对非人类事物知识规模和知识类型的设计敏感度。

例如，要获取一条已发挥数百年作用的河流的相关知识意味着什么？调查的边界在哪里？如何将调查结果呈现在多学科交叉的团队面前，以便于讨论？

要培养认知、理解与非人类事物联结可能带来潜在不适、紧张的能力，以及做出妥协的能力。例如，如何保护动物不受伤害？在尊重个人隐私的前提下，哪些数据是可以采集并使用的？

局限和限制

我们的理解本质上受限于人类对生物和智能事物行为的了解程度。我们虽然可以从“超人类”的视角收集很多信息，但是要让设计真正影响人类与非人类系统之间的相互作用，这些信息还远远不够。

参考资料及拓展阅读： Clarke, R., Heitlinger, S., Light, A., Forlano, L., Foth, M., & DiSalvo, C., 2019. More-Than-Human Participation: Design for Sustainable Smart City Futures. Interactions26 (3), 60-63. / DiSalvo C., & Lukens, J., 2011. Nonanthropocentrism and the Nonhuman in Design: Possibilities for Designing New Forms of Engagement with and through Technology. In M. Foth, L. Forlano, C. Satchell, & M. Gibbs (Eds.). From Social Butterfly to Engaged Citizen. Cambridge, MA: MIT Press. / Giaccardi, E. & Redström, J., Technology and More-than-Human Design. Design Issues.

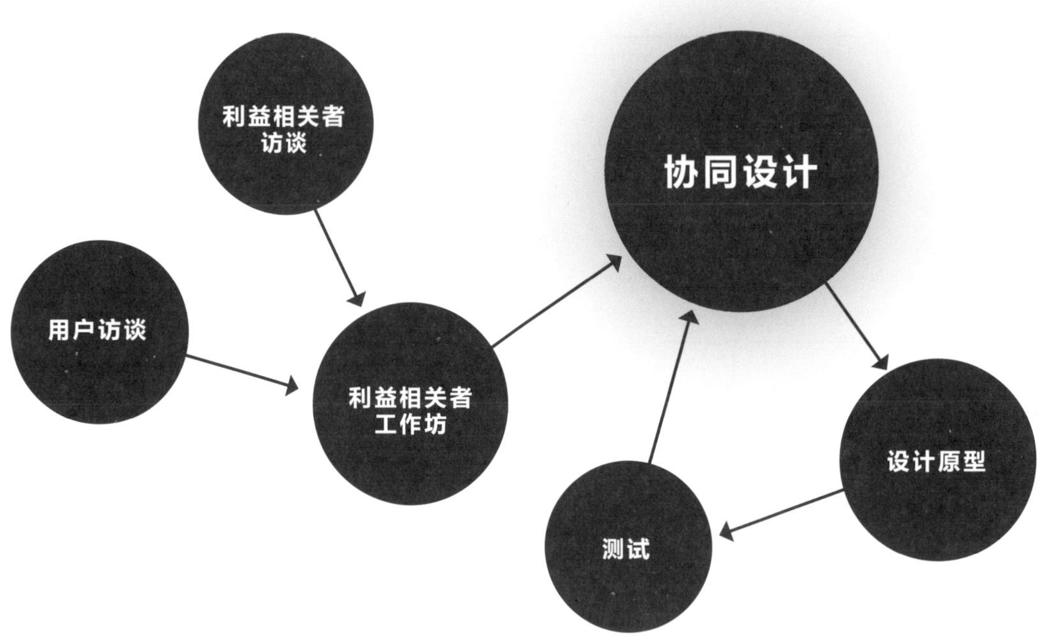

巴厘人把教甘美兰演奏的方法叫“meguru panggul”，即通过乐器手把手进行教学。顾名思义，这是一种几乎完全基于实践的教学方式。老师用接近演奏的节奏进行教学示范，学生进行模仿。这是一个可以充分激发创造力的教学过程，学生和老师相互启发。聪明的学生会问老师：“什么样的演奏方式更好？”为此，老师需要找到更好的方式才不会被学生超越。（照片来源：印尼陆军联络处）

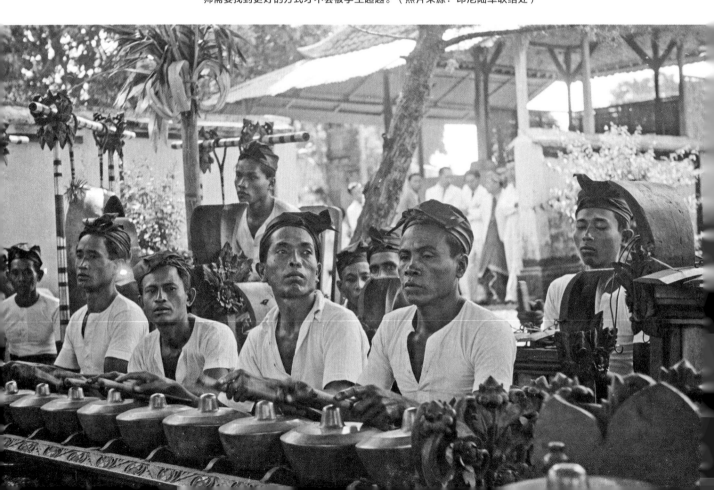

设计观点

深度协同设计

“深度协同设计”是一种重视互惠的设计观点，这意味着要在设计师的关注点和参与者的关注点之间找到平衡。它需要运用常规协同设计过程中的教育原则，提高参与者的设计技能，从而提高参与者贡献内容的质量。

内涵及原因

参与设计的用户可以通过个人经验，以及对特定情境的了解来丰富设计过程。但他们可能并不具备创意思维能力和相关的设计技巧，这会在一定程度上限制他们的贡献。

深度协同设计的关键性原则包括：在学习设计技能的过程中共享学习目标、进行支架式教学并及时提供中间反馈。这有利于设计过程中的反思。在换取参与者产出贡献的同时，参与者的设计技能也在持续提高，这对他们而言是有价值的，他们可以在生活工作中应用所学的技能。在快速变化的当代社会，人们需要运用设计领域的方法来解决现实问题。

如果设计师能将学习活动嵌入到协同设计过程中，就能让参与者做出更高质量的贡献，也能提高用户参与协同设计的意愿。无论是对设计结果，还是设计思考而言，用户及其周围的环境都会变得更加清晰和开放。

提示与注意

由于设计过程包含学习原则，因此参与者能更加独立地工作，这让大规模、人数更多的集体共创成为了可能。

可能会在开始阶段加重设计师的认知负担，因为设计过程中嵌入了教育原则，他们会觉得自己要同时承担用户的学习和设计输出两项重任。

与训练有素的教育工作者合作，可以让职业教师分担一部分深度协同设计过程的指导工作。这样也能帮助他们整合应用其中的学习原则。

局限和限制

虽然参与者的设计技能有所提高，但是要实现高质量的有效产出可能还需要一段时间。

思维方式：深度协同设计要求设计师与参与者实现互利互惠。

如何应用

无需直接传授设计技能，可以通过以下三条教育原则有意识地进行培养：

（1）共享学习目标：设计师需要跟用户明确学习目标并分享具体的成功标准，以便用户对自己的设计流程和设计产物进行自主监管和评估。在设计活动开始前就要同时告知用户学习目标和设计目标。

（2）支架式教学：支架式教学可以帮助用户有效完成他们无法单独完成的任务。支架式教学的主要方式是提供并演示相关案例。比如，主持人可以大声为参与者演示创意头脑风暴。研究表明，与接受常规指导的用户相比，接受支架式教学的用户可以产出大约两倍数量的想法，而且这些想法也更多样化。还可以在支架式教学中使用模板。在小学教育中，使用模板有助于形成更有建设性和启发性的设计表达，这样可以避免用户产生防御性反应，从而提高用户对各种设计表达的接受度。

（3）对技能学习进行反馈：从实践中学习要求对发生的各种事情适时进行反馈。参与者在协同设计的过程中非常需要得到及时的反馈。可以在中途停顿期间让参与者评估自己的学习进展。也可以尝试针对特定的设计技能和相关的成功标准进行反馈。例如，在分享了如何进行发散思维后，可以让参与者在休息时检查他们是否在进行发散思维，并了解如何在下一轮头脑风暴中提高自己的发散思维能力。

上述三条原则可以贯穿深度协同设计的全过程，并且适用于各种用户群体。例如，许多中小学都在课程中优先考虑创造力和设计思维。这些原则也可用于培训各种组织中的非设计人员，提高其设计技能。

参考资料及拓展阅读: Your Turn, toolkit for skilful co-design for use with 8 – 14 year old children: English version: www.tudelft.nl/codesignkids. Dutch version: www.tudelft.nl/yourturn / Klapwijk, R. & van den Burg, N., 2019. Formative assessment in primary education– Involving pupils in clarifying the learning goal of divergent thinking, PATT37, 3-6 June, Malta, 277-287. / Schut, A., Klapwijk, R., Gielen, M., van Doorn, F., & de Vries, M., 2019. Uncovering early indicators of fixation during the concept development stage of children’ s design processes. International Journal of Technology and Design Education, 1-22. / Gist, M. E., 1989. The influence of training method on self - efficacy and idea generation among managers. Personnel psychology, 42(4), 787-805.

漫画家Chris Ware已经成了化日常为神奇的代名词。Ware称漫画“并非一种流派，而是一种发展中的语言”。
阅读漫画是一个的奇妙过程，而不只是看图。他用作品展现了我们每天同现代生活的斗争。
正如所有颠覆性的“创新”一样，我们只有先适应，等内心足够成熟才能掌握它们，否则就会被它们所控制。
（Disconnect, Chris Ware 2012）

设计观点

可视化交互

可视化交互与一系列交互设计方法相互关联。这些方法有助于理解和表达现有交互方式，帮助构思和开发未来的交互方式。在设计交互式产品、用户体验和服务产品时，设计师不仅需要设想用户体验是如何随着时间的推移而展开的，还需要理解用户、产品及环境之间的关系。

内涵及原因

这些可视化技术可以帮助设计师表现事件的发展过程、人物关系、因果关系，以及人物的行为和感受。可视化技术的优势在于将抽象的思考用视觉形式表达，以便设计师和团队成员进行讨论。

将交互进行视觉化表达有助于记录现有的状况，并依此与利益相关者展开讨论。这些方法也是设想新情境及勾画未来交互的主要方式。

思维方式：可视化交互能有效促进分析思维和直觉思考。读者可以像电影观众一样感受用户体验，从而理解涉及的技术和服务。视觉化的内容能让观众轻松理解许多抽象的考虑因素。

如何应用

第一步：思考故事的构成元素并确定要讲述的内容：故事发生在哪里？有谁参与？应该展示的重点是什么？故事该如何开始和结束？时间跨度是一分钟，一天，还是一周？

第二步：按序排列故事元素，明确故事的起因、经过、结果。保持故事整体的可控性。一般的故事板通常由5-7张图片组成。

第三步：赋予每个视觉化内容一个清晰的标题，以便读者快速获取核心信息。制作多个故事板，展示多种设计或情境，将它们并排放在一起讨论。这是一个非常有效的方法。

第四步：将这些可视化内容用角色扮演（Role Playing）、绿野仙踪法（Wizard of Oz）、影视原型（Cinematic Prototyping）等方法关联表达。角色扮演可以将故事板的内容进行意向表达，也可以探索故事板或场景中的多种变化。

时间线：直观表达各部分所需的时长，标明哪些部分是节奏紧凑的、激烈的或平淡的。用视觉标记来指明特定的时刻。

场景描述：用几行文字描述故事，明确用户行为发生的地点和原因。

故事板：用有序的图片讲述一个故事。每张图片用注释补充说明故事发生的时间及原因。

旅程图：将故事板中的注释扩展到一系列平行的“泳道图”中。每个“泳道”描述一个因素在交互过程中的发展过程。例如，用户情绪、技术服务供应商的行为、外部条件、设计标准等。这样可以帮助设计团队发现在某个时间点或一段时间内各因素之间的可见关系和相互依赖关系。

流程图：软件的设计流程图能有效展示决策发生的节点，而时间线可以遵循不同的路径。

提示与注意

用文字说明故事板图片无法清晰表达的内容。例如，故事发生地点，人物动机，或者为什么会发生某种反应。

文字说明通常在首次出现时标注，后续内容只需偶尔提及。

在制作旅程图时，不要局限于用户和服务相遇的触点。

不要遗漏对用户体验（预期、等待）、技术（准备、交付）很重要的部分。

在学习过程中，允许参与者触摸甚至直接在可视化内容上进行书写。

让可视化内容成为表达的公共空间，而不是PPT中一闪而过的插图。

局限和限制

上述所有技巧都只表现了某个单一的时间线，但在真正的交互中人们往往会根据具体情况做出不同的选择。

解决这个问题的一种方法是多讲几个故事，另一种方法是用流程图表达不同的方面。

参考资料及拓展阅读：Van der Lelie, C., 2006. The value of storyboards in the product design process. Personal and ubiquitous computing, 10(2-3), 159-162. / Van der Lugt, R., Postma, C. E., & Stappers, P. J., 2012. Photoboarding: Exploring service interactions with acting-out and storyboarding. Touchpoint: the Journal of Service Design, 4 (2) 2012.

塔德拉尔特阿卡库斯（Tadrart Acacus）的史前洞穴壁画散布在撒哈拉沙漠的一大片山脉上。
这些壁画可以追溯到公元前12000年，是人类最重要的史前洞穴壁画之一。壁画描绘了当时人类使用工具狩猎的场景。
下图：波音艺术总监William Fetter是第一个使用计算机绘制人体的人。图中的人物也被称为“波音人”。
1960年，Fetter在介绍自己为波音公司设计驾驶舱的工作时，创造了“计算机图形学”一词。

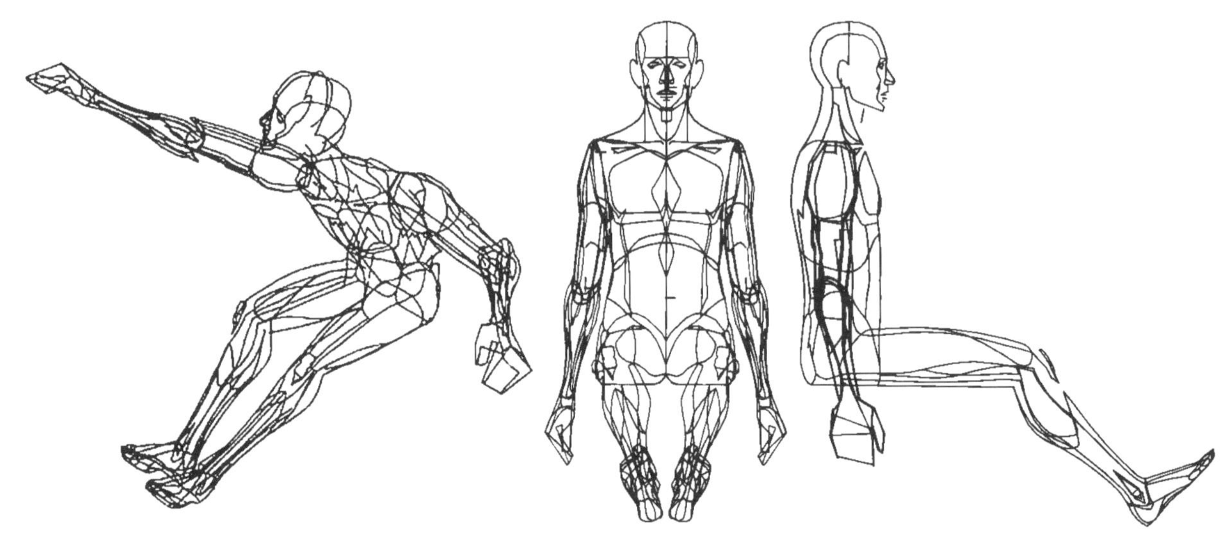

设计观点

以设计绘图为语言

在整个设计过程中，将设计绘图作为一种可视化语言。其主要作用在于探索不同的可能性并表达设计的中间及最终产物。绘图可以促进思考、提高创造力、激发交流、解释概念等。绘图既能在纸上进行，也能在平板电脑上完成。它非常灵活，能在提案中展示设计师的风格，而且易于理解。

内涵及原因

绘画是人类文化的早期标志，它代表了人类独特的创造力，也是人类使用工具的例证。早在史前时代，绘画就已经成为了人类的独特活动。它在文字出现很久之前就被广泛用于交流，也是人类书面语言的基础。

设计绘图贯穿设计流程，对设计方法和创造力的推动有着极其重要的作用。可视化是我们思想的有效表达方式。它可以达到审美、行动、认知、交流等多方面的目的。在设计领域中，画草图可以促进协作、认知发展、交流。绘图是一种建立知识、思想、概念、想法的有效交流方式，我们通过它与团队、客户进行沟通，借助它展示并讨论设计概念，获取对设计的反馈。草图不仅能传达信息，还能表现设计师的风格。

草图（sketching）包含即兴创作（improvise）的意味，它很好地体现了设计所具有的变化和发展的特点。知识的创造、保存、转移一直是绘图和手绘的重要功能。手绘是设计师最主要的表达工具，就像文字是作家最主要的表达工具。

思维方式：随时运用一切可用的绘图技术、工具、方式将自己的观察和想法表达出来。

提示与注意

选择绘图语言要着重考虑结构、视点、构图，使用清晰的线条和色调表达具象和抽象内容。

需要通过不断练习，才能充分发挥手绘在设计中的作用。

从绘制基本形状开始，逐渐增加复杂度和创意探索。一边培养绘画技能，一边提高透视和构图水平。

坚持练习绘画，每日精进!

参考本书四个设计阶段的设计绘图内容。

局限和限制

在设计的后期阶段，其他形式的视觉表达开始发挥作用，例如平面设计、电影动画、CAD渲染等，但这些都需要建立在草图的基础之上。

如何应用

著名艺术家、画家大卫·霍克尼（David Hockney）表示，绘画可以表达各种可能会丢失的想法。艺术评论家约翰·拉斯金（John Ruskin）说，绘画练习可以让绘图者的感知能力变得更加锐利，视野变得更加开阔。

草图既可以表现现有的事物和情景，也可以描绘概念性的思想和想象。这种不受限制的媒介能帮助我们创造性地探索任何事物及场景。

设计师在整个设计过程中都在绘图。草图或其他视觉表达形式可以依据不同的目的进行选择。影响因素包括设计师的意图、设计主题、设计领域、受众、决策方式、信息流方向、所处的设计阶段等。

双钻模型（the Double Diamond Model）将设计分为四个阶段：探索、定义、开发、交付。每个阶段都可以作为草图绘制过程的起点。手绘和视觉表达在这四个阶段的不同作用将在本书的后续部分讨论。

参考资料及拓展阅读： Eissen, J. J., & Steur, R., 2009. Sketching. Amsterdam: BIS Publishers. / Robertson, S., & Bertling, T., 2013. How to Draw. Design Studio Press. / Tversky, B. (2011). Visualizing Thought. Topics in Cognitive Science, 3(3), 499–535./ www.delftdesigndrawing.com/basics.html

“不要惧怕完美——因为你永远无法触达。”

萨尔瓦多·达利

设计模型

设计模型是描述性的，它们描述了设计是怎样发生的。例如，“基本设计周期”描述了设计师在设计工作中的基本思维方式。设计模型通常以非标准化的方式对设计活动进行通用描述。

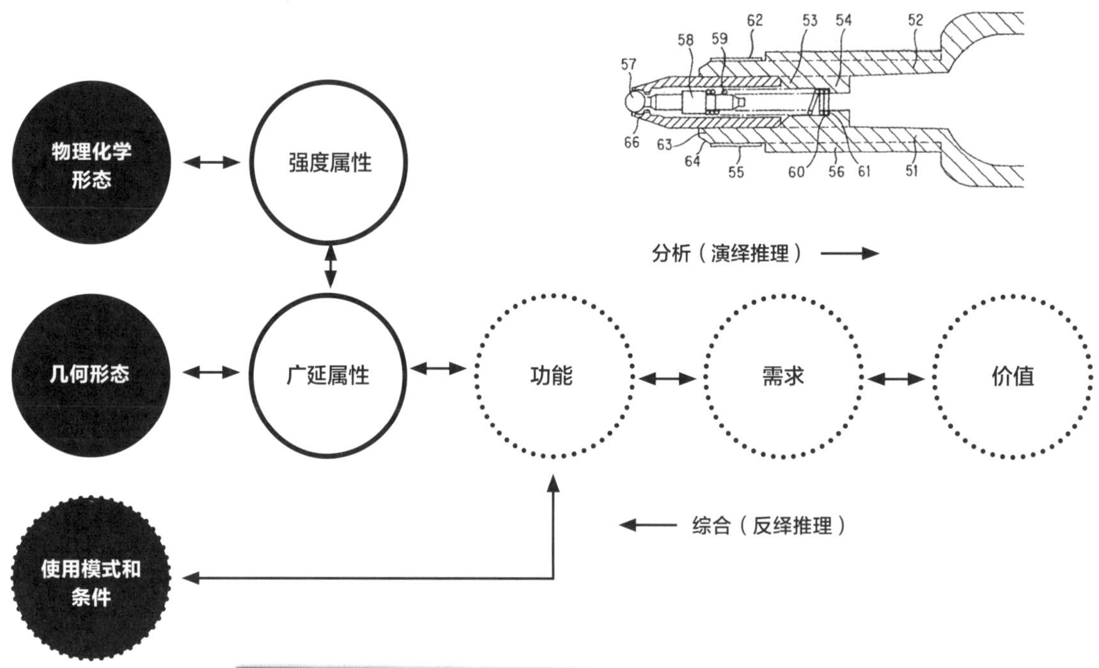

形态	属性	功能	需求	价值
・材质	・重量	・把墨迹写在纸上	・表达	・利润
・外观色彩	・硬度	・展示品牌（预期功能）	・交流	・教育
・尺寸	・书写颜色	・盘头发（替代功能）		・身份象征
・机理	・舒适度			

笔身下部
笔芯
笔身上部
弹簧
圆球
槽口
按钮

设计模型

设计推理

设计推理模型展示了设计师运用逻辑推理的一般过程。该模型主要适用于有形产品设计，也能用于服务设计。它能在不同层面帮助设计师反思设计过程中所做的逻辑推理。

内涵及原因

设计产品和服务是为了实现特定的使用功能，满足需求，提供价值。设计一个产品，即构思其用途，并运用恰当的几何形态与物理、化学（材料）特征实现预期功能、满足预期需求。产品设计的核心在于推理过程，即从产品的价值出发，审视需求、功能、属性，并将它们转化为产品的最终形态。

产品的功能取决于其形态、使用方式及使用情境。这意味着，如果设计师对产品的几何形态与物理、化学（材料）特征有所了解，原则上可预测该产品的各种属性。假如设计师还能进一步了解产品的使用方式及使用环境，则能预测该产品的功能是否符合预期，人们的需求能否实现。这样的推理方式叫做“分析”。然而设计师最熟悉的推理过程往往是从产品的功能推理出形态，即所谓的“综合”——由产品对用户的价值与潜在用户的需求出发，最终得出相对应的形态特征。综合并非演绎的过程，而是反绎的过程。

思维方式：该模型提供了一种结构化的分析思维方式。有些设计师在设计实践中可能不具备这种思维。因此，用这种明确的方式展现不同层次的信息，可以在设计过程中引发更有意义的讨论。

提示与注意

产品的实际功能表现不仅取决于其形态，还取决于使用模式和使用环境。产品的使用情境与产品本身同等重要，因此，设计师需要在设计中对二者一视同仁。换言之，设计产品，也需要设计其使用情境。

局限和限制

直觉和创造力在设计中不可或缺。科学的知识、系统的方式和现代虚拟技术可以辅助设计，但缺乏直觉和创造力会导致设计进程停滞不前。

如何应用

设计推理模型可以应用于多种场合，比如构建自己的思维、与他人建立有效沟通、提出问题、从研究中梳理洞识等。对该模型的描述如下：

形态：在产品设计中具体说明产品的几何物质形态。设计中包含的每个部件均要在产品的生产过程中实现。

属性：产品的形态决定其特定的属性，如重量和强度。这些属性描述了产品在使用环境中的预期行为表现。属性包含强度属性（intensive properties）和广延属性（extensive properties）。前者完全取决于某个部件所使用的材料，如重量。后者由强度属性和产品的几何形态共同决定。例如，某个部件的强度属性和特定的几何形态能决定该部件的承重力。设计师主要关注的是产品的广延属性，因为广延属性直接决定产品的实际功能（用途）。值得注意的是这些属性对应的结果都有正反两面。例如，钢材坚硬，但较重且易生锈；铝材轻便，不易腐蚀，但不如钢材坚硬。设计的艺术性体现在基于强度属性，给予产品特定的几何形态以满足其所需的广延属性。

功能：属性和功能均与物体的使用行为息息相关。产品的属性是客观的，而产品的功能则是主观的。功能表达了设计该产品的目的与用途，这往往由设计师的意图、用户的喜好和目标等因素决定。圆珠笔的设计师着重关注的产品功能可能是将墨迹写在纸上并在笔上体现品牌名称。但用户可能会考虑一些替代功能，例如用于盘头发。功能的种类有很多，譬如技术功能、人机功能、美学功能、语义功能、经济功能、社会功能等等。

需求和价值：一旦具备了功能，产品便能满足相关需求，提供一定价值。例如，圆珠笔既可以满足人们书写表达的需求，同时也具备美学、文化、经济价值。

参考资料及拓展阅读：Roozenburg, N.F.M. & Eekels, J., 1995. Product Design: Fundamentals and Methods. Chichester: John Wiley & Sons. / Roozenburg, N.F.M. & Eekels, J., 1998. Productontwerpen: Structuur en Methoden. 2nd ed. Utrecht: Lemma.

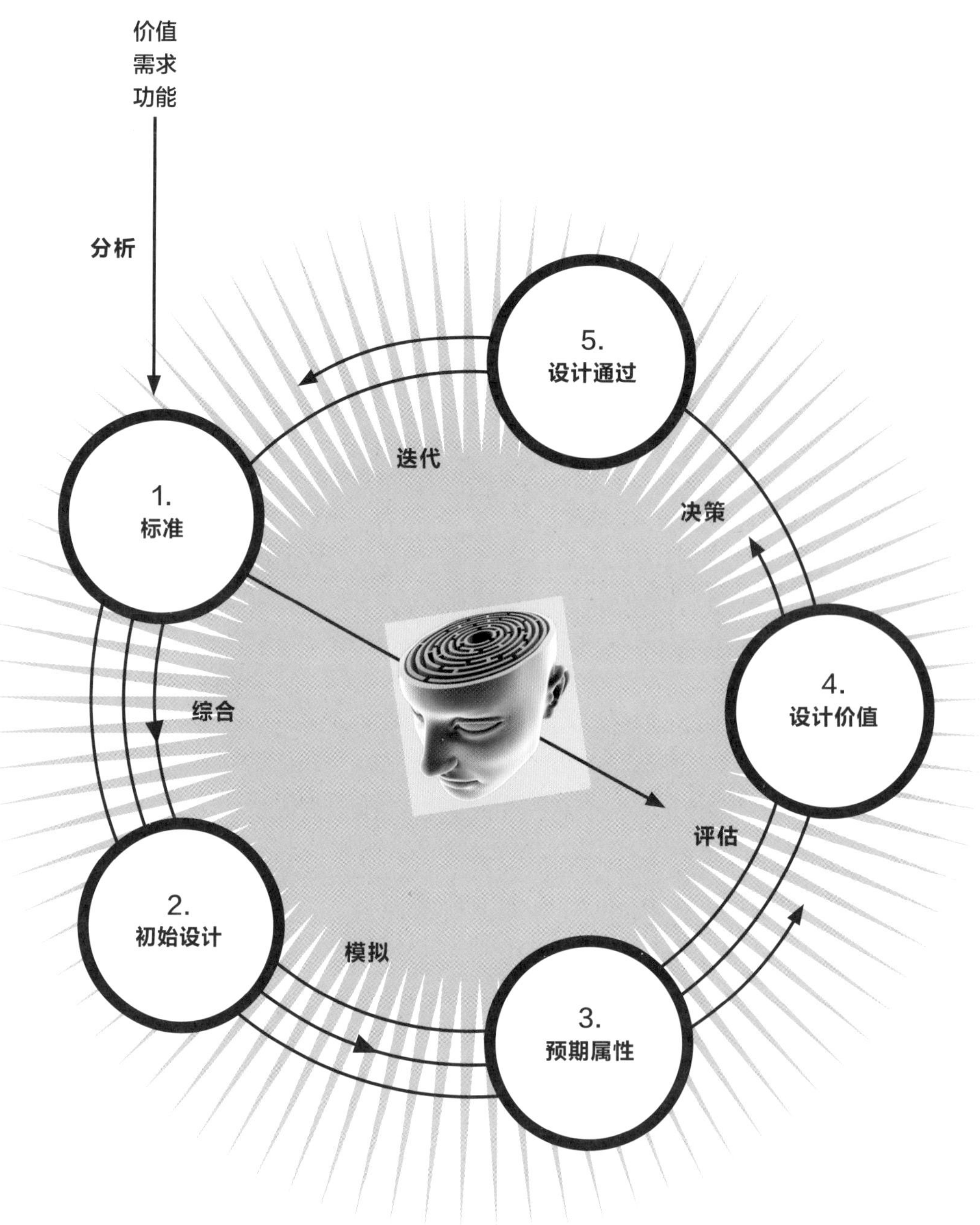

基本设计周期的流程模块可以用此图表示。该图展示了思考、行动、决策的循环过程。设计就像是万花筒，左右转动都能得出相似的图形。设计是一个迭代过程，有时需要以退为进，比如重新回到画板上。时刻将基本设计周期放在心里，有助于设计师整理自己的想法和设计活动。（Roozenburg和Eekels，1995）

基本设计周期

基本设计周期模型展示了设计流程中的基本推理步骤。它包含多个以实践经验为基础的有序的论证周期。设计师对问题和解决方案的理解程度伴随着每个周期逐渐加深。

内涵及原因

该模型描述了设计师在有目的、有意识地解决设计问题的过程中所经历的基本推理步骤。从理论上说，一个循环周期就能完成设计，但在实际项目中，设计师往往需要反复经历多个周期，重复不同的步骤，才能得出最佳方案。基本设计周期由五个逻辑关联的推理步骤组成。初级设计师常常想跳过某些步骤，这种做法可能会直接影响设计质量。例如，在接到设计大纲时不展开深度的问题分析直接跳到解决方案，这样的推理过程很可能无法真正解决实际问题。理想的设计是从设计问题到解决方案，从抽象到具象，从产品功能到几何形态，但实际上基本设计周期需要反复循环，必要时甚至要以退为进。你也可以从不同的步骤进入循环周期，但每一次循环都要完成所有步骤。将基本设计周期放在心里，时常提醒自己，有助于设计师组织自己的想法和设计活动。

思维方式：基本设计周期展示的是设计师在解决设计问题时有目的有意识的推理过程。希望以这种方式开展设计的设计师需要批判地反思自己的设计思维是否与基本逻辑相吻合。

如何应用

该模型包含五个推理步骤，每个步骤都有不同的意图。某些步骤可能只持续几秒钟，也可能持续数周，这取决于设计师想要进行该步骤的深度。

分析：检查与设计目标和问题相关的各方面因素，并将此信息分析转化为设计评判标准（design criteria），最终明确需求。

综合：提出各种可能的解决方案，并综合整理形成初始设计提案（或元素）。该提案可能会为解决设计问题提供有价值或有部分价值的解决方案。

模拟：将上一步骤产生的设计提案（或元素）通过想象、数字化、实物等方式进行呈现。模拟是将提案在脑海中或现实中进行展示，从而对设计提案的潜在价值进行评估。

评估：对照设计评判标准对模拟呈现的设计方案进行评估。这可以帮助设计师理解设计提案的当前价值，并为设计制作提供有效信息。

决策：判断设计提案的价值，决定项目该如何继续推进。决策往往会影响下一个设计周期的进行：是否需要重复上一个步骤？是否需要推进设计提案？还是要关注其他设计因素？

提示与注意

切勿将这五个推理步骤与设计过程的几个阶段相混淆。基本设计周期描述的是基本的推理步骤以及相应逻辑顺序的模型。这些步骤可用于任何有意识的，以目标为导向的设计过程。

这意味着不是只在某个阶段进行综合分析，而是整个设计过程都要进行综合分析。

如果你“迷失”在自己的创意和想法里，请反思自己在基本设计周期中所处的步骤，并检查是否遗漏了某个步骤，这样做可以帮助你回到正确的轨道上。

时常与他人讨论可以帮助设计师进行有效的反思。

局限和限制

虽然模型建议从“分析”开始，但根据实际情况，也可以选择其他步骤作为起点。

根据个人喜好，可以从任何步骤开始基本设计周期。

参考资料及拓展阅读： Roozenburg, N.F.M. & Eekels, J., 1995. Product Design: Fundamentals and Methods. Chichester: John Wiley & Sons. / Roozenburg, N.F.M. & Eekels, J., 1998. Product Ontwerpen: Structuur en Methoden. 2nd ed. Utrecht: Lemma.

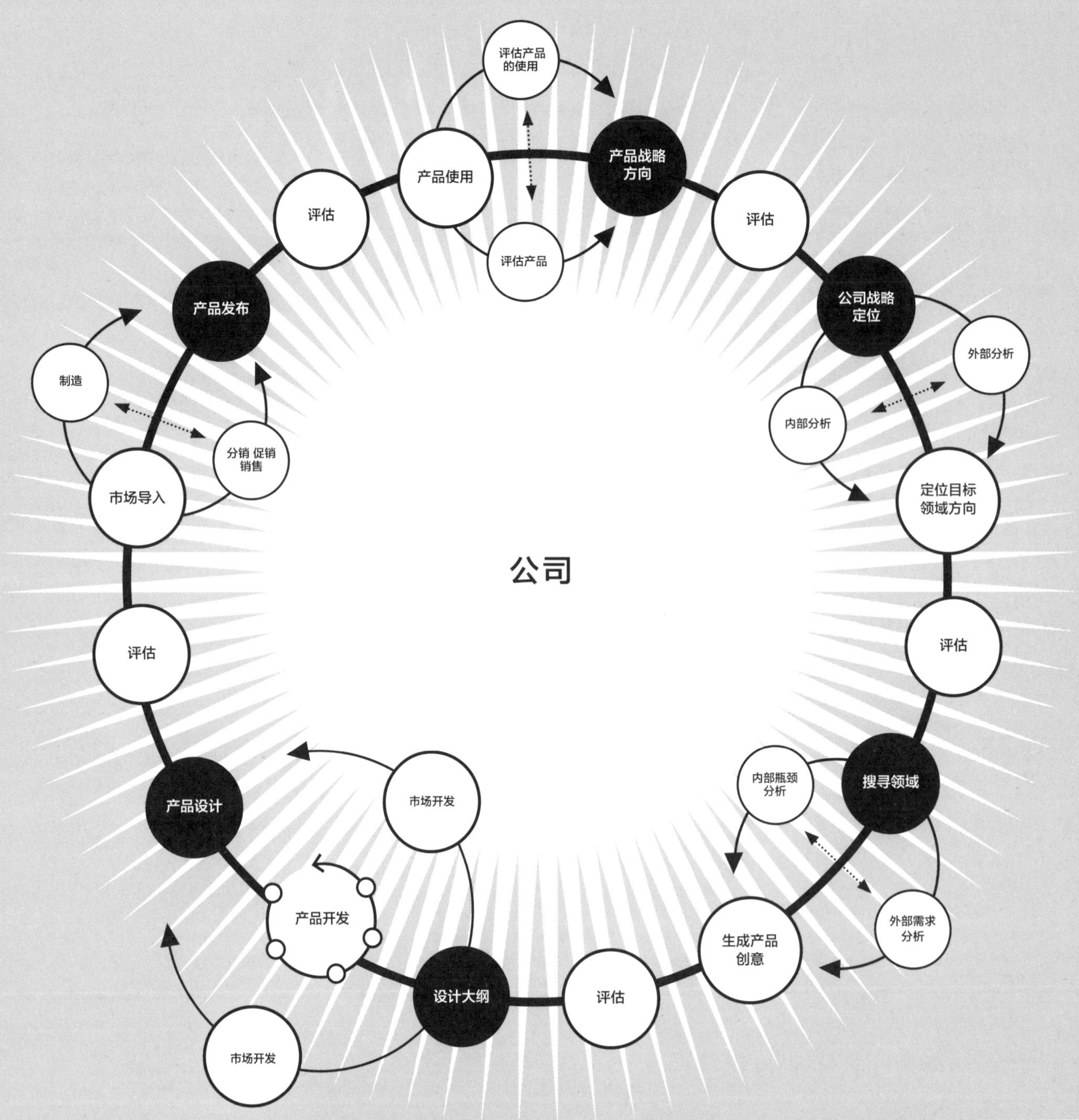

竞争环境

产品创新流程是一个持续循环的周期性流程。公司沿着该循环过程不停向前推进新产品开发、现有产品再开发。有时候这两者也会同时进行。(Buijs，2012)

设计模型

产品创新流程

产品创新流程模型全面介绍了产品创新的整个流程，并在模糊前端（fuzzy front end）的描述上添加了浓墨重彩的一笔。此模型能帮助设计师计划管理创新工作，并在设计中把握整个项目的全局。

内涵及原因

企业通过开发新的产品和服务应对千变万化的市场竞争环境。产品创新流程模型通过一个连续循环的体验学习流程描绘了这种创新研发过程：从现有产品的使用开始，形成公司产品战略定位，再经过产品项目开发阶段，通过发布新产品最后回到对新产品的使用。它可以帮助设计师有效组织和调整循环中的所有活动。

该模型提供了一种渐进式的产品开发形式。设计师使用产品创新流程可以有效规划项目进程，并与他人进行协同创新。

思维方式：拓宽认知并找到设计在创新中的定位，摒弃将设计作为连接生产世界与消费世界的功能的观念。

如何应用

该模型由五个阶段组成，可以通过相似的视觉模块来表示。每个阶段都要求运用发散思维，根据企业的内部因素和外部环境开展创新活动。产品创新流程的每个阶段都有相对应的方法支持研发及相关活动。例如在制定战略阶段（第2阶段），设计师可以使用战略轮、SWOT分析和搜寻领域的方法。产品开发阶段（第4阶段）同样可以采用多种创意方法。

第1阶段　产品使用：使用企业现有产品往往被视为下一轮创新的起点。该阶段与下一阶段提及的制定公司战略紧密相连，共同启动下一个创新。

第2阶段 制定战略：通过内部分析和外部分析总结公司当前形势，制定战略方针，并定位搜寻领域（search area，即潜在的创新业务机会）。采用多种手段评估搜寻领域的合理性，包括咨询专家、检索专利、观察潜在顾客和用户等。

第3阶段　制定设计大纲：上一阶段锁定的搜寻领域将在此阶段转化为具体的产品创意及产品设计大纲。无论是公司内部团队还是外包团队都将依据此设计大纲所描述的产品创意进行新产品（或服务）的开发。设计大纲包含：愿景陈述、需求清单，以及其他指导设计方向的规范。

第4阶段　产品开发：此阶段包含了传统产品设计与服务设计过程中的相关活动和市场开发工作（如制定市场计划、评估产品生产装配技术等）。该阶段的主要产出为产品原型、技术文档、装配方案等。

第5阶段 市场导入：此阶段是产品全面投产的前提，包括产品的营销、推广、分销、销售。新产品和服务最终将在此阶段进入市场。

提示与注意

产品创新流程的模型是循环的，这意味着它没有明确的起点和终点。这是因为新产品推向市场后，竞争对手必将做出回应。竞争对手的应对措施最终会蚕食新产品的竞争优势，这就需要我们启动新一轮产品创新流程。

局限和限制

理论上，该模型也适用于高度网络生态化的数字服务创新。但是，设计师要意识到在这类项目中，内部分析和外部分析的边界很模糊，用户和贡献者也很难加以区分。

此模型并不是为更灵活的创新形式而设计的。在敏捷设计与开发中，需要快速将想法转化成原型，在市场上试错。因此，敏捷设计与开发可以跳过此模型的某些阶段。

参考资料及拓展阅读：Buijs, J. A., 2012. The Delft Innovation Method; a design thinker’s guide to innovation. The Hague: Eleven International Publishing. / Buijs, J. & Valkenburg, R., 2005. Integrale Productontwikkeling. 3rd ed. Utrecht: Lemma. / Buijs, J., 2003. Modelling Product Innovation Processes: from Linear Logic to Circular Chaos. Creativity and Innovation Management, June, 12(2), pp. 76-93.

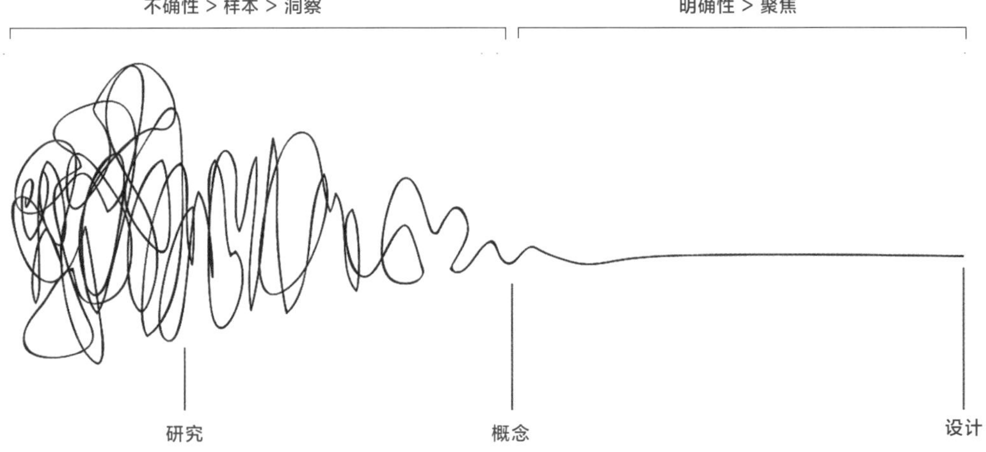

在敏捷设计提出几十年前，艾森豪威尔曾宣称计划是无用的，但大多数人都忘了他的后半句话。
他的原话是：“备战时，计划本身并不重要，但制订计划至关重要。”

敏捷设计和开发

敏捷是设计和开发的一种思路，其目的是加快流程，增加灵活性。敏捷的价值观和原则源自软件开发，现在正被应用于越来越多的学科，包括设计。

内涵及原因

创新的速度往往会被延期和返工拖累，尤其是在交付阶段。撰写详尽的计划或项目启动文件往往耗费大量时间，一旦计划和启动文件交付后，设计和开发就失去了灵活性，无法适应新的洞察和变化。人往往被视为一种可以置换和调整的资源，而不是推动创新的团队组成部分。客户往往被视为法律实体而非合作伙伴。速度对创新而言至关重要，尤其是在即将交付时。敏捷设计和开发可以实现快速创新和交付，同时保持保持最大的灵活性。

思维方式：敏捷设计和开发的思维方式基于《敏捷宣言》提出四条价值观：个体和互动高于流程和工具；工作结果高于复杂的文件；客户合作高于合同谈判；响应变化高于遵循计划。

提示与注意

将进度可视化最常见的方法是使用Scrum板和便笺。但这些只是辅助创新的工具，更重要的是具备敏捷思维。

局限和限制

敏捷思维是一组比较抽象的价值观和原则，需要花时间练习，并且要保持开放的心态才能真正掌握。

如何应用

敏捷设计和开发并没有对下一步该做什么做出明确规定。它是一组价值观和原则，强调敏捷思维而非遵循流程。为了敏捷，设计师应该重视团队的多样性，适应结果的不确定性，主动检查和调整工作内容和形式，乐于分享信息和结果。

《敏捷宣言》提出12条基本原则，这些原则同样适用于产品创新过程：

1.尽早地、持续地交付有价值的成果，让客户满意。

2.欣然面对需求变化，即使在开发后期也一样。

3.采取较短的周期交付，比如以周为单位取代以月为单位进行交付。

4.业务人员和开发人员必须进行密切的日常合作。

5.信任有斗志的个体，以他们为核心搭建项目。

6.传递信息效果最好、效率最高的方式是面对面交流。

7.衡量工作进度的首要标准是有用的产出结果。

8.倡导可持续开发，以维持稳定的开发步调。

9.坚持不懈地追求卓越的技术和设计。

10.以简洁为本，它是激励减少不必要工作量的艺术。

11.最好的架构、设计来自自我组织的团队。

12.团队定期反思如何提高成效，并依此调整工作方式。

参考资料及拓展阅读： Jongerius, P., Offermans, A., Vanhoucke, A., Sanwikarja, P., & van Geel, J., 2013. Get Agile!: Scrum for UX, Design & Development. BIS Publishers.

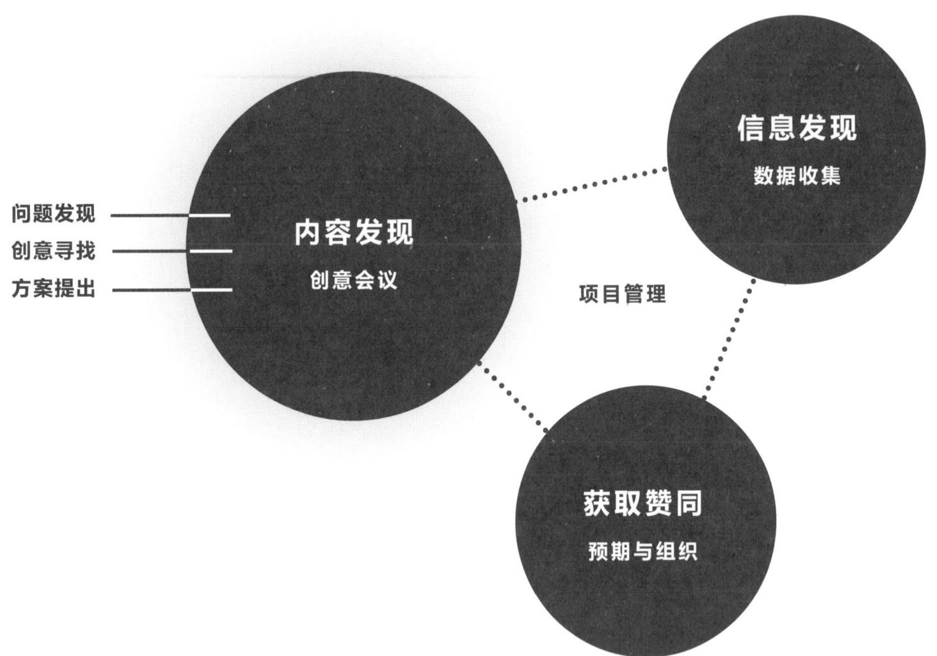

像Thelonious Monk这样的现代作曲家，已经不再通过详细的乐谱来进行创作，而是根据不同的演奏条件结合自身感悟进行创作。当想法跃入脑海时，他便立刻演奏、测试并改进。音乐问题的解决方案是运用不同的节奏、韵律表达出某种特定的情绪和感受。爵士音乐通常有乐器独奏环节，每个演奏者都能在独奏阶段充分利用创造力向观众展示自己的技艺。创意过程中有一个十分重要的原则，即不要过早否定。因为新鲜的点子需要时间和安全的环境才能孕育成更好的创意。（照片：Eugene Smith，1959）

整合性创意解难

整合性创意解难（iCPS）是一种针对团队中的公开问题，有效生成新颖实用解决方案的结构化迭代模型。它包含四个相互依存、协同作用的子过程：内容发现、信息发现、获取赞同、项目管理。

内涵及原因

每当需要通过小组创意会议产出新颖实用的解决方案时，iCPS是设计师可以使用的有效模型。它可以贯穿整个创意会议的前中后三个阶段。在整合性创意解难过程中，主持人、问题方和资源方三种角色需要明确区分并给予支持。iCPS的核心原则是明确区分三个阶段：发散思维、逆向思维、聚合思维。

思维方式：因为iCPS基本原则是严格区分基础模块（见下文）中的五个步骤，所以每个阶段所需的思维模式截然不同。严格区分是关键所在。

如何应用

ICPS包含以下三个需要同时管理的子流程。通过项目管理来引导创意会议进行，并将这个子项目嵌入到更广泛的项目和组织中。

1.内容发现： 寻找实际目标（例如需求、愿景、机会等）的过程。它通常在一个或多个创意会议中进行。内容发现包含以下三个阶段：

· 问题发现：探索并明确目标、愿景、挑战、机会等，目的是找到明确的问题。

· 创意寻找：针对明确的问题，找到能解决问题的新颖实用的创意。

· 方案提出：将创意转化成可实施的解决方案，同时制定相应的成功标准，并设想后期的行动方案。

上述每个阶段都包含五个步骤，即：任务评估、发散思考、逆向思考、聚合思考、反思复盘。创意会议的主持人需要引导这些步骤有序进行。内容发现阶段可以运用很多方法与技巧，例如：头脑风暴、书面头脑风暴、5W1H、奔驰法、提喻法等。

2.信息发现：收集数据和信息的过程。这些数据和信息可以在内容层面影响并激发创意会议的进行。

3.获取赞同：设想未来在组织中实施的方案，寻求对实施计划的赞同。

提示与注意

创建一个安全的环境，让资源方可以自由分享观点和想法。

运用结构化的流程和明确的规则管理资源方的创造力。

清晰的问题陈述是成功的关键。

局限和限制

需要一位中立的主持人指导创意会议的进行。

避免由问题方担任主持人，否则可能会导致主持人有倾向性地将资源方引导到自己预期的方向，从而限制了创意的产出。

主持人应该只引导创意会议的过程，而不干涉内容。

参考资料及拓展阅读：Buijs, J., & van der Meer, H., 2013. Integrated Creative Problem Solving.The Hague: Eleven International Publishing. / Heijne, K. & van der Meer, H., 2019. Road Map for Creative Problem Solving Techniques – Organizing and facilitating group sessions. Amsterdam: Boom Uitgevers. / Parnes, S.J., 1967. Creative Behavior Guidebook. New York: Charles Scribner’s Sons. / Tassoul, M., 2006. Creative Facilitation – a Delft Approach. Delft: VSSD.

赫尔墨斯（Hermes）是古希腊神话中众神的使者。传说他是语言的发明者、翻译、小偷、骗子。正如苏格拉底（Socrates）所说，文字同时具有揭示和掩饰的作用，它传递的信息可能带有歧义。多重身份让赫尔墨斯成为了解释学的理想代表。现象学是对体验本身以及事物通过体验呈现自己的方式的研究。人们想要做什么？人们想要达到什么目的？他们究竟是如何做到的？使用了哪些具体的手段和策略？人们是如何谈论和理解正在发生的事情的？他们提出的假设是什么？（图片：犹太画家Adolf Hirémy-Hirschl作品《阿刻戎河的灵魂》，1898年）

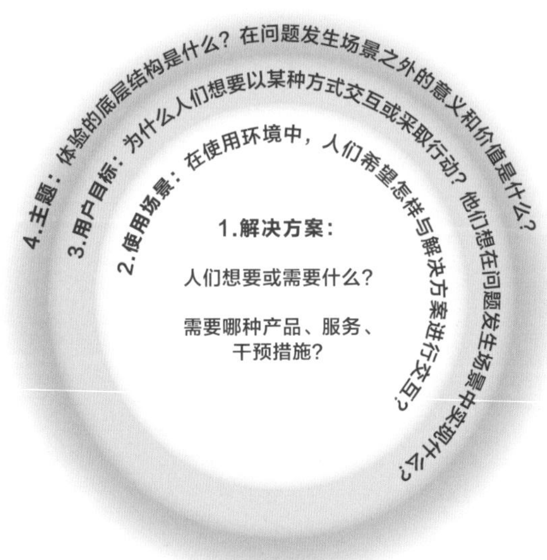
4.主题：体验的底层结构是什么？在问题发生场景之外的意义和价值是什么？
3.用户目标：为什么人们想要以某种方式交互或采取行动？他们想在问题发生场景中实现什么？
2.使用场景：在使用环境中，人们希望怎样与解决方案进行交互？
1.解决方案：
人们想要或需要什么？
需要哪种产品、服务、干预措施？

设计模型

设计创新的需求和愿望

“设计创新的需求和愿望”（NADI）模型将有关需求和愿望的定性洞察分为四个层次。它有助于设计师明确需要哪些洞察，并依据洞察的层次对设计方案进行评估和展示。

内涵及原因

设计师往往发现很难解释有关需求和愿望的洞察是如何促进设计创新的。设计创新活动越来越关注“有深度的客户洞察”，但何谓“深度”，却难以明确化。NADI模型有助于区分洞察的层次，并解释每个层次对设计过程的影响。

最深的洞察层次是主题，它被定义为“体验的结构”。现象学研究的主题与人类价值观密切相关，这些研究主题描述了我们不同的体验模式。例如，在教学中有一种主题（体验的结构）是“积极发挥作用”。如何让教师保持这种积极性呢？如果教师能收到反馈（例如知道学生在认真学习），那么他们就能继续保持这种教学的积极性。主题层次的洞察在涉及多重利益相关者的设计场景中非常管用，因为这种体验模式通常是共通的。

思维方式：主题层次的洞察建立在对人类体验深度了解的基础上。对他人的体验进行解释通常是个主观过程，因为我们无法直接观察他人的思想和内心。这意味着这些解释往往是基于我们自身体验做出的。因此，设计师在研究主题时要不断反思自己的个人体验，反思对他人体验的解释是否正确。

何时应用

NADI模型在设计的探索阶段非常有用。它可以辅助设计师完成以下任务：制定设计研究问题、理解定性研究数据、评估和探索预期的解决方案能否满足不同层次的需求和愿望。

如何应用

NADI模型包含4个层次：

第一层：解决方案，描述了人们需要的解决方案类型是什么。

第二层：使用场景，描述了在特定场景中，人们想要如何与解决方案进行交互。通常可以通过叙事性旅程图和故事板进行呈现。

第三层：用户目标，解释某人在特定情况下想实现的目标。

第四层：主题，也是最深的层次。它描述了人们渴望的，可能超出问题场景的体验模式。

在解决方案层次，市场研究员可能会确定某个产品的颜色范围。使用场景层次探索的是产品和服务如何为用户提供正向的、无缝的体验。用户目标层次则是运用更高级别的限制和需求来评估设计提案。主题层次的思考则是为了促进问题的重构并生成创新的解决方案。

提示与注意

在初期阶段，设计师可能需要通过假设和个人体验提供模型所需的初始问题框架。

针对利益相关者的需求和愿望进行定性研究，对早期形成的粗略草案进行反复调整。

NADI模型没有规定严格的流程。在设计过程中可以随时在不同层次之间跳跃或来回切换。

在观察主题层次时，多关注积极理想的体验，而不能只考虑负面体验。

不存在绝对“正确”的主题。我们鼓励设计师采用多个主题。

要注意价值观和文化差异对主题的影响。

局限和限制

此模型重点关注与体验有关的需求和愿望，而不考虑其他形式的要求。

请注意“解决方案”一词在复杂的社会创新背景下的使用，因为这类复杂的问题往往包含多重不可控因素，因此无法轻易“解决”。

参考资料及拓展阅读： van der Bijl - Brouwer, M. & Dorst, K., 2017. Advancing the Strategic Impact of Human-Centred Design. Design Studies 53, pp. 1-23. / van Manen, M., 1990. Researching Lived Experience: Human Science for an Action Sensitive Pedagogy. Albany, New York: State University of New York Press.

“你从事的并非紧张的高风险职业。它更像是游戏。放轻松点，好好享受！”

索尔·勒维特

设计思路

设计思路是规范性的。换言之，它描述了如何进行设计活动的方式。每种设计思路都提供了一个跨越不同设计阶段的全面过程。许多设计思路都与相应的设计方法、工具相关联，这些方法和工具可以组合使用，因为它们在整体思路上遵循相同的思维方式。

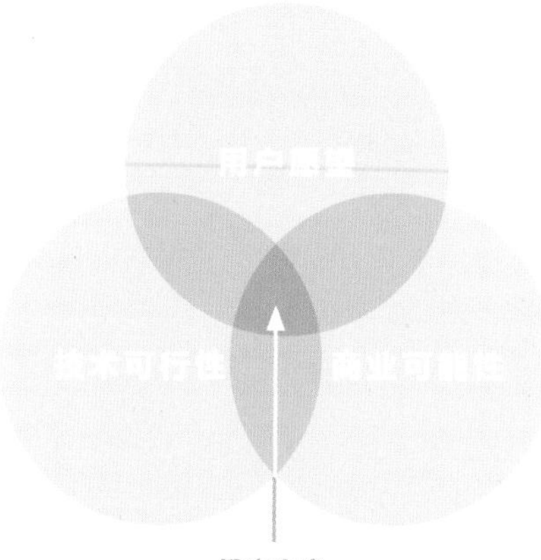

定制西装时，裁缝会用白色缝线缝制一件样品让客户“试穿”。
裁缝会仔细测量尺寸，根据尺寸制作一件试穿西服，并在此基础上进行细微调整。
虽然样品看起来离成品还很远，但用户仍然感觉这是为他量身定制的。

设计思路

以用户为中心设计

以用户为中心设计（UCD）是一种专注于用户视角来创造有价值的、实用的产品、界面、服务、系统的设计思路。

内涵及原因

UCD的设计思路是通过关注（产品、服务、系统）用户的需求、愿望、属性、能力来解决问题。它与以技术可行性和商业可能性为起点的思路截然相反。以用户为中心的设计过程被认为能对设计的易用性和用户体验产生积极的影响。

UCD可以帮助设计师预判设计方案可能会给未来用户带来的问题。在项目初始阶段，设计师往往对用户的需求、使用流程、限制等因素知之甚少；但另一方面，由于设计师对自己的生活和工作过于熟悉，导致“知道的太多”。正因为这样，设计师很难预判设计方案可能会在哪些方面给未来用户带来问题。

设计师以用户观察、用户访谈、采集数据为基础开展设计，避免主观的假设和猜测，承认自己可能犯错。

思维方式：倾听用户的意见并观察他们的行为与盲目按照他们的要求设计是截然不同的。设计师需要有坚定的态度和毅力。要有充分的心理准备，你最初的想法、假设、设计很可能并不合适，要始终坚持与用户一起进行评估。虽然进行前端的用户研究和用户评估需要更大的投入，但是这样做能帮助设计师做出更好的决策，设计出更好的产品。

提示与注意

用合适的方式让用户参与设计过程的所有阶段。

要认识到，人不只是用户，还是所有者、观察者、购买者。

以人为本的设计比UCD具有更全面的视角，两者采用的方法和所需的态度的重合度很大。

在许多情况下，产品和系统的体验是极为关键的问题，需要引起注意。

局限和限制

仅凭流程和步骤不能保证设计的可用性和较好的用户体验。除流程外，UCD还非常注重在整个设计决策过程中保持以用户为中心的思维方式。

何时应用

UCD可以应用于设计师和用户之间存在认知差异的任何领域。这种设计思路可以贯穿设计的整个流程：既可以用于制定设计目标，也可以用于创造设计方案。

如何应用

UCD思路的核心是从能代表目标用户的参与者的积极参与中学习。项目的起始阶段就需要用户的参与，以避免在不了解用户观点的情况下做出重大设计决策。当有些环节用户无法参与时，可以借助用户描述法（也称为分析法或检查法）获取用户观点。UCD有几种设计模型，它们的步骤都与基本设计周期相似，遵循以下几步。

第一步：前端用户研究：了解用户群及其需求、能力、使用场景。（方法包括：用户访谈、焦点小组、用户观察、情景地图、文化探析、问卷调查、使用分析、人体测量学设计等。）

第二步：定义：设定目标、需求、限制，描述用户群和使用场景。（方法包括：问题定义、人物画像、文化画像、需求清单等。）

第三步：创作：将从用户处获取的信息进行整合，创造解决问题的方案。（方法包括：故事板、设计绘图开发、旅程图等。）

第四步：原型：制作产品、服务、系统的模型，让参与者体验。（方法包括：场景描述、故事板、3D实体模型、体验原型、影像原型、绿野仙踪法等。）

第五步：使用评估：通过用户参与和用户描述的方式评估设计的使用表现和用户体验。（方法包括：概念评估、产品可用性评估、焦点小组等。）

参考资料及拓展阅读： ISO. 2010. ISO 9241 Ergonomics of human-system interaction. In: Part 210: Human-centred design for interactive systems (formerly known as 13407). Switzerland: International Organization for Standardization. / Nielsen, J., 1992. The usability engineering life cycle. IEEE Computer, 25(3), 12-22. / Norman, D., 2013. The design of everyday things: Revised and expanded edition. Basic books. / Van Kuijk, 2010. Recommendations for usability in practice (card set). Delft: Delft University of Technology.

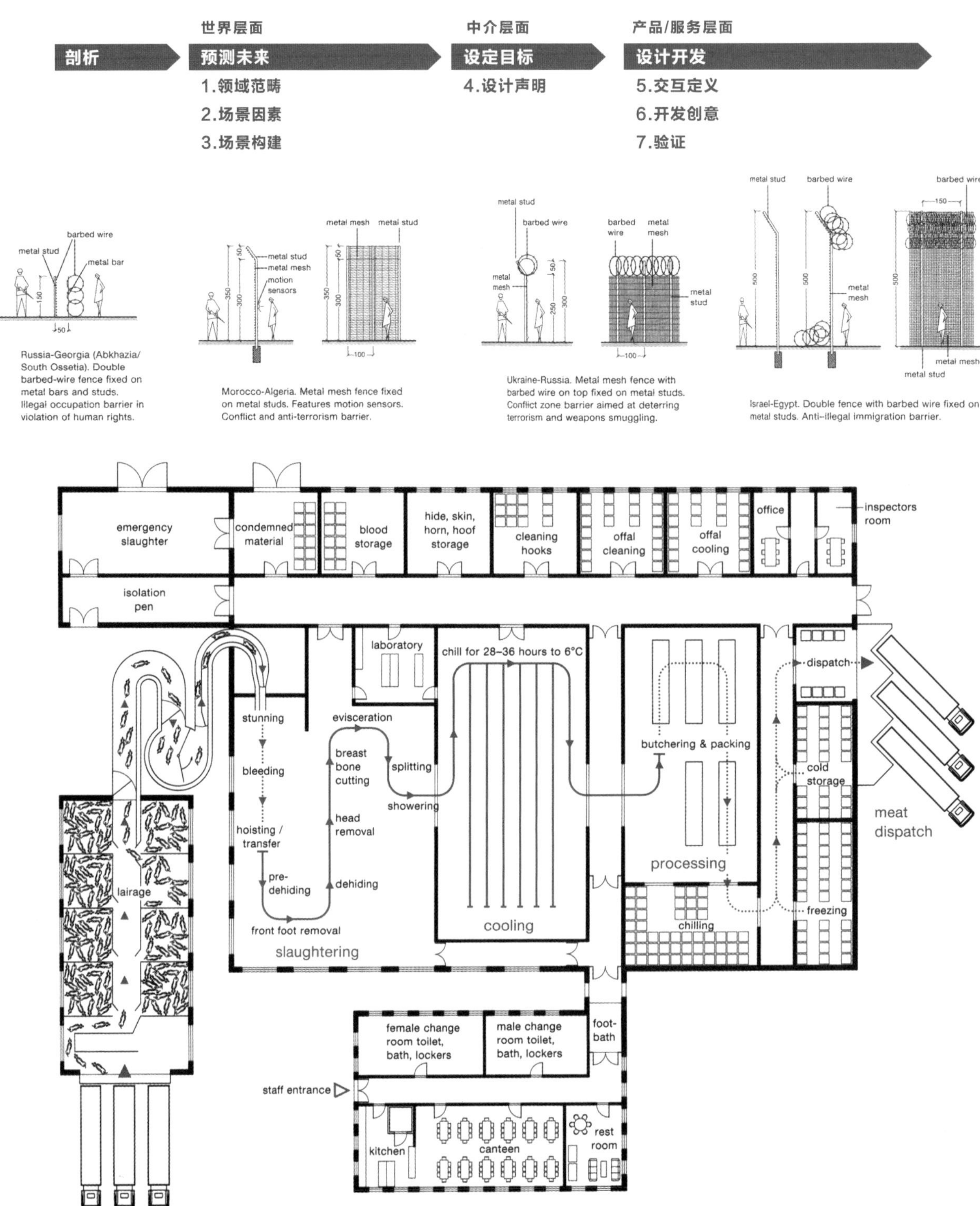

该图选自Theo Deutinger的《Handbook of Tyranny》一书。

书中针对政治权力、领土、体制压迫和设计之间的关联性提出了一系列的问题。

21世纪的主流趋势是全世界努力建立一个更加规范安全的社会。然而，专制干预的规模及其隐蔽性设计为联系因果增加了相当的难度。

（Lars Müller出版社）

设计思路

社会影响设计

社会影响设计（SID）帮助设计师针对社会性问题制定干预措施。它鼓励设计师同时兼顾社会目标与用户需求/愿望，从而使得产品或服务的亲社会行为对个人也有意义。

内涵及原因

许多设计师热衷于公益设计，社会公共部门和组织也愈发认识到设计的价值。我们一方面要认识到设计技能在解决复杂社会问题时能发挥重要作用，另一方面也要认识到以社会为中心的设计和以用户为中心的设计并不相同。SID通过建立设计师的核心素质来扩展设计师的能力范围，从而让设计师可以创造出对人类更有意义的设计。

SID的设计思路以愿景化产品设计（ViP）中的效果驱动（effect-driven）设计思路为基础，整合了中介理论（mediation theory）和社会困境理论（social dilemma theory）。

思维方式：设计师需要掌握将抽象的社会影响转化成具体手段的能力，还要有探索社会科学的概念和原理的内驱力，并应用系统性思维勇敢地表明自己的立场，捍卫自己的想法。

何时应用

SID为解决社会问题提供了合适的设计思路。愿意为社会公益做贡献的设计师，以及愿意为自己创造的产品和服务的潜在社会影响承担责任的设计师都可以采用SID。SID包含设计流程的常见阶段：探索、定义、开发。它帮助设计师明确对社会问题进行干预的场合和方式，并且开展迭代式地评估和构思。SID很容易与其他设计工具和技术结合，但它本身并不能对设计方案的实际细节有直接的促进作用。

虽然社会公共部门和组织是SID顺理成章的客户，但我们也不能排除其在商业组织中的作用。有些商业组织希望自身可以更好地承担社会责任，也有许多初创企业在进行商业活动的同时为社会公益目标而努力。

如何应用

SID包含四个阶段，7个设计步骤。

第零阶段　剖析：在实际项目开始之前进行剖析，探寻客户的预期及解决问题的初步尝试。这个阶段还包含明确项目成功的各种条件。

第一阶段 预测未来：设定项目的领域范畴（第1步）。该领域范畴主要解释所研究现象的边界，例如某种集体生活领域或社会范畴。它通常比初始设计问题的思考范围更大，并且是中性定义的。该领域范畴定义了数据收集（第2步）工作中的相关因素。所谓因素，主要描述了有利于我们了解现象内容及未来变化的趋势、发展、状态、原则等。该阶段最后得出一个能让设计发挥意义的合理清晰的愿景。通过构建场景结构（第3步）可以将该愿景明确。

第二阶段 设定目标：用设计声明（第4步）明确定义预期效果。设计声明主要描述：

· 希望通过设计提倡的行为。

· 所提倡行为的社会影响，以及该行为如何根据社会价值观处理或解决集体关注的问题。

· 所提倡行为对人们的意义，该意义主要针对用户价值观基础上的个人关注点。

第三阶段　设计开发：迭代式定义设计方案与用户的交互（第5步），开发创意（第6步），验证创意或创意本身的关键性假设（第7步）。第2、4、7步的工作可以在《Design for Society》一书中找到对应的工具和技巧。

提示与注意

经常提醒自己花些时间返回上一个步骤思考，避免盲目追求速度直接跳到设计方案。这样做可以提高设计结果从根本上让世界变得更美好的概率。

切记你的设计并不能直接解决所面临的社会问题，因为单一的设计是无法解决复杂的社会问题的。

学会从朝着正确的方向迈出一小步，以及对系统转型有微小的推动中获得满足感。

局限和限制

SID设计思路需要结合其他工具和方法使用。本书后面的内容提供了更具体的建议。

参考资料及拓展阅读： Tromp, N. & Hekkert, P. (2019) Designing for Society-Products and services for a better world. London: Bloomsbury. / Tromp, N., & Hekkert, P. (2016). Assessing methods for effect-driven design: Evaluation of a social design method. Design Studies, 43, 24-47. / Theo Deutinger, Brendan McGetrick, Handbook of Tyranny, Lars Müler Publishers, 2018, 9SBN 78-3-03778-534-8, English

提到难民营，你一定会想到一堆帐篷，匆忙搭建起来又很快拆除。很少有难民营像图中展示的一样发展成为了永久定居点。由非殖民化建筑艺术驻地（DAAR）设计的混凝土帐篷提供了公共学习的聚集空间。一个急迫且有创意的文化活动和会议空间的可能性在此得以实现。该创作通过建筑的形式表达了一个超越贫困、边缘化、灾难等世俗印象的难民营和难民状态。

（www.decolonizing.ps）

协同设计和协同创新

协同设计和协同创新指的是设计师与用户、专家或其他非设计专业人士协作开展的设计活动。协作的深度和范围因项目而异，既可以在设计的某些阶段开展，也可以贯穿整个设计过程，具体情况取决于项目需求和实现的可能性。

内涵及原因

设计师有时会发现要解决的问题超出了自己力所能及的范围，比如，自己对问题了解不够，没有足够的能力设计解决方案，或者很难影响项目所涉及的各种组织。这时你需要与包括利益相关者在内的其他人合作才能解决问题。如果这种合作超出了征求意见的范畴，变成某种协作，就成了我们所说的协同设计和协同创新。让其他人参与设计活动，把他们变成创新流程中的一员，为设计方案增添意想不到的见解和想法。

让用户或其他利益相关者参与设计主要有三个原因：首先是道德原因，因为用户和利益相关者将会受到设计解决方案的影响，他们应该对当下的问题和未来的设计有相应的发言权；其次，听用户表达需求和能力可以拓宽设计师的认知，以便得出更优的解决方案；最后，利益相关者也需要从其他相关方获取相应的支持。

思维方式：协同设计和协同创新需要设计师尊重每个参与者，将其视为有意义的贡献来源。作为主持人，设计师负责对整个过程进行支持和管理。为此，设计师需要设置相应的活动帮助参与者更好地做出贡献，哪怕他们并没有接受过与设计相关的训练。

何时应用

协同设计和协同创新可以应用在设计流程的不同阶段。当设计师不了解用户的生活情况时，可以与目标用户进行协同设计；当期望突破技术瓶颈时，可以与专家进行协同设计；当需要与公司中的其他同事共享成果或信息以便让他们能更好地推进项目时，可以与同事进行协同设计。

如何应用

开展协同设计和协同创新的方法有很多。我们既可以让合作者参与整个设计流程，也可以在某个阶段仅召开一次协同创意会议或工作坊。应用形式灵活多样，既可以一对一交流，也可以开小组会议，甚至可以通过社交媒体沟通。最难的是为参与者提供合适的语言、工具、设计主题，以便帮助参与者挖掘自身领域的专业知识。

参考资料及拓展阅读： van Doorn, F. A. P., Gielen, M. A. & Stappers, P. J., 2014. Involving children and elderly in the development of new design concepts to become active together. Interaction Design and Architecture (s), 2014(21). / van Rijn, H., & Stappers, P. J., 2008. Expressions of ownership: motivating users in a co-design process. In Proceedings of the Tenth Anniversary Conference on Participatory Design 2008 (pp. 178-181). Indiana University. / Sanders, E. B. N. & Stappers, P. J., 2008. Co-creation and the new landscapes of design. Co-design, 4(1), 5-18. / Sanders, E.B.-N. & Stappers P.J. (2012) Convivial Toolbox: Generative research for the front end of design. Amsterdam: BIS Publishers.

提示与注意

要清楚自己希望在项目中实现的目标及参与者的贡献。

对意料之外的收获保持开放的态度，但进行过程中要有明确的方向。

管理参与者的预期，他们可能会认为你只想要他们对已有设计方案发表意见。可以告知他们设计师的观点并允许他们有更大的发挥空间。

要求参与者带来创造性的贡献，并将他们的想法与其他人的想法关联起来。

考虑一定的奖励机制，比如小小的红包，或者让参与过程变得很愉快，甚至很有趣！

准备事项：管理层的支持、相应的材料、过程简介、指导材料、互动脚本等，如果需要录音或录像，还需要准备相应的协议文件。

协同设计通常用于用户参与的协作，协同创新通常用于组织内专家的单次协作，类似于焦点小组。

局限和限制

组织者的工作量可能很大，需要时间和预算，尤其是在一大群人参与的情况下。

专家及工作繁忙的人通常很难组织，但是他们却能带来很重要的贡献。

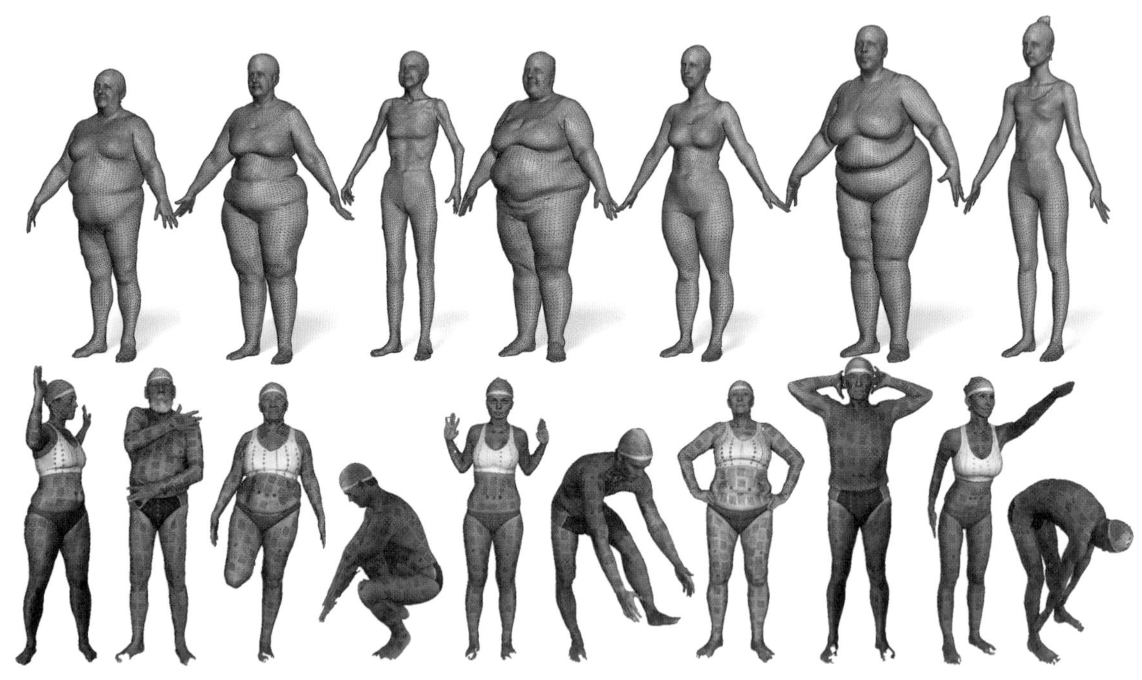

不存在为“平均用户”做的设计，因为这个世界上没有一个人的所有身材尺寸都是P50百分位数。身体各部分的尺寸不是线性相关的，手臂短的人不一定腿短。设计在某一个环节采用P5-P95百分位数可能会排除掉10%的用户，而在13个环节上使用相同的百分位数会排除52%的用户。

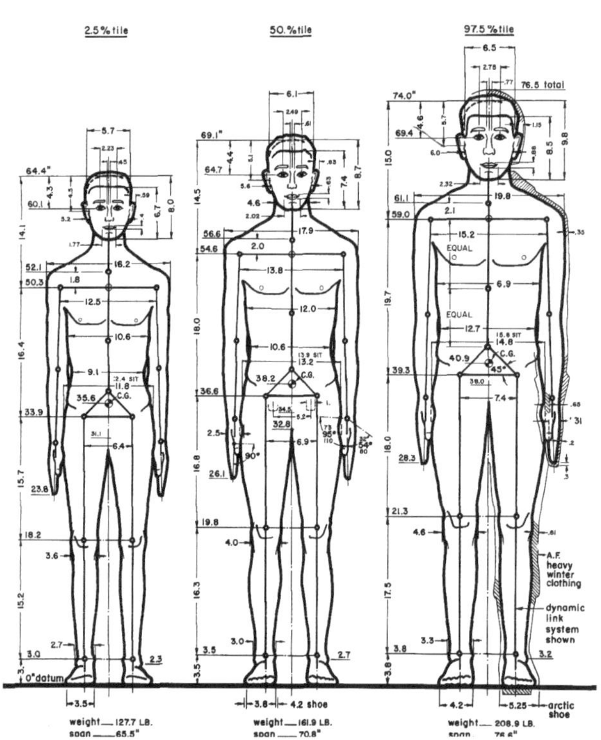

设计思路

人体测量学设计

采用人体测量学的设计思路可以确保产品与使用产品的人达到最优匹配。设计师可以运用它针对产品的可调节性、尺寸、形状做出设计和决策。

内涵及原因

汽车内饰、火车座椅、办公椅、安全设备、手动工具等产品的设计应该顾及不同目标用户的身材和尺寸差异。由于在身材、体重、尺寸等特征上不存在平均用户，因此设计师需要借助测量统计数据（如目标用户群各种身体测量数据的占比及相关性等）深入了解目标用户群的变化和差异。

要使用包含人体测量信息的科学数据库，就需要目标用户群的人口学统计信息（如生日、年龄、性别等），因为身材、体重、尺寸因人群而异。设计师还要决定哪些身体测量数据是与产品相关的。因此，设计师需要研究人体与产品之间的交互，并描述用户会如何使用产品：以什么样的姿势？可能会做出哪些动作？

思维方式：要明确目标用户群，并留意特定决策会排除哪些人。儿童用户和成人用户有很大的区别，不同类型的残疾人也有很大区别。要遵循一条重要原则：始终致力于为目标用户群的所有人设计，要实践包容性设计（inclusive design）。另一方面，个性化的设计和针对小众人群的设计被证明也可能适用于更广泛的用户群。例如，专门为老年人设计的易拉罐，其实也方便所有人打开。深思熟虑的设计策略有助于提高产品的舒适性、安全性、使用效率。

提示与注意

受老龄化、营养缺失、过度饮食、缺少运动等趋势的影响，世界人口的身材、体重、尺寸等参数一直在不断变化（长期趋势）。

为什么不针对P0.1–P99.9的人群进行设计？采用P5–P95的标准来定义目标人群，会排除掉每个人体测量参数对应的10%的人口。

产品越需要贴合身体，对身材的了解就越重要。3D扫描数据可以提供很大的帮助。

有些行业已经开发了先进的软件展示人体（数字人体模型）。

局限和限制

许多现代产品/系统是物理元素与非物理元素的整合，例如服务与数字界面等，这类设计需要获取更多额外的数据。

何时应用

人体测量数据可用于设计的不同阶段，最好从探索阶段就开始使用。这样在一开始就能确保相关属性的最佳匹配，而不是等到设计过程结束了再调整设计方案。

如何应用

首先定义目标用户群。然后决定产品的尺寸形式：单一尺寸、提供多种尺寸、尺寸可调节、完全个性化定制。这需要权衡复杂度和投入的额外成本与所能获取的人机工程收益。此设计思路主要包含以下5个步骤：

第1步：定义目标人群，考虑人口统计变量及相关人群的能力和障碍。描述使用情境：姿势、动作、行为顺序、社会文化影响、相关联物品（衣服、工具、设备等），以及周边物理环境。在此阶段，观察同类产品的使用方式会很有帮助。

第2步：搜索人体测量学数据，例如DINED数据库（dined.nl）、科学论文。考虑代表性指标（变量），准确性、展示类型（1D、2D、3D）。如果没有相关数据，就需要通过测量获取，或者通过估算（根据已知变量与未知变量的关系）获取。

第3步：收集所有数据后，估算相关联物品（穿着的服装、使用的工具、设备等）的容差，例如，鞋底高度为20毫米。

第4步：建立人体测量学设计准则。通过设计原型验证产品短期/长期使用的匹配度、舒适度、受力情况、交互方式，以及使用工具时与环境的交互情况。

第5步：统计信息和数据库信息是对现实的简化。因此用模型对最终概念进行评估十分必要。这通常是一个迭代过程，可能需要在这一步进行额外的人体测量学数据收集。

参考资料及拓展阅读： Jellema, A., Galloin, E., Massé, B., Ruiter, I., Molenbroek, J., & Huysmans, T., 2019, 3D Anthropometry In Ergonomic Product Design Education. In I. Whitfield (Ed.), In proceedings of the 21th International Conference on Engineering and Product Design Education, Glasgow. / Lee, W., Molenbroek, J., Goto, L., Jellema, A., Song, Y., & Goossens, R., 2019. Application of 3D scanning in design education. In S. Scataglini, & G. Paul (Eds.), DHM and Posturography, (1st ed., pp. 721–731). Academic Press. / Robinette, K. & Hudson, J., 2006. Anthropometry. In G. Salvendi (Ed), Handbook of Human Factors and Ergonomics (3rd ed, pp. 322–339). John Wiley & Sons, Inc. / Verwulgen, S., Lacko, D., Vleugels, J., Vaes, K., Danckaers, F., De Bruyne, G., & Huysmans, T., 2018. A new data structure and workflow for using 3D anthropometry in the design of wearable products. International Journal of Industrial Ergonomics, 64, pp. 108–117.

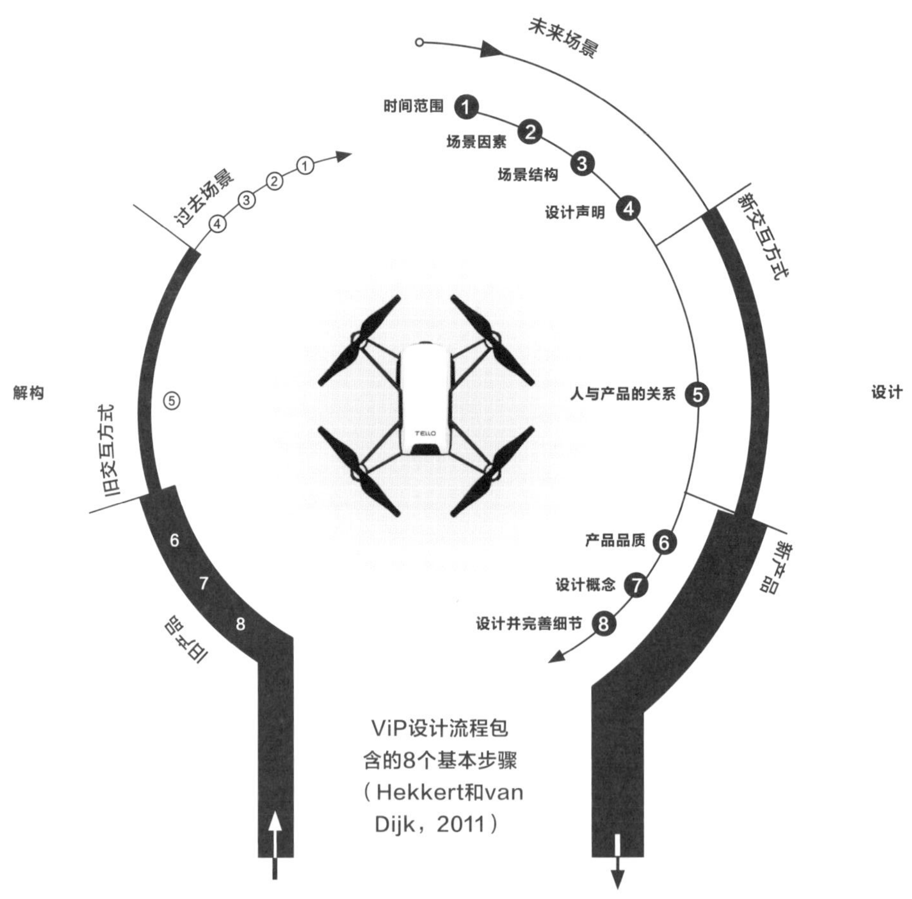

ViP设计流程包含的8个基本步骤（Hekkert和van Dijk，2011）

你与个人电脑是什么样的关系？愿景化产品设计（ViP）主要关注用户与产品之间的关系，以及未来这种关系会发生什么样的变化。例如，20世纪70年代，IBM是主要的大型计算机制造商。根据当时的业务量，IBM预测每个国家仅需几台这样的计算机便可完成所有计算。IBM没有意识到后来计算机变得越来越个人化，而微软和苹果为我们证明了这一点。

设计思路

愿景化产品设计

愿景化产品设计（Vision in Product Design，ViP）帮助创意工作者“设计”未来愿景并深入挖掘设计背后的原因及存在的意义。它将产品、服务、系统视为未来社会变革的载体。

内涵及原因

ViP的关键是为未来目标设计，而不是解决当下问题。当下问题反映的是过往设计决策无意中导致的现状。试图解决当下问题意味着很可能要维持并不受欢迎的旧体系。ViP的目的是理解我们对未来世界的立场（基于未来世界共享的世界观和价值框架中对人类有意义的事物）。在ViP设计思路中，设计师承担的角色是未来社会的共同塑造者。ViP提供了循序渐进的思路和方法帮助设计师制定有责任感且真实的设计愿景，并由设计愿景引导产生创意和概念。设计愿景的内涵是，在定义实现设计目标的方式之前，先阐释设计师期望在未来场景中为人们提供什么。从这个角度看，ViP适用于任何类型的创新活动。它能赋予设计方案意义和灵魂，创造出体现设计师愿景和个性的既恰当又真实的产品。

思维方式：设计师应该对未来的世界观做出回应，而不是对当前的状况做出反应。这意味着设计师需要具备塑造未来世界观的责任心，并形成自己的立场以实现设计范畴内的变革。这在无形中要求设计师做出一些主观判断，因此，每次选择的真实性都是至关重要的。

何时应用

可以在设计的探索、定义、开发阶段同步使用ViP。ViP的最终交付物通常包含一个详细的设计提案（即变革的载体），并在此后的交付阶段进一步细化并实施。

如何应用

ViP包含解构和设计两个阶段。

解构阶段：评估现有产品（是什么）、产品用户交互（怎么样）、使用情境（为什么）。解构能帮助设计师理解开始明确行动的紧迫性，也让设计师尊重设计的复杂性。

设计阶段：构建未来情境、交互方式，着手设计。运用一系列条件描述未来的情境，这些条件可以引导人们在未来情境中的态度、观点、行为。仔细选择并讨论形成这些条件的因素，并据此构建设计背后的世界观。为了应对这个新世界，设计师需要有明确的立场，也称为设计声明。在设计声明中，通过不断询问自己以下问题来定义最终解决方案存在的意义：我想为人们提供什么？我希望他们了解什么、体验什么、做什么？这个步骤可以与合作的组织及利益相关者一起执行。

设计声明不能直接转化为产品设计，因为产品设计仅仅是引发用户行为、交互、关系的媒介。因此，我们鼓励设计师先从产品与人的交互入手，比如寻找恰当的类比。设计声明、交互方式、产品愿景（产品必须具备的定性特征）三者共同形成设计概念和实现的基础。

提示与注意

ViP是价值观中立的，可以是“善”的，也可以是“恶”的。设计师要对所选择的立场负全责，也对最终产品给未来用户带来的影响负全责。

ViP将预见性、战略性、可操作性的设计阶段相关联，以确保设计方案的商业可行性和社会恰当性。

ViP适用于社会设计、可持续设计、体验设计及其他任何设计活动。

ViP可以对任何领域进行设计，例如民主、金融、交通、医疗、文化、消费品。

虽然ViP设计思路看上去是一个清晰理性的线性过程，但在具体设计时往往需要设计师在世界观、设计声明、交互方式、产品愿景之间来回切换。

局限和限制

ViP推迟了具体的产品创意开发，优先考虑产品对人们的意义，因此需要大量的时间来开展。

ViP并不提供问题的答案，相反它要求设计师提出正确的问题。因此需要设计师决定自己的立场，并坚持用令人信服的理由来证明自己的立场。

参考资料及拓展阅读： Hekkert, P. & Van Dijk, M.B., 2011. Vision in Design: A guidebook for innovators. Amsterdam: BIS publishers. / Tromp, N. & Hekkert, P. 2019. Designing for Society: Products and services for a better world. London: Bloomsbury.

风险无处不在。如今许多科技独角兽公司、政府机构、初创公司、金融机构，以及开源项目都在与黑客合作寻找在不断变化的数字化环境中可能出现的漏洞。技术驱动的世界性大规模云端迁移带来了许多漏洞风险，例如服务器端请求伪造（SSRF）。
上图是一款针对上述风险设计的加密手机，但许多批评者认为真正的问题并不在于硬件，而在于不断变化的软件和数字环境。（图片来源：McAfee）

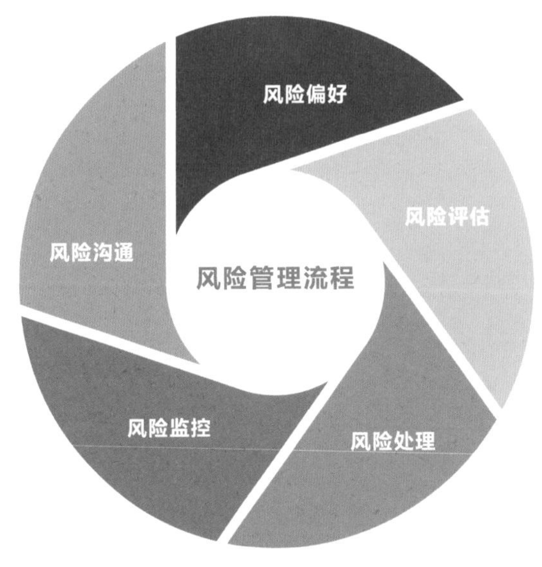

不断变化的环境迫使有组织的风险管理成为数字安全的必要条件。

设计思路

场景变化设计

场景变化设计（CVD）倡导设计师在明确设计任务之前考虑场景变化问题。设计结果能适用于多种不同场景，而不是仅针对某个场景进行优化。这样的设计往往体现在高端产品上。

内涵及原因

常规设计项目通常会在设计大纲中限定某个特定场景，然后针对该场景进行优化设计。因为限定范围可以让我们更清晰地抓住重点。然而，大多数社会问题都发生在多个相互关联的场景中，并且每个场景都对应着不同的设计需求。许多设计项目以初始设计为基础开展，这种设计思路可能导致设计结果与真正的需求并不匹配，而重新设计会付出高昂的代价。这一定会限制，甚至阻碍设计带来大规模的、积极的社会影响。

CVD采取了不一样的设计思路：在设计任务明确之前就要考虑系统性的场景变化，而不是只在设计过程中考虑；然后，从不同场景的视角观察、定义问题。慎重选择的多个视角可以帮助设计师提高概念设计空间的丰富性。丰富多元、多视角、相互关联的设计空间能提高决策信息的质量。获取这些信息的成本并不高，因为此时并未开始生产和销售。CVD的设计结果结构性更强，能应对多场景下的需求。

思维方式：关键在于承认反映现实的多样性需求。这样既可以改善初始设计结果，也能平衡长期成本与市场导入时间，而不是只针对初次市场导入进行设计。

何时应用

场景变化设计在解决大规模社会问题时非常有用。这类大规模的复杂问题具有多样化的需求，针对单一场景进行的设计已经明显不能胜任。因此必须在设计任务明确之前使用CVD。

如何应用

第1步：系统性定义并分析与基础问题相关的不同场景。区分问题的多个关键维度，并据此选择可能产生不同需求的场景。

第2步：进一步筛选不同的场景，场景之间既要有明显的差异又要有一定的关联，据此定义多重形式的设计任务，形成设计大纲。

第3步：针对每个场景，以洞察的形式明确主要信息，将这些信息整合到一个多元概念设计空间中，形成一份共享的洞察文件。这些信息是创建概念设计的关键基础。

第4步：根据上述信息产出一组概念设计，并将这些概念进行整合，构成具有较强适应性的设计草案。整合的设计应该就通用性、模块化/可选性、特定场景元素做出明智的选择。

第5步：将设计草案与设计大纲中的多种形式需求进行对比。如果方案不够理想，则返回多元概念设计空间。

第6步：打磨设计，使其可以适应多重场景。当设计产出能够匹配不同场景时，根据管理优先级决定后续事项的推进顺序。

提示与注意

CVD可以与本书中的其他方法和工具结合使用。

多重形式的任务也包含慎重选择的相关场景，这可以避免在设计过程中迷失方向。同时探索空间也可以被广泛又精准地定义。

设计过程中何时进行发散探索，何时进行聚焦设计凭设计师的直觉进行，这与其他方法类似。

CVD短期内产出的不确定性高于单一场景聚焦的设计（单一市场）。然而，一旦设计结构明确了，其多元场景的规模潜力也会更清晰（多元市场）。

局限和限制

使用CVD在早期阶段需要配置更多的资源。如果设计任务对应的是产出明确的短期结果，则不建议使用CVD。

参考资料及拓展阅读： Kersten, W.C., 2020. What Leonardo could mean to us now. Systematic variation 21st century style, applied to large-scale societal issues. Doctoral Thesis, Faculty of Industrial Design Engineering, Delft University of Technology. / Diehl, J.C, van Sprang, S. Alexander, J.W. & Kersten, 2018. A scalable clean cooking stove matching the cooking habits of Ghana and Uganda. Global Humanitarian Technology Conference, San Jose, CA, USA. / Kersten, W., Diehl, J.C., & van Engelen, J.M.L., 2019. Intentional Design for Diversity as Pathway to Scalable Sustainability Impact. In Innovation for Sustainability, 291–309. Springer.

Swapfiets是全世界首家以固定月费形式提供全方位自行车服务的公司。

2014年这个项目在荷兰代尔夫特开始实施，现在正通过电动自行车进行拓展。Swapfiets的服务遍布欧洲，为用户提供结实耐用的自行车。用户按月支付费用，可以通过电话获取服务团队的支持。Swapfiets承诺，即使自行车被盗，用户无车可用的时间也不会超过2天。Swapfiets的目标是为大城市提供最高效的交通方式。

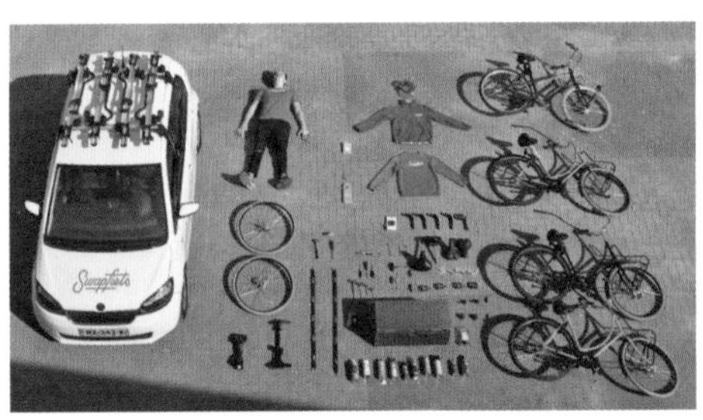

设计思路

服务设计

服务设计通过IT技术、无形组件、服务等方式为服务供应商和用户之间设计长期的交互。产品设计通常以产品的大规模生产而结束，而服务通常在使用时发生，服务的形式和内容也会在产品发布后继续延伸。

内涵及原因

服务设计是一种聚焦于组织为用户提供服务的跨学科设计思路。例如，智能手机上的通信应用程序如果没有互联网连接中央服务器和用户就变得毫无意义，这些应用程序在发布时往往只提供最基础的功能，并在发布后每隔几周进行更新。再想想Greenwheels（译注：Greenwheels是荷兰提供汽车租赁服务的知名企业，在阿姆斯特丹、海牙、鹿特丹、乌德勒支等城市均有网点），它需要建立覆盖汽车维修、用户注册、服务收费、取车方式选择等的端对端系统。康复护理应用也属于服务设计，其中护理提供者、非正式护工、市政府、金融系统需要协同运作，才能以满足患者的长期需求。

用户和利益相关者的积极参与对了解涉及领域的复杂性至关重要。服务设计最终交付产物可以是产品、室内设计、员工服务培训、软件、组织转型策略、商业模式等。设计无形组件与设计有形组件所需的技能并不相同。因此，在服务设计项目中，往往需要整合跨学科团队进行沟通合作。首次交付的服务设计方案将在发布后持续演化，因此，要弱化概念设计、实施、使用三个阶段的边界。服务设计的解决方案通常需要组织、科技、人的有机结合。

思维方式：服务设计必须思考事件和场景随时间的变化，同时还要兼顾多方的利益。与有形产品设计相比，服务设计对场景中产品的物理特征关注较少。

提示与注意

服务设计涉及一些专业术语，例如：客户旅程图（带时间轴的图）、前端（用户能看见的部分）、后端（屏幕后面发生了什么）、服务蓝图（描绘概念设计的图）。

服务设计以支持用户体验为终极目标，同时也注重用户和服务提供商的学习过程。因此，服务通常是开放式的，即在实施之后还会继续发展，设计的迭代是必不可少的。

局限和限制

服务设计是一个通用设计思路，以其他设计模型为基础。因此，它还没有一套单一明确的方法。

何时应用

服务设计是在早期设计领域（如体验设计、交互设计、产品设计、架构设计、改造设计等）的基础上进行整合设计。要深入理解服务，则必须将它们放在较长的时间轴上进行评估。相比传统实体产品的套利（cash and carry）模型，服务设计的商业模型更复杂。在传统实体产品设计中，设计师的工作在产品上架时就结束了。而服务设计的核心关注点是各利益相关者之间的价值交换。因此，以用户体验视角进行设计是服务设计的核心，其终极目标是将所有系统元素关联在一起。

如何应用

服务设计项目通常需要设计师与不同专业背景的专家合作，因此，设计师要在服务设计过程中不断引入新的利益相关者和专家，并辅助各方进行协作。

步骤1：构建用户场景和服务机会全景图。明确定义服务在用户生活中对应的位置，以及交付服务所需的组织和基础设施。将用户视作重要的参与者，充分挖掘用户的使用场景、用户价值、日常规律、技能、社会关系等信息。同时，与利益相关者开展密切合作，获取搭建服务所需的组织架构信息。

步骤2：将无形的交互可视化。服务包含许多触点（用户与服务相遇的时刻），而且服务融入用户日常活动的方式也包含许多无形、抽象、复杂的元素。设计师需要理解这些元素并将它们纳入设计思考范畴。这就要求设计师实现一定的视觉表达，例如，故事板、原型制作、讲故事、角色扮演等。

步骤3：开发跨界共享语言。服务是用户与系统的交互过程随着时间推移而得到的产物（即所谓的触点）。这个复杂的过程可以通过旅程图、服务蓝图、价值交互图、商业模式图、利益相关者地图、系统图等方式表现。

参考资料及拓展阅读： Carvalho, L. & Goodyear, P., 2018. Design, learning networks and service innovation. Design Studies, 55, pp. 27-53. / Kimbell, L., 2011. Designing for Service as One Way of Designing Services. International Journal of Design, 5(2), pp. 41 - 52. / Sleeswijk Visser, F., 2013. Service Design by Industrial Designers. Delft University of Technology. Obtainable through http://lulu.com. / Stickdorn, M., Hormess, M. E., Lawrence, A. & Schneider, J., 2018. This is service design doing: Applying service design thinking in the real world. “O’Reilly Media, Inc.”.

用世界上最古老且最成功的桌面游戏来定义转化效应。自1935年帕克兄弟推出大富翁游戏以来，该游戏销量已超过2亿套。

1. 体验市场经济中金钱、投资、商业、房地产、权力是如何运作的；2. 了解投资与商业机会的关系，以及如何赚大钱；3. 玩家绕着城市循环，根据概率、机会、运气（骰子、位置、卡片、监狱等）购买街道和房产；4. 玩家进入竞争对手拥有的街道必须依据街道上的资产数量支付对方费用；5. 谁拥有最多资产、赚到最多钱或让别人破产，谁就赢了。

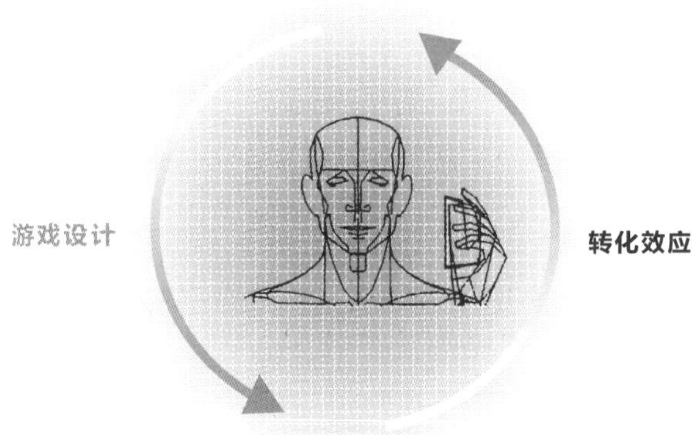

设计思路

说服性游戏设计

说服性游戏设计（PGD）是一种用于设计说服性游戏（包括传单和卡片等）的非导向性设计思路。设计师要先考虑创造游戏时应该采用的游戏设计步骤，并在每个步骤中选择需要顾及的因素和使用的工具。

内涵及原因

尽管缺乏标准化的设计方法，但游戏设计已经出现很久了。PGD的目的是促进用户目标的实现，而不仅仅是娱乐。如果有合适的方法指导整个设计流程，无论是设计师还是研究者都能从中获益。

该设计思路基于PGD模型，以及商业项目和学术项目的实践经验。PGD的核心设计思路是将真实世界中的用户体验转化为沉浸式的游戏体验。这样做的目的是为了将期望达成的目标效应转化到真实世界中。用户体验在说服性游戏设计中占有重要的位置，因为用户体验是实现目标效应的关键因素。

思维方式：用户体验贯穿说服性游戏设计思路的整个过程。该思路源自一种信念：一款成功的游戏可以帮助用户达成目标，并辅助用户从最初的动机走向目标实现。用户的动机可以启发设计师的创造力，也能让用户更容易适应游戏。由此可见，PGD设计思路是从心理学、用户研究、协同创新、个性化等基础上发展形成的。

提示与注意

尝试在游戏设计中包含所有元素，并找到自己喜欢的工具。

局限和限制

PGD可能在具体的细节应用上受限。例如，在某个特定领域如何平衡游戏元素和严肃元素之间的关系，或者哪些严肃的内容（如治疗方案、教育材料等）可以被设计师改变。

何时应用

PGD尤其适合推动用户行为改变的设计项目，例如有关健康、生活方式、工作方式的项目。在设计和实现PGD时，设计师应该对问题和解决方案的制定方式保持敏感，并及时做出调整，因为有些用户可能不喜欢将严肃的工作游戏化。

如何应用

聚焦于PGD过程中的某个特定的领域（例如行为改变或游戏机制）或具体的应用领域。一方面要提供足够的设计自由度，另一方面也要兼顾足够的实践结构性。我们可以参考烹饪手册的形式来增强研究的实用性。整个游戏设计思路就像晚餐的四道菜，每道菜代表着设计说服性游戏的每个核心步骤。

第1步：定义转化效应。明确定义游戏体验需要实现的转化效应。

第2步：调查用户世界。从了解设计场景着手，包括了解用户喜好、需求、价值、能力等。可以定义两个极端情况：A. 借助真实世界的任务将游戏整合到真实世界场景中；B. 设计一款在虚拟世界中影响用户的游戏。

第3步：游戏设计。首先，探索、评估不同的概念和想法，提炼初始游戏概念。然后，挑选最有前景的设计概念，并针对说服性游戏概念中的多种元素进行设计、原型制作、测试、改进。这些元素包含故事线、游戏体验、用户故事。如果使用数字化形式实现，这个过程要与技术开发一并完成。

第4步：效应评估。实现一个可玩版本后，设计师需要评估该说服性游戏是否有效。评估旨在提高三个方面的价值：A. 知识层面，是否可以做得更有效？B.用户效应层面，是否达成了预期的转化效应？C. 商业层面，游戏的市场前景如何？

参考资料及拓展阅读： Siriaraya, P., Visch, V., Vermeeren, A. & Bas, M., 2018. A cookbook method for Persuasive Game Design. International Journal of Serious Games, 5(1), 37-71. / Visch, V. T., Vegt, N. J. H., Anderiesen, H. & Van der Kooij, K., 2013. Persuasive Game Design: A model and its definitions. CHI 2013: Workshop Designing Gamification: Creating Gameful and Playful Experiences, Paris, France. / Green, M., Brock, R. & Kaufman, G., 2004. Understanding media enjoyment: The role of transportation into narrative worlds. Communication Theory, 14(4), pp. 311-327. / Woolrych A., Hornbæk, K., Frøkjær, E. & Cockton, G., 2011. Ingredients and meals rather than recipes: A proposal for research that does not treat usability evaluation methods as indivisible wholes. International Journal of Human-Computer Interaction, pp. 940-970.

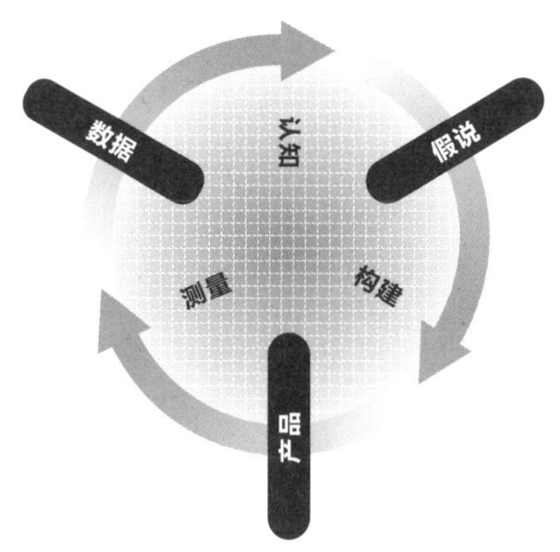

没有横梁和立柱，找几根棍子也能将就；没有足球，用水果和破布团代替也行；没有现代化的球场，尘土飞扬的街道也能成为追逐梦想的舞台。足球既能代表集体文化，又能表达个性。对许多职业球员而言，足球也意味着摆脱原有的社会和经济状况。这些埃及男孩在激烈的竞争中快速成长，在比赛中学习、验证、提高技能，在探索中发展自己的才能。

（维基媒体：Mohamed Hozyen Ahmed）

设计思路

精益创业

精益创业是一种像创业公司一样更快、更好、更经济地进行创新的设计思路。它的关键在于借助紧凑画布，通过快速的“构建（build）-测量（measure）-学习（learn）”循环过程对创意进行迭代验证。

内涵及原因

精益创业方法可以在一小时内快速填写实用画布，完成初期项目规划。通过这种方式，把编写繁冗（且可能无效）计划的时间节省下来，用于验证假设。

在创新的早期阶段，了解想法或概念是否有意义至关重要。精益创业要求创业者明确提出一系列可以测试的假说。例如：消费者愿意为我们的产品支付9.95欧元。精益创业的核心是精益循环，即运用用户愿望（desirability）、技术可行性（feasibility）、商业可能性（viability）的标准对假说进行反复验证的迭代过程。验证的形式不拘一格，关键是要尽可能快速、低成本地完成。精益创业鼓励在初期用产品模型进行验证，而不必构建完整的可用产品。

用户愿望是指人们是否需要产品或服务，技术可行性是指该产品或服务能否被实际提供，商业可能性是指该产品或服务是否可以在商业中推行。

思维方式：精益创业的基本原则是“快速试错，反复试错”。将未经验证的假设用于创新有很大的风险。正确的心态是愿意“放弃”原有想法，并将“中止任务”视为成功，而非失败。

提示与注意

尽可能全面地生成假说，这些假说是我们要验证的对象。

确保没有遗漏重要的假说。多与相关领域的专家交流。注重团队专业的多样性。总之，专业多样性很重要！

设计师有可能错误地解读数据，因为他们往往过分相信自己的想法。

局限和限制

精益创业设计思路并不规定产品或服务的愿景。创新的起点既可能是预先制定的愿景，也可能是根据与用户接触得到的信息做出的调整。

何时应用

精益创业通常用于创新前期。画布工具也是在早期阶段使用，例如，确定要解决的问题，以及如何将想法或概念商业化。验证环节可以用在设计过程的任何阶段。当然，随着设计的推进，验证的精细度也会逐渐增加。

如何应用

精益循环包含三个阶段：构建（build）、测量（measure）、学习（learn）。

首先，将想法用假设的形式表述出来。然后构建一个简易的产品，可以是原型、样品、草模等。通过实验对构建产品进行测量，实验形式可以是访谈、问卷调查、协同创新或其他任何形式。通过实验获取研究数据，根据数据提高我们的认知，从而决定该如何推进。该过程见左页上方图。

假设可以通过待办事项（Backlog）的方式进行收集，然后根据风险和所需投入的精力进行排序：首先对风险最高的假说运用精益循环。精益循环是一个迭代过程，每次循环都会带来新的知识和信息。

精益循环可以与敏捷创新达成最佳同步。验证可以伴随开发或其他活动同步进行，此过程称为持续验证。

运用这种设计思路，你会发现自己的设计几乎永远无法在与消费者或用户的首次接触中过关，但是你会得到各种提示和线索，以便采取下一步行动。

参考资料及拓展阅读： Ries, E, 2011. The lean startup: How today’s entrepreneurs use continuous innovation to create radically successful businesses. Crown Books. / Maurya, A., 2012. Running lean: iterate from plan A to a plan that works. O’Reilly Media, Inc.

艺术家Jannick Deslaurier运用织物和纺线编织了这个幽灵般的巨大雕塑。
无论是陈旧的汽车、白色的坦克还是城市景观，她的作品都能创造出在图纸中穿行的体验。她用深色的细线代替铅笔线条，将肌理和技术融为一体，创造出独一无二的艺术作品。她用双手编织和“讲述”故事，例如，“爆炸的汽车”已经成为我们这个时代的标志。
（jannickdeslauriers.com）

Jen Keane在设计中使用了一种名为K rhaeticus的细菌，并为作品起了个恰如其分的名字This is grown。
这种细菌会长出一种称为纳米纤维素的小纤维。它非常坚固，其强度是钢的8倍，比凯芙拉还坚硬。纳米纤维素是透明的，并且非常轻巧。目前，这种材料已经在医疗领域得到应用。如果用传统的编织作比喻，那么在这个项目中设计师在编织经线，而细菌则生长出了纬线。
（jenkeane.com）

设计思路

材料驱动设计

材料驱动设计（MDD）以材料为核心驱动力推动设计过程。该设计思路以材料体验概念为基础，运用材料整体观进行设计。所谓材料整体观，即强调材料在设计中扮演的角色既是技术性的，也是体验性的。

内涵及原因

设计可以通过挖掘材料不可预见的潜力，推动新材料的开发。这需要运用整体思路，将材料的技术性、试验性、历史性、场景化理解有机整合在一起，推动材料和产品的同步开发。MDD提供了明确的技巧处理上述几个方面，以识别和思考材料的潜力及未来可能的发展方向。

我们通常在四个层面体验产品中的材料：感官（sensorial）、语意（interpretive）、情感（affective）、行为（performative）。例如，PLA材质的沙拉袋会发出尖锐响亮的声音（感官层面），某些人听到会觉得很烦（情感层面），可能会把袋子撕碎（行为层面）。但这种声音也可以代表清脆又新鲜的东西（语意层面）。MDD设计思路可以帮助设计师理解材料的上述体验特征，并将它们与材料的技术特性联系起来。

思维方式：MDD要求设计师积极发现材料的新潜力，而不仅仅是将已知的潜力转化为产品应用。这建立在一个关键前提之上，即材料的潜力不会以已知的形式直接呈现在设计师面前。相反，材料的应用应该在情境中构建，需要反复尝试和琢磨，将材料运用到更广泛的场景中。

何时应用

MDD既适用于木材和金属等常规材料，也适用于新材料（如记忆合金等材料），还可以用于生物材料（如真菌、藻类、细菌、植物等）。任何有可能转化为新材料的资源出现时，都可以尝试使用MDD。

如何应用

第一步：理解材料。对手头的材料进行各种尝试，加深理解，可以通过性能测试（例如技术测试、机械测试）和用户研究了解材料的技术特征和体验特性。把材料放到已有的案例中，探索材料的历史发展过程，对其进行充分的基准化分析。

第二步：建立材料体验愿景。根据第一步的结果，建立材料体验愿景。在愿景中表达材料与产品、用户、场景的关系，以及作用。这样做可以促使设计师琢磨材料独有的特征，并将其转化为产品。

第三步：表现材料的体验形式。愿景中的体验特征在这一步变得明确。这些特征可以用描述性的形容词进行表达（例如诚实的、惊喜的、好玩的等）。这些特征在第三步中通过探索社会中普遍存在的现有材料的体验模式进一步得到发掘。

第四步：创造材料概念/产品概念。这一步创造最终的材料概念/产品概念。第二步的愿景可用于引导概念开发，以确保产出基于材料独有特征的方案。

提示与注意

根据实际项目条件选择设计的实施顺序和深度。

充分考虑各种因素，例如项目规模、时间压力、预算，以及现有产品的再设计等。

将现有材料的制作过程可视化，以此为基础进行尝试探索。

明确可以改变材料性能和体验的关键元素，包括材料成分和处理工艺。

用日志记录对材料的尝试和测试。

为样品拍摄高清照片，用视频记录制作过程。

局限和限制

唯一的限制是设计师的想象力。设计师可能需要学习一些材料技术知识。

参考资料及拓展阅读： Karana E., Barati, B., Rognoli V., Zeeuw Van Der Laan, A., 2015. Material Driven Design (MDD): A Method To Design For Material Experiences. International Journal of Design, 9(2), 35-54. / Karana, E. (2009). Meanings of Materials, Doctoral Thesis, Delft University of Technology. / Barati, B. (2019). Design Touch Matters: Bending and stretching the potentials of smart material composites, Doctoral Thesis, Delft University of Technology. / Giaccardi, E. & Karana, E. 2015. Foundations of materials experience: An approach for HCI. In Proceedings of the 33rd SIGCHI Conference on Human Factors in Computing Systems (pp. 2447-2456). New York, NY: ACM. / Karana E., Pedgley O., Rognoli V., 2014. Materials Experience: Fundamentals of Materials and Design, 1st Ed., Butterworth-Heinemann: Elsevier, UK.

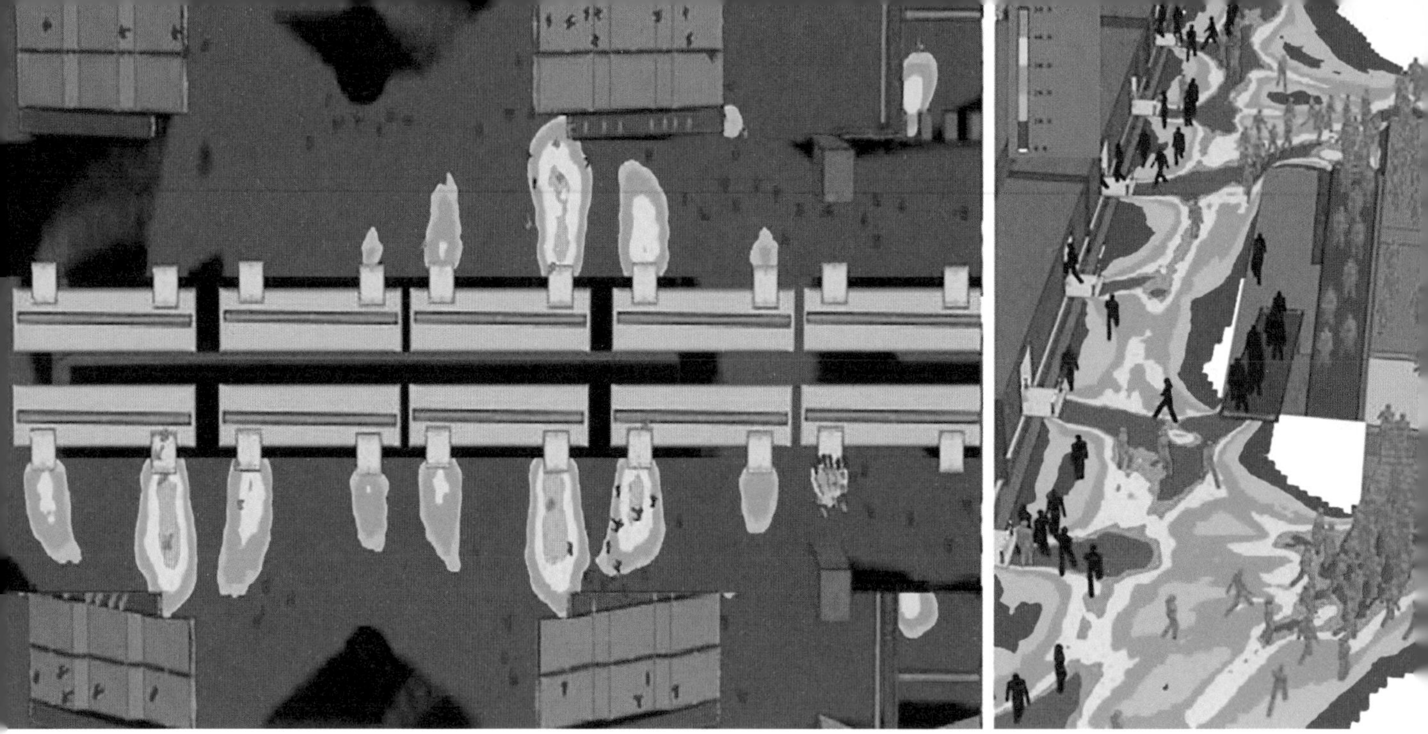

运用眼动追踪、虚拟现实、人群模拟技术对过度拥挤的地铁站进行优化设计。

右图：由人群步行速度图和人群密度图组成，将地铁站台的拥堵数据用可视化的方式展示出来。

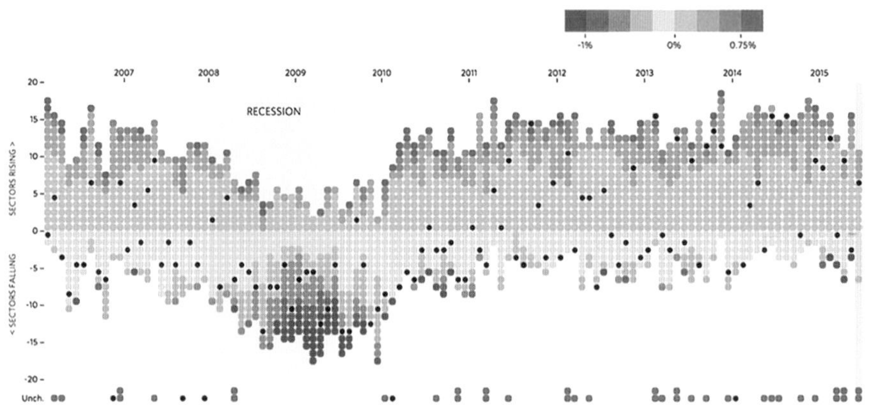

数据可视化是帮助我们理解每天生成的数万亿行数据的关键工具。它将数据用通俗易懂的形式表现出来，并突出关键数据和趋势。好的可视化数据会自己讲故事，它可以消除无效信息，突出有效信息。数据可以成为优秀设计的重要成分。

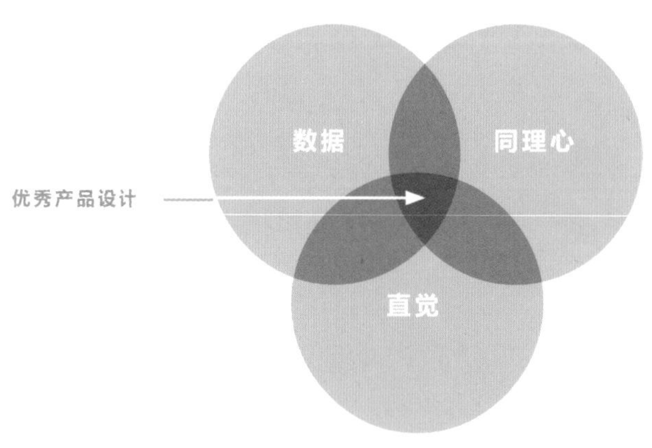

设计思路

以数据为中心设计

以数据为中心设计（Data-Centric Desgin）是一种从定量数据中获取设计相关洞察的设计思路，它与定性设计、定性研究互补。定量的洞察信息能为设计师提供差异化的细微视角。它可以为设计提供信息，用于推动设计决策，以及评估产品/服务/系统解决方案。

内涵及原因

如今的设计师要在快节奏的、高度复杂的社会、科技、环境中设计产品、服务、系统。物联网、机器学习、图像语言处理等数字化技术的出现，使得设计师能够收集、处理、分析大量的数据。这些数据可以帮助设计师深入了解人类行为、态度、感知、场景，以及人和环境之间的动态交互。

从人种学的视角看待数据轨迹可以帮助设计师反思人类的线上线下行为方式，以及获取使用产品、服务的方式及感受。以数据为中心设计通常在设计的探索阶段进行，比如，针对设计问题和解决方案空间提出观点；也可以在设计和评估阶段使用，比如，评估和反思设计方案的效应和影响。

思维方式：设计师应该对数据表现的机会和限制持批判态度，因为数据并不是世界的客观表达。数据仅仅提供了一种片面的、有偏差的、需要解释的观点，因此需要找到创造性的方式将这些数据信息整合到设计流程中。数据的收集和使用会引发相关的道德问题，设计师需要就个人隐私、保密性、透明度等容易出现分歧的问题与数据采集对象进行协商。设计师还需要深入了解法律法规，比如《通用数据保护条例》（GDPR）。

提示与注意

在处理数据时要避免常见谬误，例如因果谬误、麦纳马拉谬误（仅仅依赖数据指标）、单方论证（先入为主地选择数据）、样本偏差（用一组不能代表整体的数据得出结论）。

不存在没有偏差的数据。使用数据时，要始终考虑数据偏差的存在，保持合理的预期。

设计师采集和使用数据需要了解相关法律限制及道德问题。咨询道德委员会、相关法律部门、IT支持部门，获取建议。

局限和限制

大部分数据工具是给数据科学家用的，使用这些工具需要扎实的数据技术知识。

设计师需要创造性地综合使用数据工具来满足设计需求。

何时应用

以数据为中心设计是一种很普遍的设计思路，可应用于设计过程中的大多数阶段：从早期的概念设计到产品开发和测试。以数据为中心设计依赖于高质量数据的获取，设计师需要整合现有数据资源，并使用技术手段收集新数据。

如何应用

以数据为中心设计需要依靠统计学和计算方法，涉及的关键活动包括数据采集、数据清洗、数据分析、数据可视化。首先运用软件和传感器收集数据，并将其储存在文件或数据库中以便进一步处理。在进行数据分析之前，需要进行数据清洗提高数据质量，在这个过程中找出缺失的数据并纠正错误数据。设计师可以使用高级的软件工具和机器学习等方式对清洗后的数据进行分析。高级软件工具对数据进行一系列标准化处理，然后将其展示给设计师。在查看、检查数据的过程中，可以使用数据可视化的方式。数据可视化在参与式设计中扮演重要的角色，设计师可以借助它与外部利益相关者交流数据洞察信息。

在设计或优化产品和服务（如网站、手机应用、器具用品）时，设计师通常要采集用户行为数据来寻找关键的行为模式（参考“使用分析”）。这里可以用到一个非常重要的方法叫做A/B测试。A/B测试通过控制变量的实验找出同一产品或服务在两种不同使用方式下的数据差异。

在与团队成员或利益相关者交流数据洞察信息时，可以借用数据新闻的方法。数据新闻是新闻学的一个新的分支，主要通过文本、图表、可视化数据等组合形式运用数据揭露并解释新闻故事和背景。

参考资料及拓展阅读： Van Kollenburg, J., Bogers, S., Rutjes, H., Deckers, E., Frens, J. & Hummels, C., 2018, April. Exploring the Value of Parent Tracked Baby Data in Interactions with Healthcare Professionals: A Data-Enabled Design Exploration. In Proceedings of the 2018 CHI Conference on Human Factors in Computing Systems (p. 297). ACM. King, R., Churchill, E.F. & Tan, C., 2017. Designing with Data: Improving the User Experience with A/B Testing. O' Reilly Media, Inc. / Kun, P., Mulder, I., De Götzen, A. & Kortuem, G., 2019. Creative Data Work in the Design Process. In Proceedings of the 2019 ACM Sigchi Conference on Creativity and Cognition. ACM.

事后来看，用设计路线图解决设计挑战似乎是理所当然的。回顾灯泡多年来的演变，我们不难发现它对人类的帮助比我们想象的更多：灯泡一直都在改变我们的生活，它延长了工作时间，在黑夜中陪伴我们。
1835年，人类首次发现恒定电流可以照明，此后40多年，科学家一直致力研发我们今天熟知的白炽灯泡。

未来的另一个重要挑战是减轻商品的包装重量和环境负担。1915年Root Glass公司为可口可乐设计了第一款厚重结实的玻璃瓶。1994年可口可乐推出了20盎司的塑料瓶。2008年推出了轻质轮廓铝罐。2019年推出了完全可回收的纸质Keelclip包装，预计每年可节约2000吨塑料，并减少3000吨二氧化碳排放量。

设计路线图

设计路线图是一种针对未来战略性挑战做出创意性响应的设计思路。通过展望未来，设计师可以发现新趋势、探索新技术，并将价值和想法通过路线图的形式呈现。

内涵及原因

设计路线图将用户价值与未来愿景及设计创新的进化节奏相联系。创新战略的路线图设计具有三个基本特征：展示了组织未来创新的视觉画像；对用户价值、产品、服务、市场、技术等元素进行概括并绘制在时间轴上；将不同版本的价值主张映射到未来时间轴上，确保组织持续创新。

思维方式：制订战略决策涉及对未来想法的创造、探索、融合。设计师往往重视用户价值，这些用户价值驱动着设计的方向，决定着创新的时机。这些对未来的想法只有遇到以下几个关键条件才能成功：用户接受创新；用户的价值愿望、渴望、需求之间存在密切联系；大多数人认可创新的价值。

何时应用

设计路线图可用于各种组织的战略创新。它借助可视化技术帮助组织开展以用户为中心的创新。从本质上讲，设计路线图为设计师提供了切实可行的计划创造新的价值主张，将未来愿景转化为现实。

如何应用

组建一支具备多样化背景/角色的专业创新团队。设计路线图是通过多次对话和会议，针对未来创新计划达成共识的过程。时间轴用于同步创新过程中的选择和决策，它是构建和讨论路线图的基础，也是连接路线图各层级的桥梁。设计路线图的制作过程包含发散性活动和聚合性活动。

创新趋势研究：趋势提供了价值创新机遇的潜在方向。

提出未来愿景：通过憧憬未来创建设计路线图的终点，并制定由独特价值驱动的未来愿景声明。

技术探索：建立模块化的架构用于探索新技术。

时间节奏战略：通过三个平行的战略生命周期对未来进行思考。产出并优化创意，将用户价值和科技应用模块化地联系起来。

同步设计创新活动：用时间轴同步创新过程中的选择和决策；时间轴是构建和讨论路线图的基础，它将路线图的各个层级联系在一起。

关联相关活动：将用户价值与产品线（或产品/服务系列）的各个版本关联起来。

调整约束：在创建路径、估计时间和人力成本、制订预算前，了解资源和投资的限制尤为重要。

提示与注意

设计路线图不能仅仅依靠一位设计师，它需要团队的共同努力。

组建设计路线图团队要确保大家就愿景和设计路线图达成重要共识。

设计路线图是普遍的指导方针，典型的设计路线图由未来时间轴，以及与创新维度相关的四个层面（用户价值、市场、产品/服务、技术）组成。

局限和限制

设计路线图不能对单一的产品或服务的实施阶段进行规划。

设计路线图不能用于每天跟踪资源进度或多项目推进的计划。

参考资料及拓展阅读： Simonse, L.W.L. 2018. Design Roadmapping: Guidebook for future foresight techniques. Amsterdam: BIS Publishers. / Simonse, L.W.L., Hultink, E J. & Buijs, J.A. 2015. Innovation roadmapping: Building concepts from practitioners' insights. Journal of Product Innovation Management, 32(6), 904-924.

“鸟类是按照数学原理工作的飞行器，可以被人类仿制。”

列奥纳多 · 达 · 芬奇

设计方法：探索发现

设计方法指明了各阶段设计活动的主要流程。本书按照设计阶段对设计方法进行归类。尽管如此，很多方法都可以在多个阶段中使用，因而在实践中可能出现重叠。本章的方法可以帮助设计师发现、探索、分析、理解设计领域。

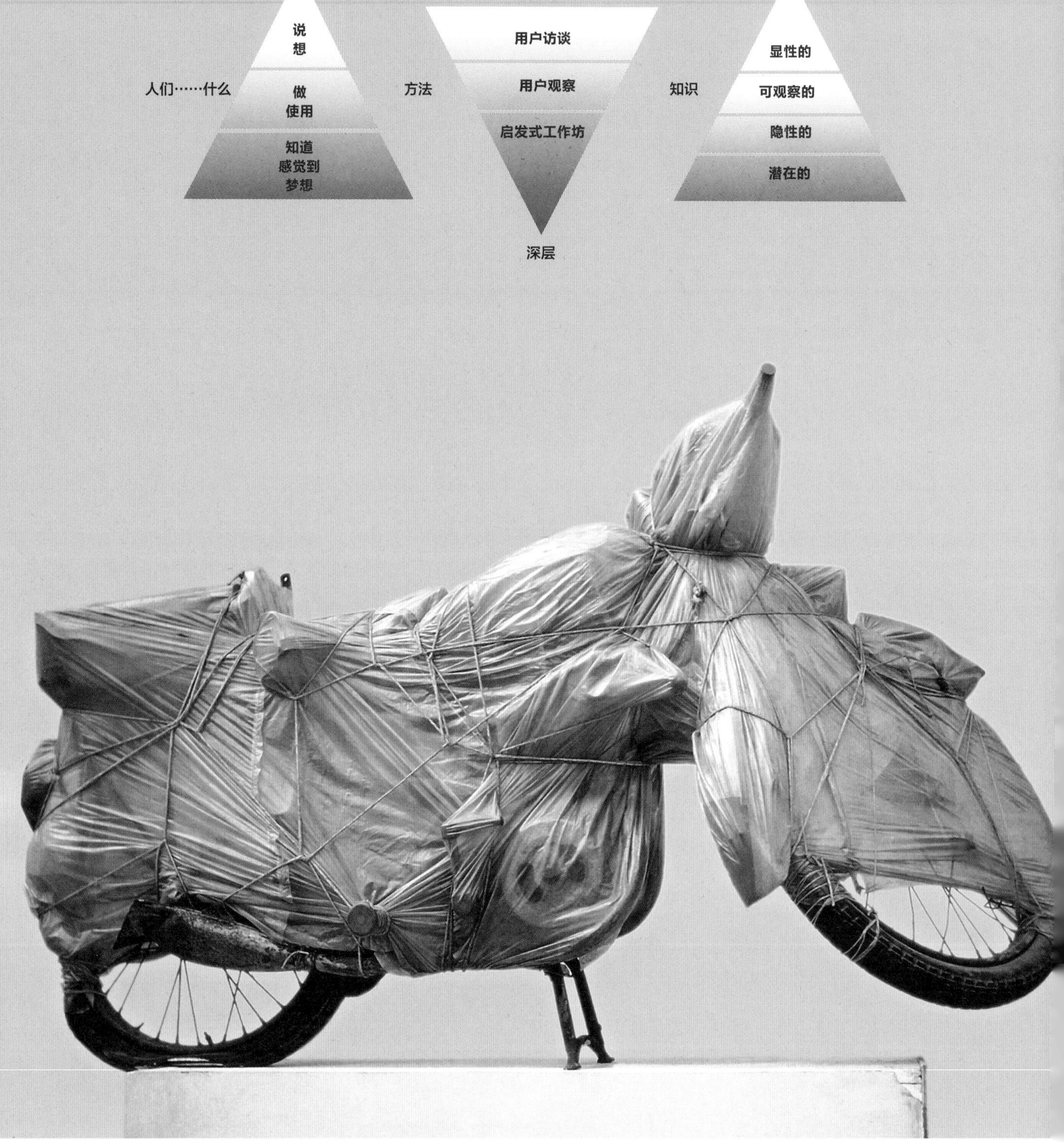

Christo通过包裹物体、建筑、景观营造出一种独特的情趣与美，让人们用一种不同方式看待身边熟悉的物与景。艺术评论家用“隐蔽的启发”评价他的作品，就像是反向的情境地图。Christo和妻子通过销售设计图稿为该项目筹集资金。

（包裹的摩托车，摄于1962年，由Christo提供）

设计方法：探索发现

情境地图

情境地图是一种以人为中心的设计方法，可以帮助设计师了解人们的日常体验。使用该方法得出的结果可以为设计师提供有效信息，帮助设计师创造出满足人们需求的解决方案。这里的“人们”通常是指终端用户，也可能包含其他的利益相关者（如员工、城市居民等）。

内涵及原因

情境地图需要人们分享日常体验。在启发式（也译作生成式）工作坊中，参与者要分享自己的故事。该方法需要用到其他的创意方法（如刺激分享的文化探析）将潜在的信息挖掘出来。设计师可以通过所得结果理解目标用户、创建人物画像、制定创新战略、找到市场细分的新视角。

思维方式：设计师是做设计的专家，但是每个人才是自己日常生活的体验专家。情境地图方法是建立在“每个人都是专家”的信念之上的，因此设计师应该认真对待每个人的生活体验。

何时应用

在设计概念生成之前使用情境地图效果最佳，因为此时依然有极大的空间寻找新的市场机会。它可以与协同设计、协同创新结合使用，也非常适合涉及多个利益相关者的项目。

如何应用

情境地图在应用过程中包含的一系列活动，大体可以分为两个阶段：收集和传达用户洞察信息。这两个阶段可以使用多种研究方法，例如用户访谈、用户观察、启发式工具，以及文化探析中的某些元素。参与用户的数量通常较少，以3~20人为宜。

1.准备和感知：设计团队定义主题和目标并制订计划。计划内容包括请谁参与、何时参与、如何参与、参与理由等。设计团队还要为参与者准备感知（能引发并提高参与者敏感度的）材料。并通过开放性问题和启发性的“作业”，引导参与者就特定主题回顾和描绘日常生活细节。此外，设计团队还需要就该主题反思自己的成见，以便保持开放的心态，从参与者的故事中学习。

2.启发式任务：人们对自己的日常生活已经习以为常，因而并不敏感。设计师可以通过用户访谈了解用户的想法；通过用户观察了解用户的日常行为、使用事物的方式；运用启发式技巧更深入地了解用户的想法、感受，甚至梦想。在感知研究活动后，可以组织家访、访谈、集体会议等。感知材料可以作为激发用户讲述个人故事的暖场方式。然后可以运用启发式工具，帮助用户根据自己的体验创造出一些东西。你可以在开始时询问“过去和现在什么对他们有意义”，在结束之前询问“未来什么对他们重要”。

3.分析和得出创意：通过分析可以发现模式和洞察信息，用于得出创意。这个步骤和民族志研究极为相似，但是两者的目的不同。民族志研究的目的是尽可能详细地记录全部状况和所有相关洞察信息。而在设计项目中，设计师无需收集完整的洞察信息，只要收集一小部分相关信息用于生成解决方案。在提出概念时，要站在用户的立场上对概念进行阐释和展示。

提示与注意

获得肯定和尊重的参与者更容易提供有价值的信息。向参与者解释其贡献的重要性。

“情境”一词的定义是使用产品或服务的情形。任何影响产品使用体验的因素都是有价值的，包括社会、文化、物理条件、用户内心状态等。

获取的信息应该作为设计团队的导向图，帮助团队寻找方向、组织洞察信息、发现障碍和机会。

参与式会议的形式（包括会议的选择标准、材料、流程等）应该符合参与者的习惯和文化。

局限和限制

该方法非常耗时。

参考资料及拓展阅读： Sanders, E.B.N. & Stappers, P.J., 2012. Convivial Toolbox: Generative research for the front end of design. Amsterdam: BIS. / Sleeswijk Visser, F., Stappers, P.J., Lugt van der, R. and Sanders, E.B.N., 2005. Contextmapping: Experience from Practice. CoDesign, 29 March, 1(2), pp. 119–149. / Hao, C., van Boeijen, A.G.C. & Stappers, P.J., 2017. Culture sensitive contextmapping: Discovering the strengths of Eastern and Western participants. In proceedings Engineering and Product Design Education conference, 7–8 September 2017, Oslo, Norway.

角色是通过他们与其他对象（无论是人还是道具）的关系形成的。Wes Anderson的电影《月升王国》中有这样一个场景：每个道具都等待着进一步展开、被分享、揭示秘密、带来快乐和悲伤。Suzy打开行李箱，Sam打开笔记本记下：里面有唱片机和她最喜欢的唱片、科幻小说、理发剪刀、橡皮筋、备用电池、牙刷、望远镜。Sam问她为什么这么喜欢用望远镜，Suzy回答："它能让我更近地观察事物，虽然它们离得也不远。但我假装这是我的魔力"。（Wes Anderson，Rpman Coppola）

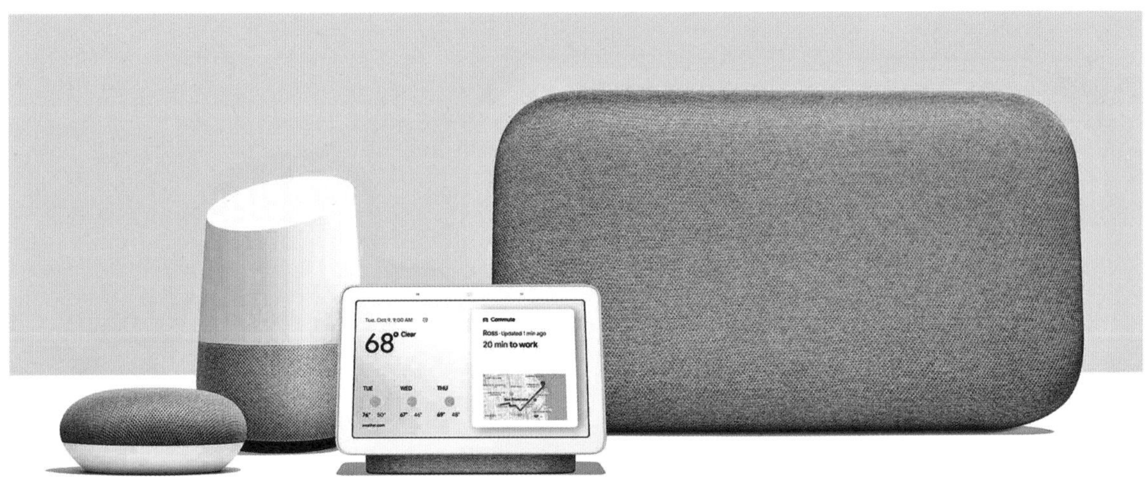

用户倾向于将智能产品视为有智慧和目的的对象。人们的反应表明，媒体播放器不仅仅是个工具。它们会受到礼貌地对待，进入我们私人空间。它们可以拥有与我们相匹配的个性，成为我们的朋友，并具备性别特征。

人类的交互总是存在于特定的情境中，只有了解情境的人才能真正理解这样的互动。

（Google）

设计方法：探索发现

物志学

物志学可以帮助设计师理解智能互联产品的社会生活。通过该方法，设计师可以了解智能互联产品由关联、交互构成的多维生态系统。

内涵及原因

智能互联产品协调着我们的社会、经济、政治互动。在这个协调系统内，行为方式的自主性日益增强，同时相关产品之间的行为又彼此依赖，例如，某个互联产品的行为可能取决于另一个产品的自主AI解读。了解产品行为的自主性和依赖性对于在数字社会中负责任地设计至关重要。

思维方式：物志学是超人类设计的第一步。超人类设计将智能互联产品本身作为体验专家，并将它们本身作为设计过程中的参与者。

何时应用

物志学在设计初始阶段应用效果最佳，主要用来探索设计空间的边界和伦理影响。这个过程的实施无需具备产品创意想法。物志学通常与情境地图等协同设计方法结合使用，用于了解人类的需求和体验。物志学主要分为以下两个阶段：

1.仪器测量：使用传感器和软件收集有关智能互联产品多维生态系统及其社会生活的数据。目的是获取人类体验和意识之外的隐藏视角。

2.生活世界分析：洞察智能互联产品多维生态系统之间的联系。目的在于揭示产品是如何与行业、经济产生以前不曾有的联系的。

物志学方法可以通过两种方式进行：给日常使用对象添加传感器和软件，更深入了解日常交互；或者观察现有产品，发现未来可能出现的意外后果。

如何应用

物志学有一套灵活的数据收集和分析工具。设计师可以根据研究背景、实际条件、个人喜好进行选择。www.tcdtoolkit.org网站提供了丰富的工具包。

数据采集工具包含生活记录相机、传感器数据应用程序、人工智能应用程序。与荷兰政府合作的蛋白质转化项目是一个很好的从日常使用对象采集数据的案例。在这个项目中，设计师研究了厨房用具在烹饪生态系统中的作用及其对特定类型饮食的影响。数据分析工具包含可视化时间轴、延时工具、数据可视化工具。在某些情况下，这些工具需要通过机器学习算法进行整合，这就需要与特定的专家进行合作。

第一步：明确研究环境中相关对象并筛选出需要测量的对象。考虑是对日常使用的对象进行测量，还是选择已有的智能互联产品。

第二步：根据实际条件和个人喜好选择数据采集和分析工具。例如，如果研究环境极为敏感，就无法使用生活记录相机。

第三步：重复上述步骤，直到找到新发现。确保发现以前不知道的内容。

提示与注意

在选择数据采集和分析方法时，要尽可能保证有效数据产出，从而发现以前不知道的内容。例如，可以测量相互靠近的多个对象，或者对不同活动的多个对象进行测量。

关键不在于收集大量数据，而是学会如何应用数据提出有趣的问题。比如，可以带着数据与相关人物进行额外的访谈或协同创意活动。

我们创造事物，也被事物影响。花时间研究智能互联产品，可以帮助我们理解和改变我们所知的和所做的。

局限和限制

使用传感器和软件并不代表结果一定是实证的。

参考资料及拓展阅读： Giaccardi, E., Cila, N., Speed, C., and Caldwell, M., 2016. Thing Ethnography: Doing Design Research with Non-humans. In Proc. DIS’16 (pp. 377 - 387). New York: ACM Press. / Giaccardi, E., 2020. Casting Things as Partners in Design: Towards a More-than-Human Design Practice. In H. Wiltse (Ed.) Relating to Things: Design, Technology and the Artificial. London: Bloomsbury. /TCD Toolkit: www.tcdtoolkit.org/ Giaccardi, E. & Redström, J. (2020) Technology and More-than-Human Design, Design Issues, 36:2.

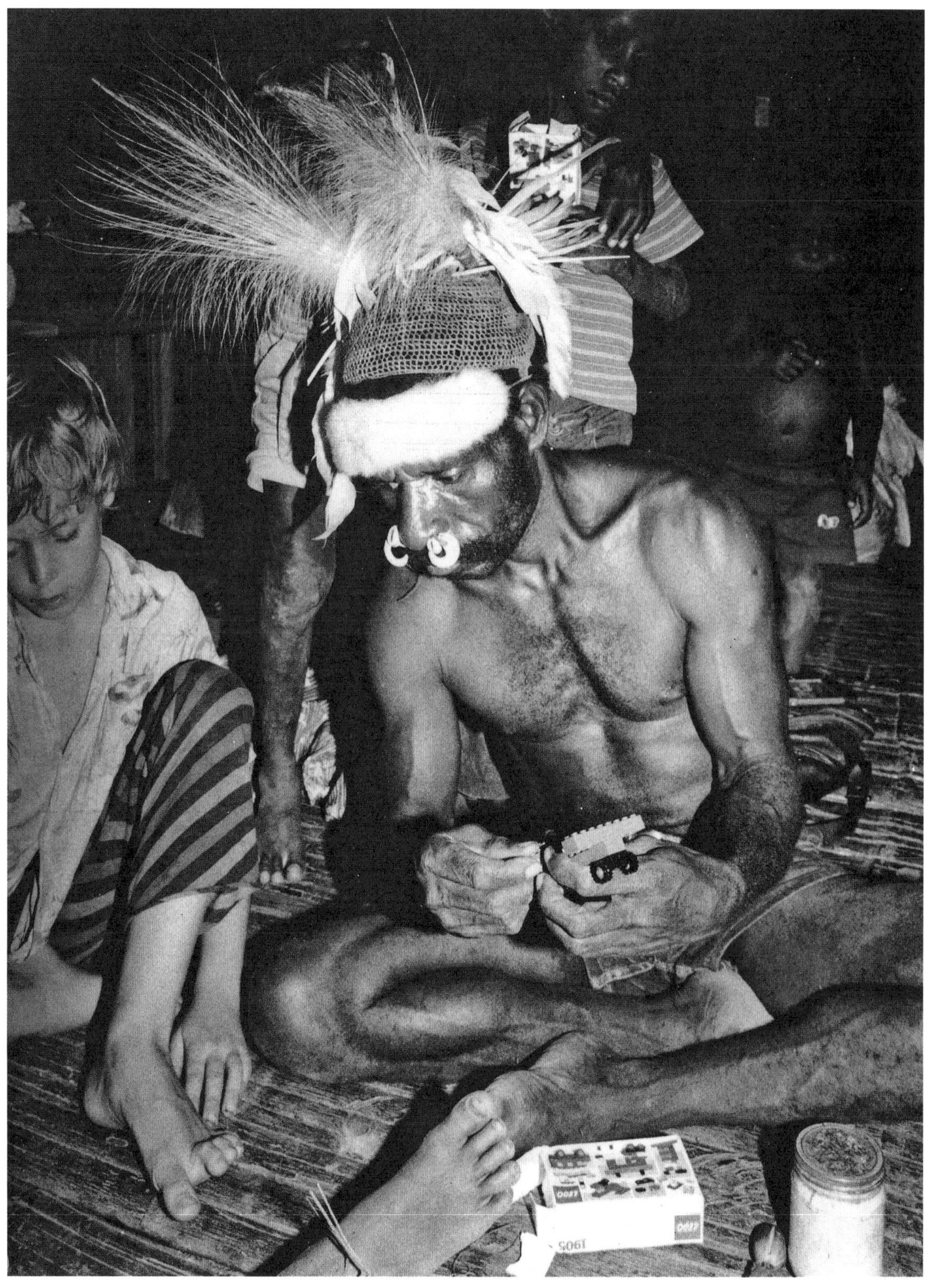

乐高积木易于上手，能够跨越各种文化的、语言的障碍。照片中，一位居住在新几内亚四月河畔偏远地区的父亲正在尝试一位丹麦游客带来的乐高积木。这位父亲和他的孩子并没有按照包装盒上的图片搭积木，而是设计了自己心目中的高塔和骑在轮子上的动物。（《乐高玩具的世界》，Henry Wiencek, 1987）

文化探析

文化探析是专门激发目标用户反思自身文化背景的方法。探析工具（probes）的使用方式带有启发性，它通过用户记录自我日常生活经历的方式进行应用。

内涵及原因

探析工具如同太空探测器，从陌生的空间收集材料。它能帮助设计师进入难以直接观察的使用环境，捕捉目标用户真实可触的生活场景。

思维方式：开发探析工具需要一些创意。在使用探析工具时，保持健康的好奇心是关键：设计师并不知道用户会提交什么内容，应该对各种可能性保持开放的态度。用户的自我记录很可能会带给我们启发和惊喜。使用该方法得出的结果可以提高设计师及团队对用户多样化生活体验的敏感性。

何时应用

文化探析方法适用于设计概念生成之前的阶段，因为此时依然有极大的自由寻找新的设计机会。

如何应用

探析工具的开发从团队内部的创意会议开始，先确定针对目标用户的研究内容。文化探析工具包（tnapark.com/cultural-probes）中包含多种工具，如日记本、明信片、录音录像设备等。任何好玩且能鼓励用户再现他们的故事和使用经历的东西都可以作为工具。例如，可以要求参与者写下/画出他们的经历，或者使用预先准备好的视觉工具进行表达。

工具包通常可供多至30位用户使用。工具包中的说明和提示已经表明了设计师的意图，因此设计师并不需要直接与用户接触。

探析工具也常常包含在感知（snesitising）工具包中，在参与式会议中使用。（参考情境地图）

第1步：在团队内组织一次创意会议，讨论并制定研究目标。

第2步：设计制作探析工具。

第3步：找一个目标用户，测试探析工具并及时调整设计。

第4步：将探析工具包发给选定的目标用户，清晰说明设计师的目的。工具包的使用由用户独立完成，期间设计师与用户并无直接接触，因此，作业和材料必须具有启发性，且能吸引用户独立完成。

第5步：提醒参与者及时送回材料，或者亲自收集材料。

第6步：在后续讨论会（如启发式工作坊）中与团队一起研究材料，参考情境地图。

参考资料及拓展阅读： Gaver, W.W., Boucher, A., Pennington, S. & Walker, B., 2004. Cultural probes and the value of uncertainty. Interactions, 11(5), pp. 53-56. / Gaver, W.W., Dunne, T. & Pacenti, E., 1999. Design: Cultural Probes. Interactions, 6(1), pp. 21-29. / Mattelmaki, T., 2005. Applying Probes - from inspirational notes to collaborative insights. CoDesign: International Journal of CoCreation in Design and Arts, 1(2), pp. 83-102. / Mattelmaki, T., 2006. Design Probes. Helsinki: University of Art and Design Helsinki.

提示与注意

探析工具应试具备足够的吸引力。

探析工具需保持未完成感，如果过于精细完美，用户会不敢使用。

提高探析工具材料的个性化，例如，在封面贴上参与者的照片。

设计好玩且有趣的任务。

将设计师的目的解释清楚。

鼓励用户即兴发挥。

使用探析工具前先进行测试，确保各项表述的准确性。

探析工具应该符合参与者的文化背景。设计师要考虑参与者的特征，如价值观、可获取的材料种类、语言、风格、教育水平等。

局限和限制

因为设计师不直接接触参与者，所以不足以深入了解目标用户。

得到的材料用于激发可能性，而非验证结果。例如材料能反映某人日常梳洗的体验和过程，但不能解释原因，也不能说明其价值和独特性。

文化探析不适合用于寻找某一特定问题的答案。

保持开放的心态，否则将难以理解得到的材料（有些团队成员甚至会觉得失望）。

佑宁寺有大约1200名僧侣，其中700多人有平板电脑和智能手机。他们通过社交媒体阅读新闻，与朋友互动并宣传佛教文化。

在亚洲国家，雨伞被用来遮挡阳光。直到18世纪初，欧洲才出现个人使用的雨伞，用来抵御日晒雨淋。20世纪的大规模生产将雨伞从富人身份象征变成了大众的日常防雨用品。

用户观察

用户观察可以帮助设计师研究目标用户在特定情境下的行为，它尤其适用于理解现实生活中的人、影响变量及其他元素之间的基本互动关系。

内涵及原因

对设计师而言，了解人们与设计世界特定的关联方式和原因至关重要，观察现实可以发现意想不到的使用场景，从而更好地理解什么才是好的产品和服务体验。这些将为今后的设计和创意奠定基础。

思维方式：用户观察鼓励设计师对人们的行为保持开放的态度。切记没有错误的使用方式，只有意想不到的使用方式：人们会站在椅子上，司机会超速开车。在寻求更佳解决方案的过程中，每一次用户观察都能让设计师大开眼界。

何时应用

设计师需要对各种假设做出判断，回答各种研究问题，评估和分析不同类型的数据。使用定义明确的指标可以帮助设计师描述、分析、解释可观察变量与隐藏变量之间的关系。

在探索设计问题时，有必要阐明影响交互的各方面因素。观察用户与设计原型之间的交互既能帮助设计师改进设计，也能帮助设计师向利益相关者阐述和展示设计决策。

如何应用

观察用户行为时，尽量不要让他们分心，更不要干预他们。可以在真实环境下或实验室里观察用户的反应。可以请参与者把自己的想法大声说出来。拍摄视频是最佳记录手段，其次是照片和笔记。多收集原始数据，以便更全面地进行分析和解释，比如，在用户观察完成后，还可以找用户聊一聊，收集更多信息。将所有数据组合成图片、备注、引文，并对其进行定性分析。

第1步：确定观察内容、对象、地点。将所有场景的细节标注出来。

第2步：明确观察标准：样本规模、时长、费用及主要的设计规范。

第3步：选择、邀请合适的参与者。事先确定参与者应该知道什么，不应该知道什么。

第4步：为观察做准备。重点检查相关的伦理规范文件，例如隐私保护等。在医疗领域，尤其要严格遵守道德程序。制作观察表格，包括所有想观察内容的清单。

第5步：进行一次模拟观察，检查观察计划。对计划进行修改和调整，再次进行测试。

第6步：带着开放的心态进行正式观察。

第7步：分析数据。录制视频和音频，并根据主题进行分类。随后，总结所有洞察信息，并将其整理在一张可用于与他人交流的表格中。

第8步：与利益相关者交流并讨论观察结果。

提示与注意

务必进行一次模拟观察。

及时准备好刺激物（模型、产品原型），确保其适合观察。

如果需要公布观察结果，需要询问参与者以获得信息公布的权限。如果观察对象不同意，则必须进行匿名处理。

考虑研究的可信度。事先考虑好过事后弥补。

考虑好数据的处理方法。

每次观察结束后，及时回顾记录的内容，并写下个人感受。

至少让利益相关者参与部分分析工作，以加强他们与项目的联系，哪怕他们可能只会提出一两点感受。

局限和限制

用户知道有人在观察自己时，其行为可能会受到影响。

参考资料及拓展阅读： Abrams, B., 2000. The observational research handbook: Understanding how consumers live with your product. Lincolnwood: NTC Business Books. / Daams, B., 2011. Productergonomie – Ontwerpen voor nut, gebruik en beleving. Uitgeverij Undesigning. / Suri, F. & IDEO, 2015. Thoughtless Acts. San Francisco: Chronicle Books. / Stempfle, J. & Badke-Schaub, P., 2002. Thinking in design teams – an analysis of team communication. Design Studies, September, 23(5), pp. 473–496.

了解客户：发型师在理发前会询问顾客想要的发型。
在塑造发型（发型师的产品）的过程中，发型师会不时借助镜子与顾客交流。
理发完毕，发型师会再次询问顾客对新发型是否满意。

HANDLEBAR
AND CHIN PUFF

GOATEE

用户访谈

面对面的用户访谈能帮助设计师更好地理解消费者的看法、意见、使用体验、消费动机、行为方式等。

内涵及原因

观察目标用户或其他利益相关者还不足以完全了解他们的想法。访谈可以更深入地了解人们的意见、信仰、需求，以及选择产品的原因和动机。

思维方式：理解人们更深层次的动机有助于设计师创造更好的解决方案。保持好奇和开放的心态是充分理解他人的关键。

何时应用

新产品开发的多个阶段都可以开展用户访谈，以达成不同的目的。在起始阶段，访谈能帮助设计师获得用户对现有产品的评价，获取产品的使用情境信息，甚至某些专业信息。在概念设计阶段，访谈可以用于测试设计方案，以得到详细的用户反馈。这些都有助于设计师选择、改进方案。比起焦点小组（focus group）方法，用户访谈能更深入地挖掘信息，因为设计师能针对采访者的回答进行二次提问。

如何应用

在访谈之前，准备一份话题指南确保访谈覆盖所有相关问题。指南既可以是结构严谨的（如问卷），也可以是无结构的（可根据被采访者的回答进行调整）。建议设计师在开始前先做一次模拟访谈。

创造一个安全的访谈环境，让对方安心地接受访谈。多问开放式问题，用怎么样（how）、什么（what）、谁（who）、哪里（where）提问。尽量不要提为什么（why）的问题，这类问题往往很难回答。不要提封闭性的问题和带有引导性的问题，例如“你喜欢这个颜色么？”访谈时注意倾听、总结、梳理。

访谈次数取决于设计师是否已经得到足够的信息。如果设计师认为再做一次访谈也不会得到新信息，就不用再做了。研究表明，在评估消费者需求的调查中，10~15次访谈能够反映80%的需求。访谈可以结合拼贴画或感知研究等方法一同使用，详细内容可参考情境地图。流程如下：

第1步：制定访谈指南，涵盖与研究问题有关的各类话题。进行模拟访谈测试指南。

第2步：邀请合适的采访对象。依据项目的具体目标，可能需要选择3~8位采访对象。

第3步：解释访谈目的以及处理访谈结果的方式。如果需要，可以请参与者签署同意书。

第4步：开展访谈。一次访谈时长通常为1小时左右，往往需要录音。

第5步：整理、总结访谈内容。

第6步：分析结果，得出结论。

参考资料及拓展阅读： Byrne, M., 2001. Interviewing as a data collection method. Association of periOperative Registered Nurses (AORN) Journal, Augustus, 74(2), pp. 233-235. / Creusen, M.E.H., Hultink, E.J. & Eling, K., 2013. Choice of consumer research methods in the front end of new product development. International Journal of Market Research, January, 55(1), pp. 81-104. / Griffin, A., 2005. Obtaining customer needs for product development. In K. B. Kahn, S. E. Kay, R. J. Slotegraaf, S. Uban (eds.), The PDMA Handbook of New Product Development. pp. 211 - 227. Hoboken, NJ: John Wiley & Sons, Inc. Rubin, H. and Rubin I., 2005. Qualitative interviewing, the art of hearing data. Sage, CA: Thousand Oaks.

提示与注意

如有条件，请伦理委员会检查访谈思路（尤其是医疗项目）。

务必开展模拟访谈测试访谈思路。

在轻松但不会分散彼此注意力的氛围中开展访谈。

用简单的问题开场，这样容易进行对话，让受访者轻松进入状态。

合理分配话题时间，确保有足够的时间留给最后的几个重要话题。

注意受访者是否有疑惑。可视化材料的质量至关重要。

局限和限制

受访者可能会凭直觉回答问题。隐藏在背后的信息需要借助其他启发式方法（如情境地图）观察获取。

访谈结果的质量取决于采访者的采访技巧。你是否真的有强烈的好奇心和动机了解对方？受访者是能体会到的。

受访谈次数限制，访谈只能获得定性的结果。如果要定量分析数据，则需要采用问卷调查。

问受访者熟悉的话题能获得最佳访谈效果。对于创新性的主题，采用情境地图、用户观察等方法更合适。

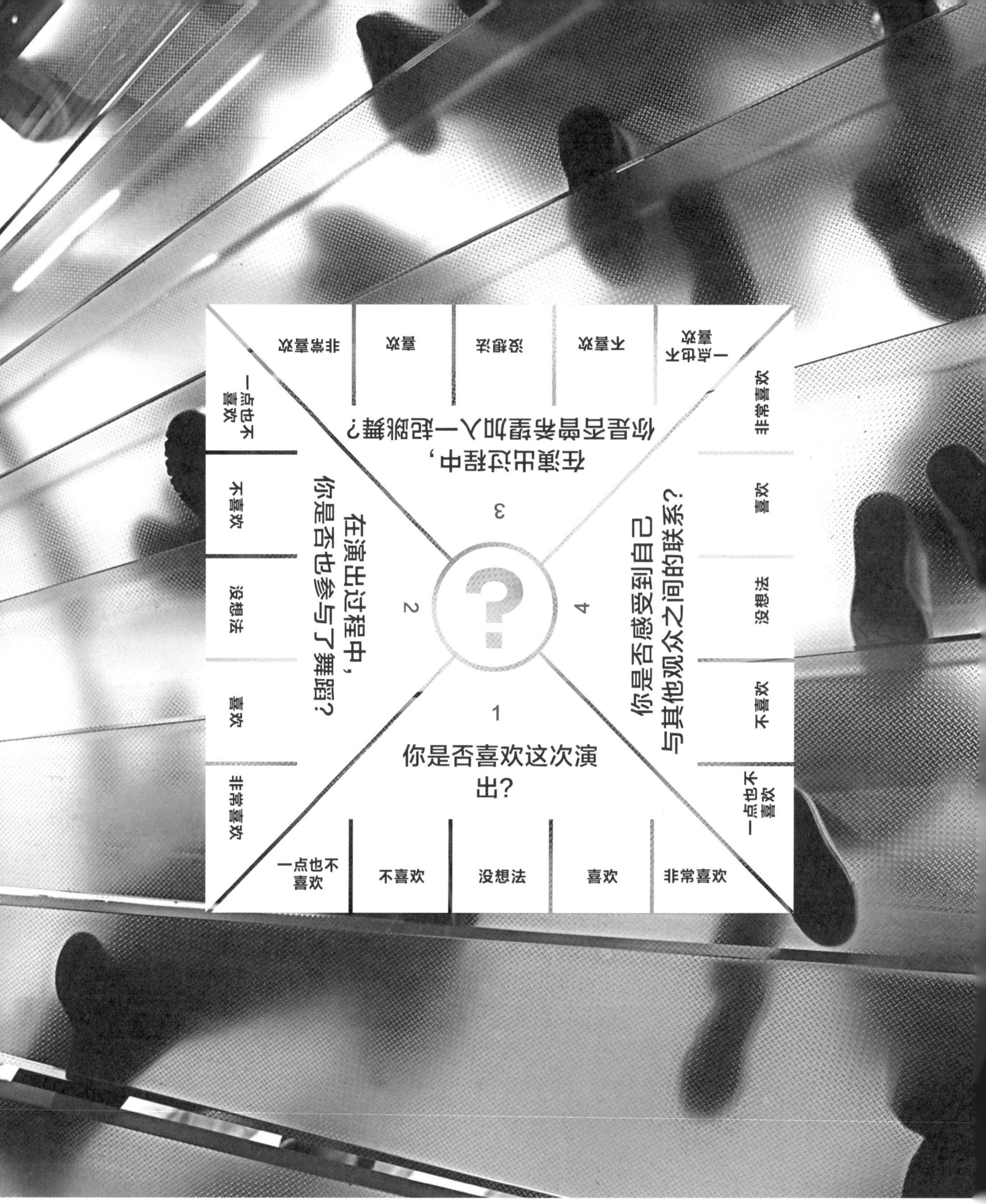

在哥本哈根的一次戏剧演出后，所有观众被要求填写这份调查问卷，对本次演出作出评价。
问卷设计师：Alessia Cadamuro。

问卷调查

问卷调查是运用一系列问题及提示从受访者处收集所需信息的方法。

内涵及原因

有时我们需要收集人们的意见、信仰、需求，以及选择产品的原因和动机等定量信息。设计供大量人群使用的产品、服务、系统时，必须收集这些信息，以便深入理解用户是如何做决策的。

思维方式：作为一名设计师，你可以选择遵循自己的信念，为少数具有相似心态的人开发设计。当面对成功的标准要求触达大量人群的项目时，对潜在市场的定量洞察非常重要。以政治为例，候选人通常想了解有多少数量的选民对相关政见持特定看法。

何时应用

在设计初始阶段，问卷调查可用于收集目标用户群对现有产品的使用行为与体验信息。问卷调查也可用于测试设计概念，以帮助设计师选择、调整方案，还能评估消费者对概念的接受程度。

定量研究（如问卷调查）能帮助设计师获取用户的认知、意见、行为出现的频率，以及消费者对设计概念感兴趣的程度，从而确定目标用户群。问卷调查可以面对面完成，也可以通过电话、互联网完成。

如何应用

问卷应该有助于回答要研究的问题。有效提问并不简单，问卷质量直接决定了最终效果。建议在使用问卷调查之前，先仔细研究问卷结构。

问卷调查的结果取决于研究的目的。例如：了解某种用户行为或观点出现的频率、用户感知现有方案优劣势的频率、某种需求出现的频率等。调查结果提供了目标用户的相关信息，有助于发现项目需要重点关注的地方。

第1步：根据要研究的问题，确定问卷调查的主题。

第2步：确定每个问题的回答方式（封闭式、开放式、分类式）。

第3步：设计问卷问题。

第4步：调整问题顺序，将同类问题放在一起，让问卷的布局看起来清晰合理。

第5步：测试并改进问卷。

第6步：根据主题邀请合适的调查对象：随机取样或有目的地选择调查对象（熟悉主题的人群也分不同年龄与性别）。

第7步：运用统计数据展示调查结果，以及被测试问题与变量之间的关系。

提示与注意

问卷是否涵盖了需要研究的问题？是不是每个问题都必不可少。

也可以用问卷调查收集定性数据。有时，针对少量样本的深入的、开放式的问题比大量样本所得数据效果更佳。

大多数问卷枯燥乏味，难以获得足够的答复样本。问卷可以设置得生动有趣，例如，使用可视化材料（在线问卷在这方面能提供更多的可能性）。

测试概念时，概念的表达方式应该清晰明确。务必在分发问卷前做好测试（详见“产品概念评估”）。

局限和限制

问卷调查无法获取用户潜意识的和情感化的信息。

调查结果的质量与问卷质量密不可分。往往问卷越长，回答人数越少。

设计师常常觉得问卷调查的结果太抽象。虽然定性研究方法更容易深入挖掘信息，但是要确定某种需求是否普遍，还必须依靠定量研究数据。

参考资料及拓展阅读： Creusen, M.E.H., Hultink, E.J. & Eling, K., 2013. Choice of consumer research methods in the front end of new product development. International Journal of Market Research, January, 55(1), pp. 81–104. / Lietz, P., 2010. Research into questionnaire design – A summary of the literature. International Journal of Market Research, 1 September, 52(2), pp. 249–272. / McDaniel, C. Jr. & Gates, R., 2001. Primary Data Collection: Survey Research. In Marketing Research Essentials. pp. 170–208. Cincinnati, Ohio: South-Western College Publishing. / McDaniel, C. Jr. and Gates, R., 2001. Questionnaire Design. In Marketing Research Essentials. pp. 287–324. Cincinnati, Ohio: South-Western College Publishing.

摄影师Ari Versluis和犯罪侧写师Ellie Uyttenbroek合作，系统地制作了名为Exactitudes的亚文化穿衣图鉴。他们在街头挑选对象进行拍摄，按服饰搭配和拍摄姿势整理分类，几乎合乎科学和人类学地记录了人们通过假定群体身份区分自身与大众的尝试。

设计方法：探索发现

焦点小组

焦点小组是一种集体访谈，用于讨论与产品或设计相关的话题。访谈的参与者主要是产品或服务的目标用户。

内涵及原因

产品用户是宝贵的信息来源。小组讨论可能会比一对一采访发掘更多的信息。例如，特百惠派对不仅是为了销售特百惠的产品而组织的，也是从用户（包括质疑者和死忠粉）那里收集基本反馈的一种方式。

思维方式：焦点小组的理念是利用这种社交环境创造一场既有批判性又有创造性的辩论，辩论哪些产品或品牌属性值得赞赏，哪些不值得赞赏。

何时应用

焦点小组在产品研发的多个阶段均可使用：在设计初始阶段，它可以用于获取产品使用情境信息，以及用户对现有产品的意见；在创意产生阶段，它可以用于测试产品或服务的设计概念。它能为设计师提供选择设计方案的依据，也能收集用户对未来产品的意见。它能快速发现消费者对某一问题的大致观点（以及这些观点背后的深层意义），还有目标消费群的真实需求。自由讨论容易催生许多意料之外的新发现，这些信息弥足珍贵。如果你想更深入地了解个别用户，可以邀请对方进行用户访谈（详见“用户访谈”）。

如何应用

为了将所得结果拓展到一般层面，通常至少要进行三次焦点小组讨论。每次讨论需6~8位参与者、一位主持人、一位记录员。主持人的角色至关重要，应优先选择经验丰富者。在正式开始前，有必要进行一次模拟焦点小组讨论，测试并改进话题清单。讨论可以结合拼贴画或感知研究等方法一同使用，详细内容可参考“情境地图”。小组讨论可以通过网络在线开展。

焦点小组的结果取决于开展的目的，这些目的包括：了解消费者需求、测试新产品创意、了解消费者对现有产品或服务的认可度等。

第1步：列出一组需要讨论的问题（即讨论指南），包括抽象的话题和具体的问题。

第2步：模拟开展一次焦点小组讨论，测试并改进步讨论指南。

第3步：从目标用户群体中筛选并邀请参与者。

第4步：进行焦点小组讨论。每次讨论1.5~2小时，通常需录像，以便事后整理、分析。

第5步：分析、报告讨论结果，指出讨论得出的重要观点和意见。

提示与注意

用简单的话题开场，比如对现有产品的使用和体验，让参与者轻松进入状态。然后再提与新设计概念相关的问题。在测试新设计概念时，概念的视觉展示十分重要。将概念清晰地展示出来，询问参与者是否存在疑问，然后再提出相关问题。

合理分配话题时间，确保有足够的时间留给最后的几个重要话题。在总结报告中，直接引用参与者原话更有说服力。

局限和限制

焦点小组不适用于参与者对产品一无所知或并不熟悉的状况。

讨论过程直接影响结果，例如，具备意见领袖特质的参与者可能迫使其他人赞同他的观点，所以需要一位有经验的主持人。

参与讨论的人数有限。如果想将讨论结果推广至一般层面，还需要与其他定量研究方法（如问卷调查）结合使用。

参考资料及拓展阅读： Bruseberga, A. & McDonagh-Philpb, D., 2001. Focus groups to support the industrial/product designer: a review based on current literature and designers' feedback'. Applied Ergonomics, 1 Augustus, 33(1), pp. 27-38. / Creusen, M.E.H., Hultink, E.J. & Eling, K., 2013. Choice of consumer research methods in the front end of new product development. International Journal of Market Research, January, 55(1), pp. 81-104. / Malhotra, N. K. & Birks, D. F., 2000. Marketing Research: An Applied Approach. Upper Saddle River, NJ: Pearson Education Ltd.

Victor Papanek认为：“设计已经成为人类塑造社会和自我最有力的工具”。
他以身作则，在1960年代和学生Geoge Seeger一起为第三世界国家的偏远地区设计了易拉罐收音机。
该产品由废弃的果汁易拉罐和石蜡（或干粪）制成，通过热电偶产生电压作为电源。简单的设计可以就地取材、制造、维修、调整。
该设计在社会政治层面具有可持续性，在生态设计战略轮的所有坐标轴上表现都极为出色。

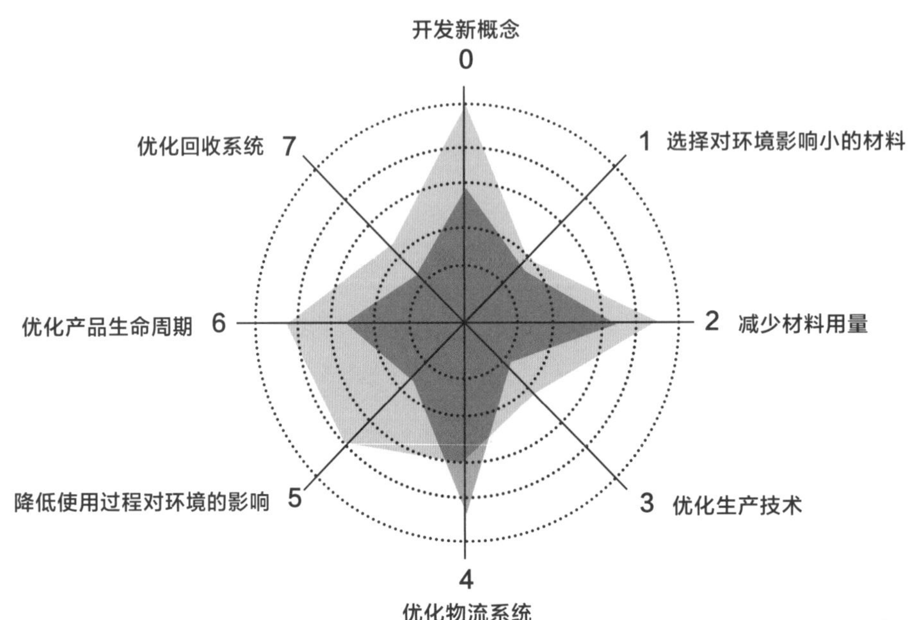

生态设计战略轮

生态设计战略轮也称为生命周期设计战略（Lifecycle Design strategies, LiDs）。它能帮助设计师筛选和交流设计战略，从而将产品设计对环境的负面影响降至最低。

内涵及原因

生态设计战略轮是一种可持续的设计方法，而可持续性是设计领域的基本要求。作为设计师，你有责任确保自己每个设计决策的影响都是积极的，而非消极的。

思维方式：可持续性设计面对的问题往往是复杂甚至相互矛盾的。设计师必须做出艰难的妥协并深入挖掘相关信息。参与可持续性设计也可以是一种愉快的体验，毕竟这一切都是为了让人们生活得更好。

何时应用

生态产品战略轮适合在产品设计最初的“问题分析和探索阶段”使用。它通常与生态设计清单结合使用。生态设计战略轮将概念在三个产品层面细化成八个维度（参见下方定义）。

如何应用

生态设计战略轮将产品与环境有关的几个方面用坐标轴表现出来，形成一张网状图。它通常用于比较不同的产品和设计选项。

它是一种定性分析工具。通过一组问题（参考“生态设计清单”），对每个维度进行评分（分为低、中、高三个等级）。通过评分，找到可以改进的方面，做进一步的开发。

生态设计战略轮是一种有效的交流工具。从中可以发现有前景的生态设计战略，并可用于追踪可持续设计的进展。

第1步：确定要分析的产品想法、设计概念或现有产品。

第2步：用生态设计策略轮对产品概念进行评分，你可以借助生态设计清单进行打分。

第3步：按照每个维度优化设计方案，尤其要注意评分较低的维度。

第4步：优化完成后，可以重复上述步骤，重新制作一张打分图，看看新设计是否更出色。

---

0. 开发新概念
- 产品非实物化
- 产品共享使用
- 产品功能整合
- 产品（或零部件）功能优化

1. 选择对环境影响小的材料
- 清洁材料
- 可再生材料
- 低含能材料
- 循环使用材料
- 可回收材料

2. 减少材料用量
- 减轻重量
- 减小体积（针对运输）

3. 优化生产技术
- 替代生产技术
- 减少生产环节
- 降低能耗或使用清洁能源
- 减少产生废料
- 更少/更清洁的耗材

4. 优化物流系统
- 更少/更清洁/可重复利用的包装
- 能效更高的运输模式
- 更节能高效的物流

5. 降低使用过程对环境的影响
- 降低能源消耗
- 使用清洁能源
- 减少所需耗材
- 使用更清洁的耗材
- 无能源和耗材浪费

6. 优化产品生命周期

可靠性及耐用性
便于维修保养
模块化产品结构
经典设计
加强用户-产品关系

7. 优化回收系统

产品（或零部件）再利用
产品再制造或再加工
材料回收
安全焚烧

参考资料及拓展阅读： Brezet, H. & Van Hemel, C., 1997. EcoDesign: A Promising Approach to Sustainable Production and Consumption. Paris: UNEP. / Remmerswaal, H., 2002. Milieugerichte Productontwikkeling. Schoonhoven: Academic Service.

提示与注意

将生态设计策略轮与生态设计清单结合起来使用。

不仅要关注技术层面的解决方案，也要关注心理层面的解决方案。例如，怎样设计才能引导用户关注能源效率、产品生命周期长度，以及产品回收方式？

有的生态设计指标会互相强化，有的指标相互冲突。

局限和限制

该方法主要的依据是定性数据及设计师对数据的理解。虽然图表看上去具有客观性，但事实并非如此。

生态设计策略（0–7）

概念层面／需求分析

- 产品系统在现实生活中是如何满足社会需求的？
- 产品的主要功能和辅助功能是什么？
- 产品能否有效地实现上述功能？
- 产品目前满足了那些用户需求？
- 能否扩展或改进产品的功能，更好地满足用户需求？
- 用户需求是否会随时间变化？
- 能否通过产品创新预见并满足变化的需求？

0.开发新概念

- 产品非实物化
- 产品共享使用
- 产品功能整合
- 产品（或零部件）功能优化

产品零部件层面／材料和零部件的生产供应

- 材料和零部件的生产供应会带来哪些问题？
- 这个过程中使用了多少塑料和橡胶材料？分别是什么类型的塑料和橡胶？
- 这个过程中使用了多少添加剂？分别是什么类型的添加剂？
- 这个过程中使用了多少金属材料？分别是什么类型的金属材料？
- 这个过程中使用了多少其他材料（玻璃、陶瓷等）？分别是什么类型的其他材料？
- 这个过程中使用了多少表面处理工艺？分别是什么类型的表面处理工艺？
- 这些零部件对环境的影响如何？
- 运输材料和零部件需要耗费多少能源？

1.选择对环境影响小的材料

- 清洁材料
- 可再生材料
- 低含能材料
- 循环使用材料
- 可回收材料

2.减少材料用量

- 减轻重量
- 减小体积（主要针对产品运输）

产品结构层面／内部生产

- 生产产品的过程可能带来哪些问题？
- 生产产品涉及哪些流程？分别是哪些种类的流程（连接、表面处理、打印、贴标签等）？
- 需要多少辅助材料？分别是什么类型的辅助材料？
- 生产的耗能有多高？
- 会产生多少废料？
- 有多少产品不符合质量标准？

3.优化生产技术

- 替代生产技术
- 减少生产环节
- 降低能耗或使用清洁能源
- 减少产生废料
- 更少/更清洁的耗材

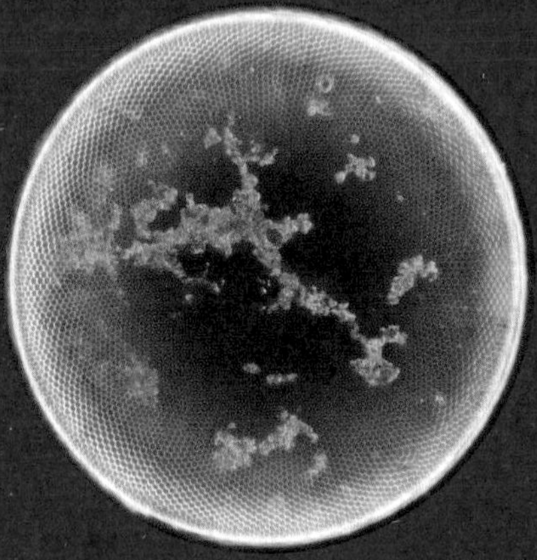

产品结构层面／产品分销

- 将产品分销到客户的过程中可能会带来哪些问题？
- 运用了哪些运输包装、散状包装、零售包装（包括体积、重量、材料、可重复利用性等）？
- 采用什么运输方式？
- 运输系统的组织是否有效？

4.优化物流系统

- 更少/更清洁/可重复利用的包装
- 更节能高效的运输模式
- 更节能高效的物流

产品结构层面／产品应用

- 在产品的使用、操作、服务、修理过程中会出现哪些问题？
- 使用产品需要直接和间接消耗多少能量？分别是哪种类型的能量？
- 使用产品需要多少耗材？分别是哪种类型的耗材？
- 产品的技术寿命有多长？
- 产品使用过程中需要多大程度的保养和维修？
- 在操作、服务、修理产品的过程中，需要用到多少辅助材料和能源？分别是什么类型？
- 非专业人员能否自行拆卸产品？
- 可拆卸部件是否需要经常更换？
- 产品的外观寿命有多长？

5.降低使用过程对环境的影响

- 降低能源消耗
- 使用清洁能源
- 减少所需耗材
- 使用更清洁的耗材
- 无能源和耗材浪费

产品系统层面／回收处理

- 在产品的回收处理过程中可能会出现哪些问题？
- 目前，产品使用后是如何丢弃处理的？
- 丢弃的零部件和材料能否重复利用？
- 哪些零部件可以重复利用？
- 这些零部件能否无损拆卸？
- 哪些材料可以重复利用？
- 这些材料是否容易辨别？
- 这些材料能否快速拆卸？
- 是否使用了难以分离的油墨、表面处理材料、涂料？
- 有毒害的零部件能否轻易拆卸？
- 焚烧不可重复利用的产品部件会带来哪些问题？

6.优化产品生命周期

- 可靠性及耐久性
- 便于维修保养
- 模块化产品结构
- 经典设计
- 加强用户–产品关系

7.优化回收系统

- 产品（或零部件）再利用
- 产品再制造或再加工
- 材料回收
- 安全焚烧

设计方法：探索发现

生态设计清单

无论是设计新产品和服务，还是对旧产品和服务进行再设计以提高可持续性，都需要考虑产品的整个生命周期。生态设计清单列出了产品生命周期内每个阶段的多个关键性问题。

提示与注意

将生态设计战略轮与生态设计清单结合使用。

局限和限制

清单的内容理论上应该是完整全面的，但实际上很难做到。可以根据实际条件调整清单，使其符合项目情况。

内涵及原因

生态设计清单很像生态设计战略轮，两者都是可持续设计方法。从长远来看，可持续发展对人类生存和福利至关重要。因此，设计师有责任关注产品的可持续影响。生态设计清单可以为设计师提供相关领域的全局概况，帮助设计师确保所有设计决策都为环境带来积极而非消极的影响。生态设计方法的局限在于它更关注既有产品的渐进式改进。

思维方式：可持续性设计面对的问题往往是复杂甚至相互矛盾的。设计师必须做出艰难的妥协并深入挖掘相关信息。参与可持续性设计也可以是一种愉快的体验，毕竟这一切都是为了让人们生活得更好。

何时应用

生态设计清单最适合用在设计概念的产生阶段（设计师已经有了清晰的产品创意）。它也可以用于分析现有产品。生态设计清单通常与生态设计战略轮结合使用。

如何应用

使用生态设计清单的前提是已具备设计想法、产品概念，或者已有现成产品。生态设计清单首先给出“开发新概念”不能忽视的一系列宏观问题，然后按照产品生命周期（生产、分销、使用、回收）提出更详细的问题。生态设计清单可用于改进设计方案，并建立一组与环境有关的目标（或优先级）用于指导设计。

第1步：确定要分析的产品想法、设计概念或现有产品。

第2步：研究设计概念或已有产品的制造材料和制造方式。了解产品是如何包装、存储、分销、使用的，确定产品寿命结束时会发生什么。

第3步：借助生态设计清单，通过回答问题改进产品设计。

第4步：尽可能清晰地描述改进方案。用生态设计战略轮进行展示，确定改进事项的优先级。

参考资料及拓展阅读： Brezet, H. & Van Hemel, C., 1997. Ecodesign: A Promising Approach to Sustainable Production and Consumption. Paris: UNEP. / Remmerswaal, H., 2002. Milieugerichte Productontwikkeling. Schoonhoven: Academic Service.

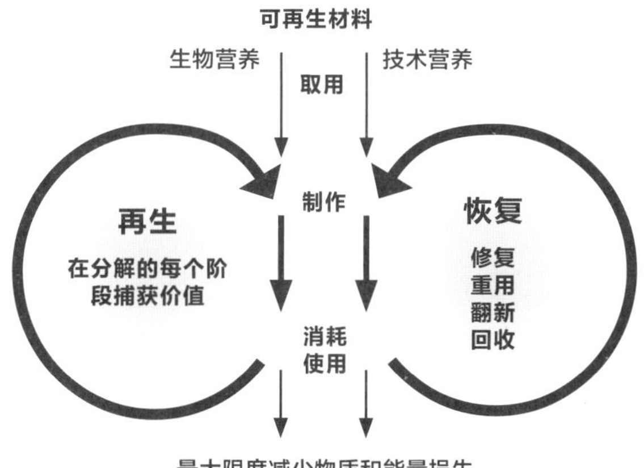

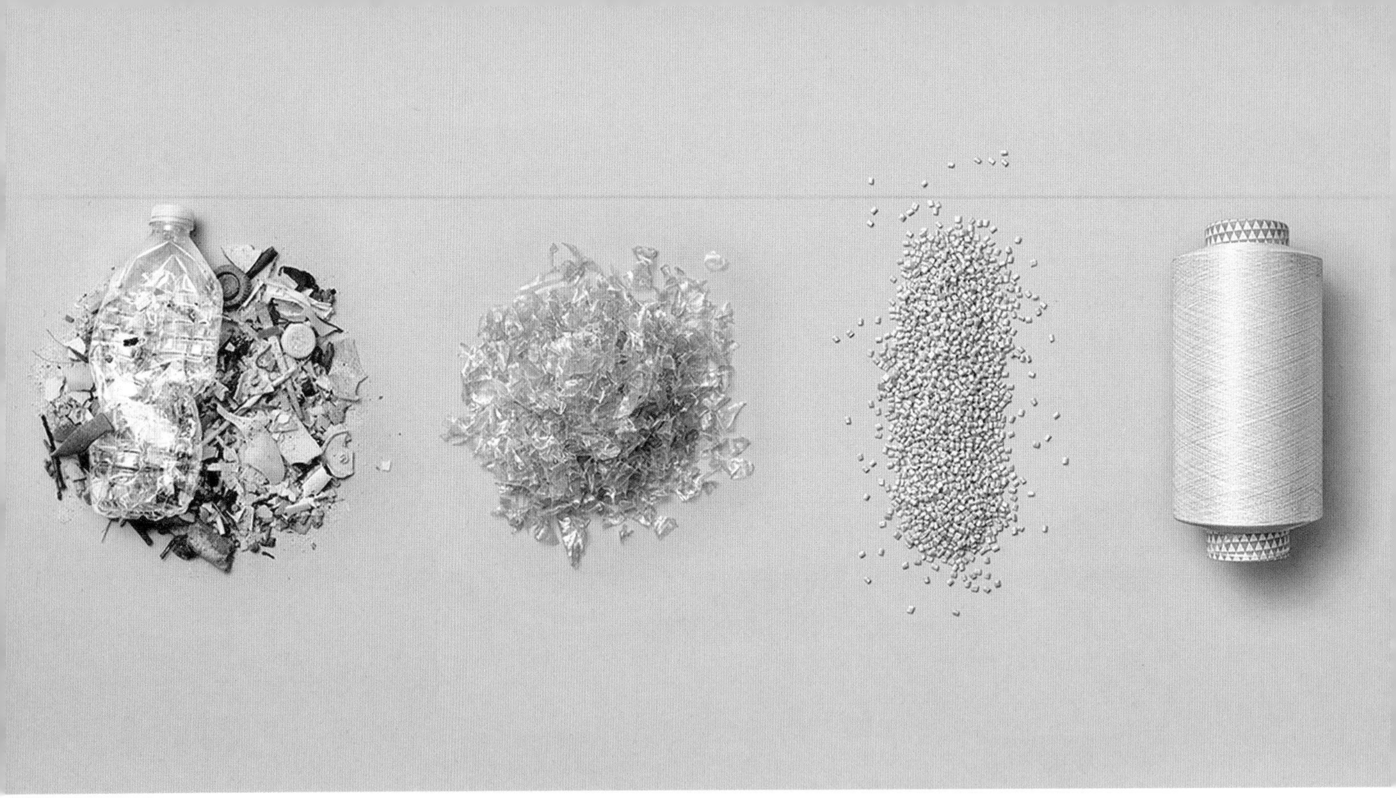

Ocean Plastic®为体育、时尚、奢侈品行业生产了一系列优质材料，这些材料由回收的海洋塑料碎片制成。
这些材料可以取代原生材料，有利于材料的可持续发展：避免污染、拦截材料、重新设计。

每个模型都是复杂现实的简化，而所有的简化都意味着现实将以某种方式被扭曲。
生命周期分析（LCA）使用者面临的挑战是在开发模型时尽量减少简化和扭曲对结果的影响。
要解决这个问题，必须仔细定义LCA研究的目标和范围。

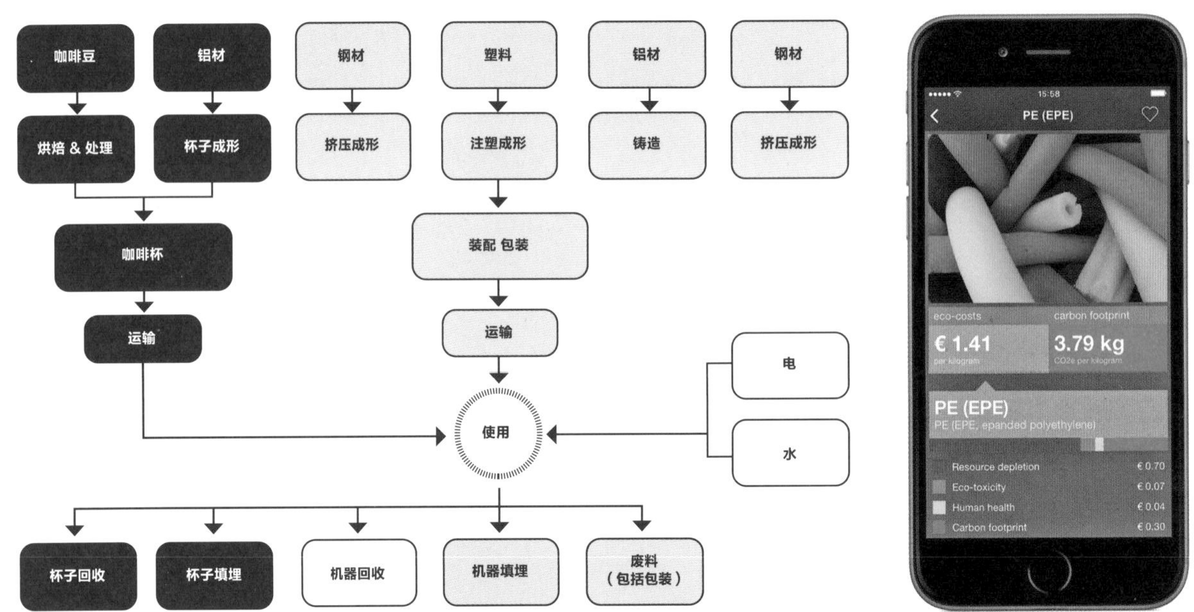

借助Idemat Light应用程序，设计师可以根据快速跟踪方法进行简单的生命周期分析计算。
进入LCA选项，添加材质、流程、所需数量，就可以依据环境声明计算出产品的生态成本。（idematapp.com）

设计方法：探索发现

生命周期快速追踪分析

生命周期快速追踪分析方法用于评估产品、服务、系统在整个生命周期内对环境造成的生态成本。它尤其适用于时间有限的情况。

内涵及原因

生命周期快速追踪分析可以全面量化设计对环境的影响。该方法可用于预测和比较设计方案对环境的影响。它可以帮助设计师：

· 找到产品的环境负担“热点”，降低产品的整体环境负担。

· 比较不同的设计和方案，从而选择环境负担最低的设计。

· 探索利用新材料（如可回收、可再生材料）的可能性，以及其他增加产品可持续性的方案。

思维方式：生命周期快速追踪分析法是确定产品环境影响的有效工具，但需要谨慎使用。如果设计师不熟悉LCA的科学背景，可能会误解分析结果，从而被误导或得出错误的结论。开展LCA需要具备分析思维且乐于关注细节。

何时应用

生命周期快速追踪分析法可以用在产品开发的早期阶段，也可以用来分析现有产品。

如何应用

Idemat数据库（www.ecocostsvalue.com）提供6000多种材料和工艺的生态负担数据。设计师可以借助Idemat数据库以单一影响指标的形式表现生态负担（排放、材料消耗、土地使用等）。将这些表格数据与普通成本做对比，就不难看出生态负担问题了。

第1步：设定分析范围，明确分析目标。

第2步：设定功能单元。描述产品服务的主要功能及衡量指标。通过对比新解决方案与已有解决方案验证衡量指标。

第3步：描述产品生命周期中需考虑的各个部分，并以此建立系统和系统边界。

第4步：量化产品服务系统使用的材料和产生的能耗，包括收集重量、材料、能耗等数据，判断数据的准确性和相关性，确定定位规则及临界标准。

第5步：量化零部件运输的生态成本及成品物流的生态成本。确定相关运输路线和运输方式：1. 将零部件运送到组装工厂；2. 将组装好的产品运送到配送中心；3. 将产品送到消费者手中（最后一公里）。

第6步：计算整体影响，包括生命周期各阶段（材料、生产、分销、使用、报废）的生态成本，以及各零部件的生态成本。

第7步：分析结果。产品生命周期中哪些部分所占生态成本比重较大？如何有效降低这些成本？

提示与注意

开展一次生命周期快速追踪分析就是一次建模练习。就像我们常说的“废料进，废品出”，生命周期快速追踪分析也一样。要确保自己了解LCA的工作原理及结果的重要性。

也可以直接对“从摇篮到大门”的产品生产阶段开展生命周期分析。这类产品在使用时不占用任何资源。

始终要考虑产品报废的生态成本，因为它影响产品生命周期的整体生态成本。

如果有元素信息缺失，则需要从其他途径（可比较的材料、生产工艺、相关科学文献等）寻找数据并做出有根据的猜测。千万不要因为缺少数据而留下空白。

局限和限制

生命周期快速分析更适合评估成熟产品。由于缺乏数据，用它评估新产品的难度较高。

LCA的复杂性难以传达，这可能会导致结果过于简化。LCA并不考虑影响回弹效应及其他社会影响。

LCA应该贯穿整个设计流程，而不是在设计结束时进行。

参考资料及拓展阅读： European Commission, Joint Research Centre, Institute for Environment and Sustainability 2010. International Reference Life Cycle Data System Handbook: General Guide for Life Cycle Assessment – Detailed Guidance. 1st ed. Luxembourg: Publications Office of the European Union. / ISO, 2006. ISO 14044 Environmental Management – Life cycle assessment – Principles and framework. 2nd ed. Geneva: ISO. / ISO, 2006. ISO 14044 Environmental Management – Life cycle assessment – Requirements and guidelines. Geneva: ISO.

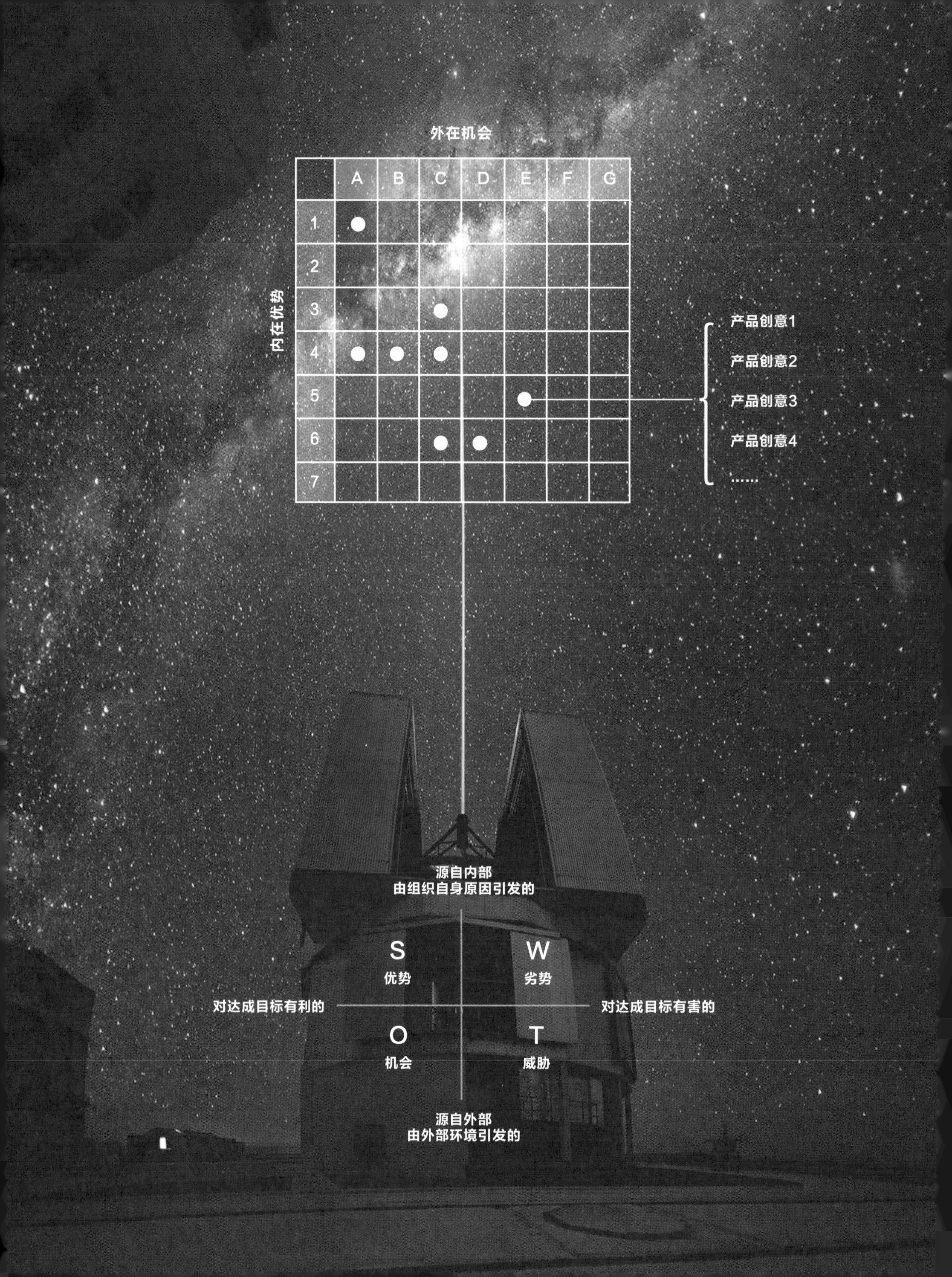

外在机会

内在优势

	A	B	C	D	E	F	G
1	●						
2							
3			●				
4	●	●	●				
5					●		
6			●	●			
7							

产品创意1
产品创意2
产品创意3
产品创意4
……

源自内部
由组织自身原因引发的

S
优势

W
劣势

对达成目标有利的

对达成目标有害的

O
机会

T
威胁

源自外部
由外部环境引发的

SWOT分析和搜寻领域

SWOT分析和搜寻领域结合使用可作为一种系统性分析组织战略定位的方法，此外，还可以为新产品创意寻找机会。

内涵及原因

开发未来产品和服务时，首先要了解公司当前的定位。SWOT是Strength（优势）、Weakness（劣势）、Opportunity（机会）、Threat（威胁）四个单词首字母的缩写。前两个代表公司内部因素，后两个代表公司外部因素。搜寻领域是在SWOT分析后综合得出的“机会领域”。两者结合形成了一个解决方案空间，设计师可以在此空间内产生新产品的开发思路。该方法最初用于帮助公司自身定位，以便做出战略和创新决策。

思维方式：该方法最初是为了应对竞争激烈的商业环境而提出的，但是也可以在竞争不那么的激烈的情况下使用。SWOT分析需要进行系统的推理；而寻找新产品机会的关键在于创造力。

何时应用

SWOT分析和搜寻领域的组合应用通常发生在创新过程的早期阶段。

如何应用

SWOT分析的质量取决于设计师对诸多因素的理解，因此设计师有必要与具有多学科交叉背景的团队合作。内部分析应该有助于确定创新是否适合该组织的核心能力，从而获得更大的成功机会。外部分析应该形成对当前用户、竞争对手、竞争产品/服务的透彻理解。将内部优势（S）和外部机会（O）结合，可构成一系列的搜寻领域，设计师可在其中找到新的机会和想法。

第1步：确定商业竞争环境的范围。问问自己：企业开展的是哪种类型的业务?

第2步：进行外部分析，例如，可以通过回答以下问题进行分析：当前市场环境中最重要的趋势是什么？人们的需求是什么？人们对当前产品有什么不满？什么是当下最流行的社会文化和经济趋势？竞争对手都在做什么，计划做什么？根据来自供应商、经销商、学术机构的信息来看，整个产业链的发展趋势是什么？可以运用DESTEP（人口、经济、社会、技术、生态、政治发展）分析清单进行全面分析。

第3步：列出公司的优势和劣势，对照竞争对手逐条评估。

第4步：将SWOT分析结果清晰地填入SWOT表格，与团队成员及其他利益相关者交流分析成果。

第5步：结合企业内在优势与外界环境中的机会，通过发散思维发掘若干（20~60个）搜寻领域。

第6步：依据选择标准（如最新最原创的领域或能增加市场份额的领域）对第5步得出的搜寻领域进行筛选。

第7步：开展用户情境或使用情境研究，检测搜寻领域的可行性，并将这些搜寻领域归纳为设计大纲。

第8步：根据设计大纲中的每个搜寻领域生成不同的产品创意。

提示与注意

确定企业竞争环境范围时一定要谨慎。成功的SWOT分析，首先需要定义合适的竞争环境范围，该范围可宽可窄。

威胁有时候也能成为机会。

定义公司优势，观察外部环境，将这些信息变成有意义的战略目标，这些工作都有助于产生创意。

较为少见的优势与机会的组合也许更值得研究，因为它们很难被竞争对手发现。

SWOT分析和搜寻领域成功的关键在于设计团队能否产生创造性的想法。

可以借助市场研究的方法（比如使用情境地图，或者查阅科学文献、咨询专家等）评估得出的搜寻领域。

局限和限制

SO（优势－机会）组合是从两个维度寻找搜寻领域，但现实中的搜寻领域往往是多维的。可以尝试更多的搜寻组合，不要局限于某个固定的搜寻领域，也不要将所有内容都强加于某个特定的搜寻领域。

参考资料及拓展阅读： Ansoff, H.I., 1987. Corporate Strategy. Revised ed. London: Penguin Books. / Brooksbank, R., 1996. The BASIC marketing planning process: a practical framework for the smaller business. Journal of Marketing Intelligence & Planning, 14(4), pp. 16–23. / Buijs, J.A., 2012. The Delft Innovation Method; a design thinker’s guide to innovation. The Hague: Eleven International Publishing.

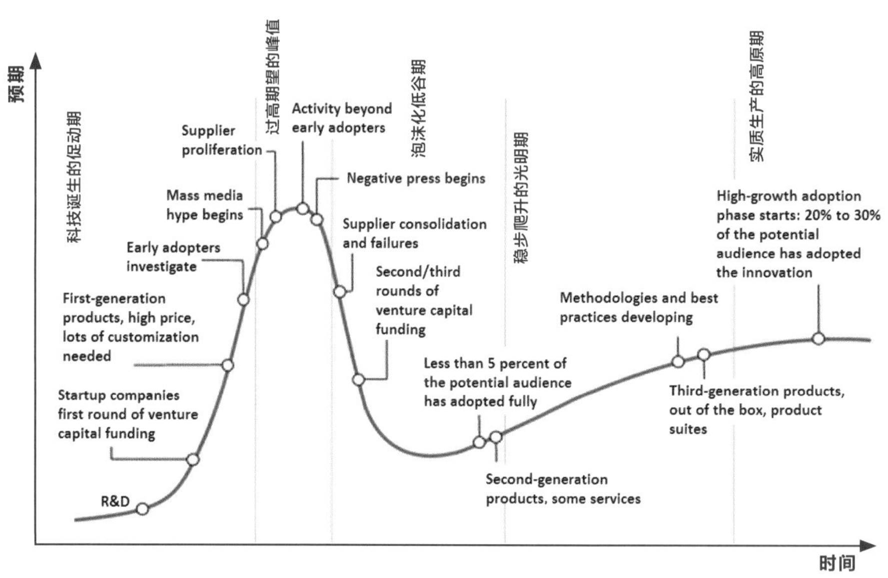

高德纳（Gartner）技术成熟度曲线（也称为炒作曲线）表明了人们预测未来的能力有多差，因为未来往往会产生难以想象的事物：包括不可预见的商业应用和道德后果。人类第一次成功的器官移植发生在1954年，而今天器官打印正逐渐成为解决全球供体器官短缺的潜在解决方案，剩下的最大挑战是创建维持这些器官存活所需的精细血管网络。很快就会出现处理细胞、制造组织结构的公司。

（图片：罗切斯特大学医学中心）

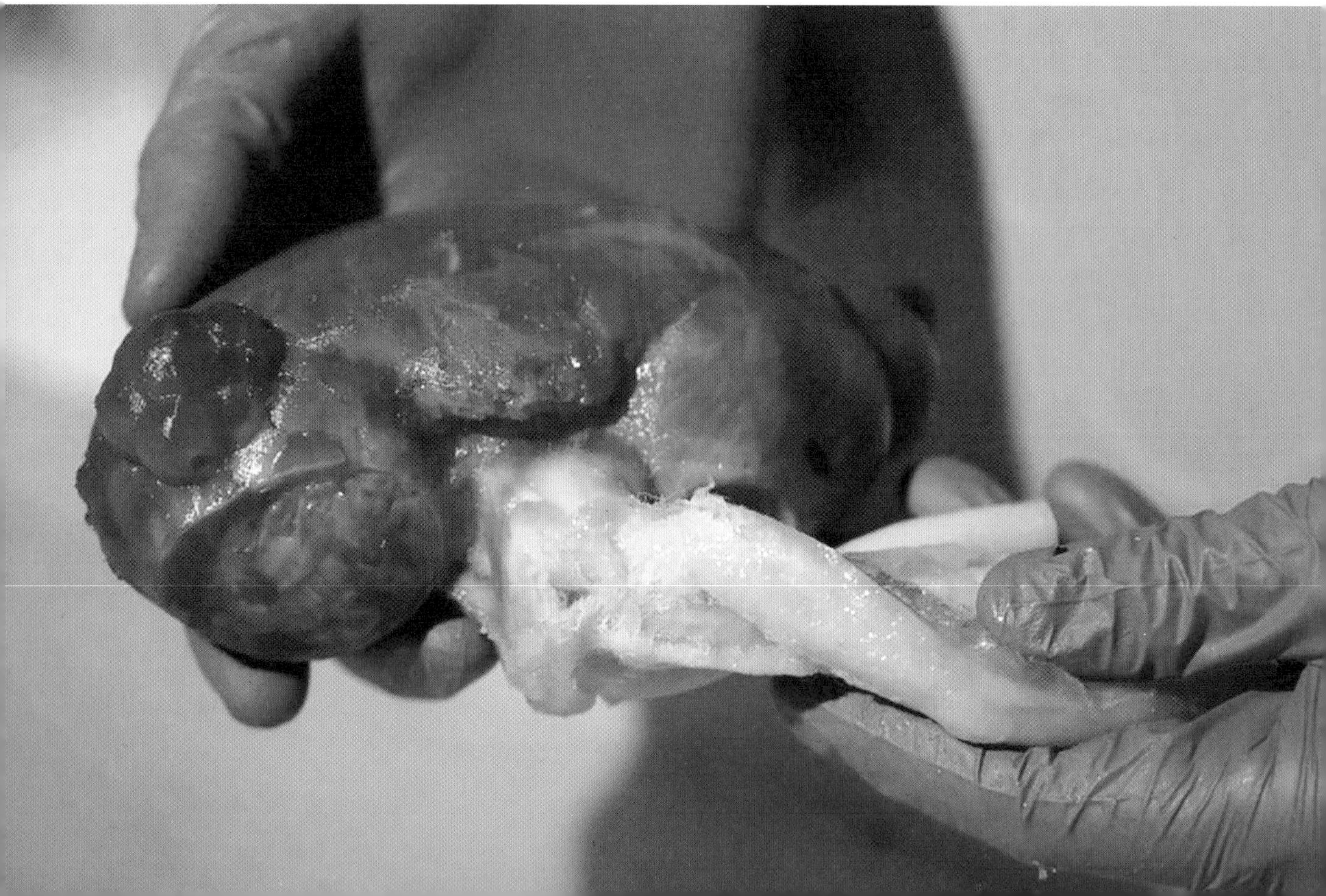

设计方法：探索发现

趋势预测

趋势预测可以帮助设计师辨析用户需求、用户价值、商业机会，从而为制定商业战略、设计愿景、产品创意提供依据。趋势是人造成的，设计师通常可以从一些微弱之处发现它。

内涵及原因

随着设计学科中设计战略的兴起，趋势预测正逐渐受到人们的关注。战略管理者的视线往往局限于现有市场范围，而忽略市场外的创新机会。只有在创新目标和知识来源方面拥有更广阔的视野，才能触发成功的创新。趋势是在较长时期内发生的社会变化，它们不仅与人们变化的喜好（时尚、音乐等）有关，还与更广泛的社会趋势有关。设计研究根据早期的变化信号将趋势定义为三种类型：

Vogue是当前的风潮或喜好，例如新时尚潮流。

Swing是一种社会变化，例如快餐车的出现。

Drift是态度和喜好变化带来的一种普遍趋势或倾向，例如，从农村搬到城镇居住。

设计师通过观察用户-对象的交互，可以发现社会-物质的变化趋势。从趋势中不但能发现新的产品属性，还能预见未来用户价值，也称为“用户价值愿望”。

思维方式：在感知早期的变化信号时，主要靠直觉发现线索。此外，在确定趋势之前，设计师需要从多个维度进行确认。为此，设计师需要回顾一直以来观察到的线索，并将个人的观察结果与其他变化数据进行交叉比对。

提示与注意

趋势预测与社区（包括社交媒体社区）密切相关，通过每种社区模式推动三种类型的趋势信号。

在感兴趣的用户社区中发现趋势及趋势领袖。

可以通过将创意引入社交媒体平台或城市区域来创造趋势。

与相关的组织协作社群共同进行趋势合作。

局限和限制

预测的主要挑战是快速扫描趋势并进行开拓性的思考，同时还要了解和尊重环境的复杂性。设计研究有助于拓展边界，克服上述盲点。

何时应用

趋势预测通常在设计项目开始阶段进行。这里所说的设计项目不仅包含设计路线图等战略开发项目，还包括具体的产品和服务设计项目。趋势的发现往往是对项目背景进行解构的结果。趋势可以成为视觉创作的丰富灵感来源。

如何应用

趋势预测方法的应用离不开相关技巧。这是锻炼设计师创意趋势研究技能的机会。

第1步：找一本生活方式杂志，或者花两个小时在互联网上寻找图片。

第2步：制定一个研究“雷达”作为趋势研究的开始。雷达既可以是感兴趣的领域（如餐饮、运动等）、行业（如汽车、无人机、零售等），也可以是产品、市场、技术的组合（如咖啡机、3D打印技术等）。

第3步：搜寻可以代表未来创新的图片，越多越好，至少需要80张图片。

第4步：将具有相似元素的图像分类，做好标记。扩大分类范围，将图像集群相互连接统一，并为该趋势集群命名。

第5步：根据对用户的影响和创新性对这些趋势分类排序。可以针对用户的影响性和创新的紧迫性分别从高到低进行排序。

第6步：选择对用户价值影响最高的10个趋势，作为趋势主题。

第7步：为每个趋势主题起一个启发性的标题，写下简单的注释，并选择一张最有代表性的图片。趋势预测的结果可以是列表、趋势图，或者未来几年的趋势框架。

参考资料及拓展阅读： Simonse, L.W.L., Stoimenova, N.A. & Snelders, H.M.J,. 2018. Creative trend research. In Simonse, (Eds). Design Roadmapping: Guidebook for future foresight techniques. Amsterdam: BIS Publishers. / Kjaer, A., 2014. The trend management toolkit: a practical guide to the future. Swiss: Springer. / Raymond, M., 2010. The trend forecaster’s handbook. London: Laurence King Publications. / Simonse, L.W.L. Simons, D.P. & Skalska, Z., 2020 (expected). Creative trend foresight drawn from communities: a conceptual framework. (under review).

目标
我们相信……

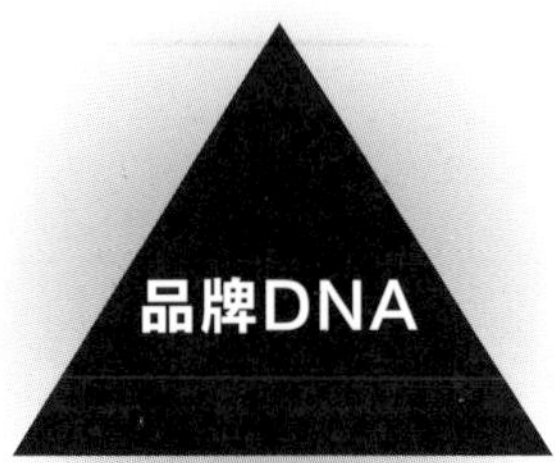

个性
5～7个特征，而不仅仅是原型

定位
目标受众、产品差异化、优势

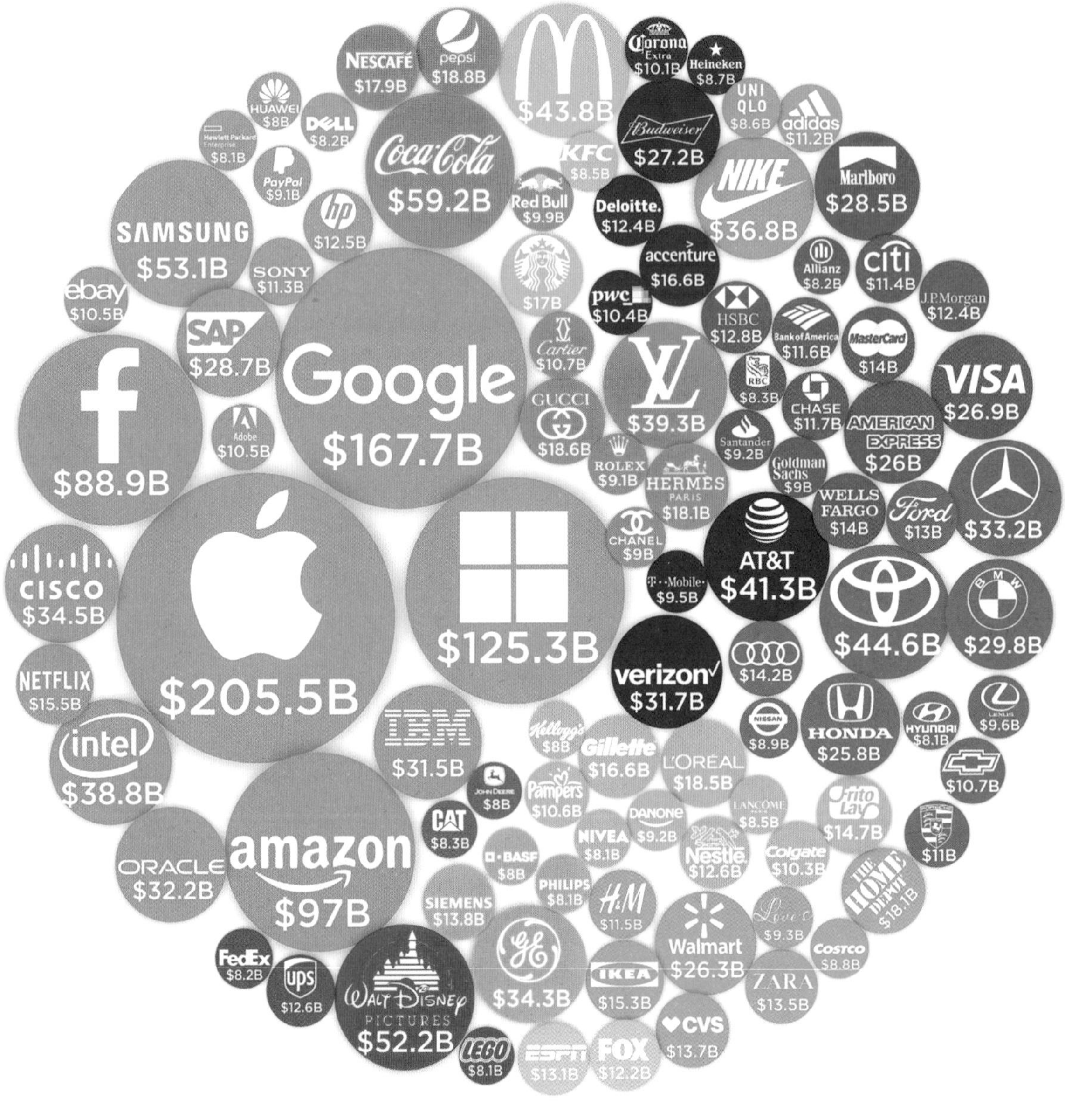

品牌世界（howmuch.net）

设计方法：探索发现

品牌DNA的作用是定义组织、产品、服务的品牌基因。在每个品类都有众多选择的世界中，品牌化是与竞争对手区分开来并脱颖而出的重要方式。

内涵及原因

品牌本质上是人类脑中的关联网络，它们与产品、服务、组织相关联。如果你问自己：“宜家是什么样的品牌？”你会联想到各种与这个品牌相关的印象，例如创始人、颜色、定价、概念、处理环境问题的方式等。无论是向市场推出新品牌，还是管理已有品牌，了解品牌的主要“成分”非常重要，这样才能有意识地设计品牌。

思维方式：为了在已经充满品牌的世界中设计一个新品牌，设计师需要有广泛的兴趣才能评估自己设计的品牌在大环境中的关系和定位。

何时应用

品牌DNA可用于构建新品牌。如同设计产品和服务一样，我们也可以设计品牌。品牌设计通常发生在创新的前期，它可以为项目开发提供信息和启发。

如何应用

品牌DNA方法以迭代的方式确定三个核心品牌要素。每个要素都可以通过发散思维和聚合思维的方式进行设计。根据公司DNA设计的项目可以创造出更出色的产品、服务、系统。品牌DNA由三个核心品牌要素组成：目标、个性、定位。通常从目标开始，逐一确定。

目标是指品牌的信念和价值观，它解决诸如“我们在努力做什么？”“我们为什么在这里？”之类的问题。目标可以用一个小故事或者几句话表达。

个性是指我们做事的方式，如果是个人品牌，个性就是行为方式。通常，个性可以用一系列个性特征定义。有许多有趣的品牌个性模型可以帮助我们定义自己的品牌个性，比如Aaker品牌个性模型（见左页上图）。

定位是指品牌能提供什么，主要解决的问题包括：提供什么？向谁提供？什么类型的东西？相关的功能是什么？这些都要在定位声明中写清楚。

提示与注意

品牌的目标是公司的信念。设计师通常只能对目标进行部分调整，因为大多数公司在开始阶段就已经形成了固定的目标。我们希望目标是真实的，因为消费者对此越来越重视。

创建品牌最难的是确立突出的品牌定位，因为这个世界已经充满各种品牌。推荐阅读Roland van der Vorst的著作《逆向品牌》（Constrarian Branding）。

局限和限制

品牌DNA是一种定义品牌的简化方式。模型中不包含竞争情况、坚守价值的理由等因素，但是在创建品牌时可以考虑这些因素。

参考资料及拓展阅读： Aaker, J.L, 1997. Dimensions of brand personality. Journal of Marketing Research, vol.34, no.2, p.347-356 / van der Vorst, R., 2017. Contrarian Branding: Stand out by camouflaging the competition. BIS Publishers.

从“书作为商品”到“书作为媒介”的转变。为什么（why）：几十年来基督教正在逐渐失去“市场”，大量教堂处于闲置状态，书店行业也同样面临严峻的挑战。是什么（what）：比起阅读，人们更愿意花时间上网，许多读者喜欢在网上订购图书或阅读电子书。谁（who）及如何（how）：Merkx+Girod建筑事务所受聘将一间废弃的教堂改造成书籍爱好者的“圣地”。在哪里（where）：荷兰Maastricht市区的Dominicanen书店。

设计方法：探索发现

WWWWWH

WWWWWH是Who（谁）、What（什么）、Where（何地）、When（何时）、Why（为何）、How（如何）的首字母缩写词。它是分析设计项目时最重要的几个问题。通过回答这些问题，设计师可以清晰地了解问题、利益相关者，以及相关因素和价值。

内涵及原因

WWWWWH是一个问题清单，可以帮助设计师分析项目涉及的几个重要方面。它通常在定义设计问题时使用（参见“问题定义”）。问题往往是多方面的，WWWWWH可以帮助设计师回忆最重要的几个方面。此外，它还为组织研究活动和交流提供了清晰的结构。

思维方式：这是一种分析式的方法，除了帮助设计师整理想法和报告，还可以灵活运用，比如在头脑风暴时激发他人的思考。

何时应用

设计师在开始项目之前往往会拿到一份设计要求，需要先对设计问题进行分析。WWWWWH可以帮助设计师定义问题，并做出充分且有条理的阐述。WWWWWH也适用于设计的其他阶段，例如，用户调研、方案展示、书面报告的准备阶段等。

如何应用

分析问题有一个非常重要的过程：拆解问题。首先，定义初始的设计问题并拟定一份设计大纲。通过回答大量与利益相关者、现实因素等相关的问题，将主要设计问题进行拆解。随后，重新审视设计问题，并将拆解后的问题按重要性排序。通过这种方法，设计师将对设计问题及其产生的情境有更清晰的认识，对利益相关者、现实因素、问题的价值有更深入的了解。同时，对隐藏在初始问题之后的其他问题也会有更深刻的洞察。

第1步：阐述，用简洁的文字表述初始设计问题或任务。

第2步：发散，按WWWWWH的顺序向自己提问，进一步分析初始设计问题。

Who：谁提出的问题？谁希望解决问题？谁是利益相关者？

What：主要问题是什么？为解决问题，已经做了哪些尝试？

Where：问题发生在什么地方？解决方案可能会出现在哪里？

When：问题是什么时候发生的？何时需要解决？

Why：为什么会出现这样的问题？为什么目前得不到解决？

How：问题是如何产生的？利益相关者是怎样尝试解决的？

第3步：逆向，回顾所有问题的答案，找出尚不明确的地方。

第4步：聚合，将信息按优先级顺序：哪些是最重要的？哪些不怎么重要？为什么？

第5步：复盘，重新描述初始设计问题（详见“问题定义”）。

提示与注意

Who：尽可能多地找出与设计问题有关的人。

What：思考问题背后隐藏的问题，找出根本问题。

可以将“问题”一词换成“挑战”，以便拓宽思路。例如，创新会给谁带来挑战？何时，在什么情境下带来挑战？

问问自己这么做是为什么（what for）？

局限和限制

WWWWWH是多种系统分析问题的方法之一。

另一种方法是将初始设计问题变成“实现方法—设计目的”的对应关系，即问自己该项目的设计目的是什么，可以通过哪些手段实现。

参考资料及拓展阅读： Heijne, K.G & J.D. van der Meer, 2019. Road map for creative problem solving techniques. Organizing and facilitating group sessions. Amsterdam: Boom. / Tassoul, M., 2006. Creative Facilitation: a Delft Approach. Delft: VSSD.

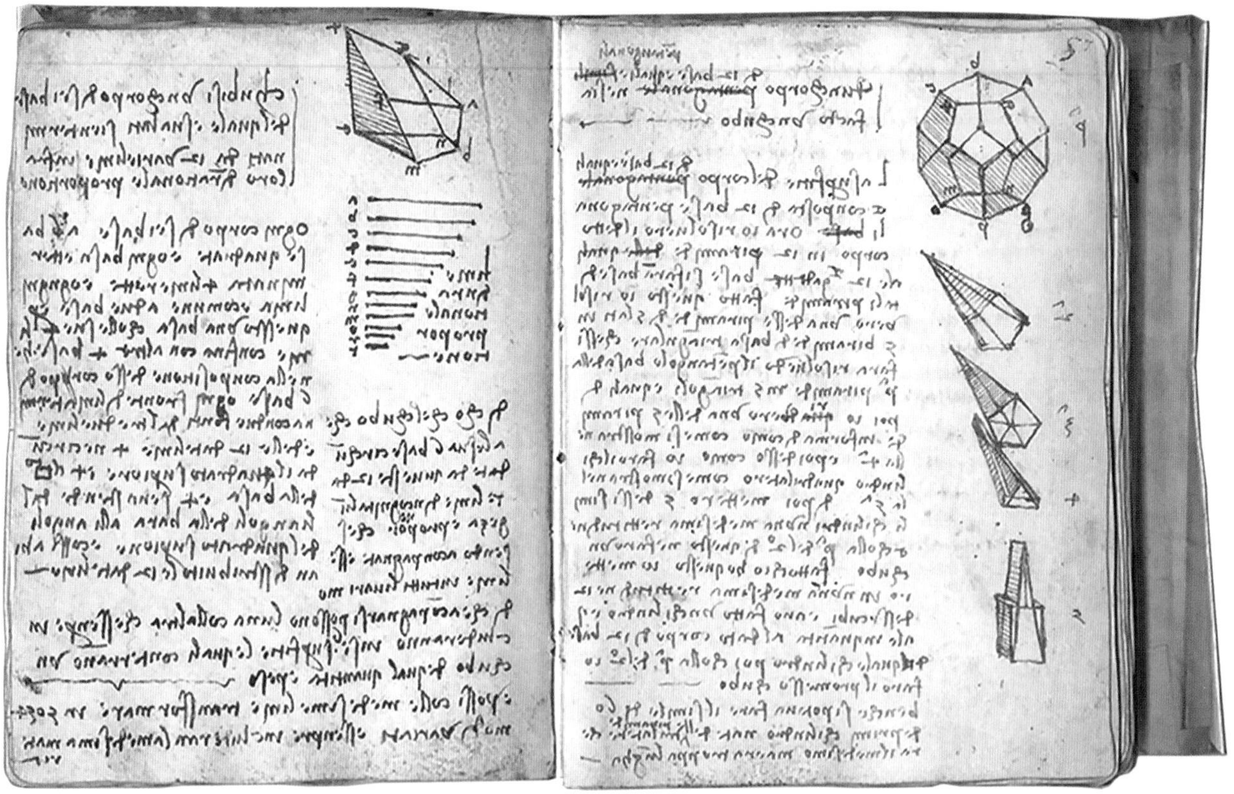

列奥纳多·达·芬奇（Leonardo da Vinci，1452—1519）热衷于记笔记，他的镜像笔记独树一帜。他用绘画、草图、方程式和他独特的镜像笔迹填满了数千页的笔记。作为一名工程师，达·芬奇的想法远远超前于他所属的时代，他从概念上发明了降落伞、直升机、装甲战车、使用太阳光能、计算器、板块构造的基本理论，以及双层船体。

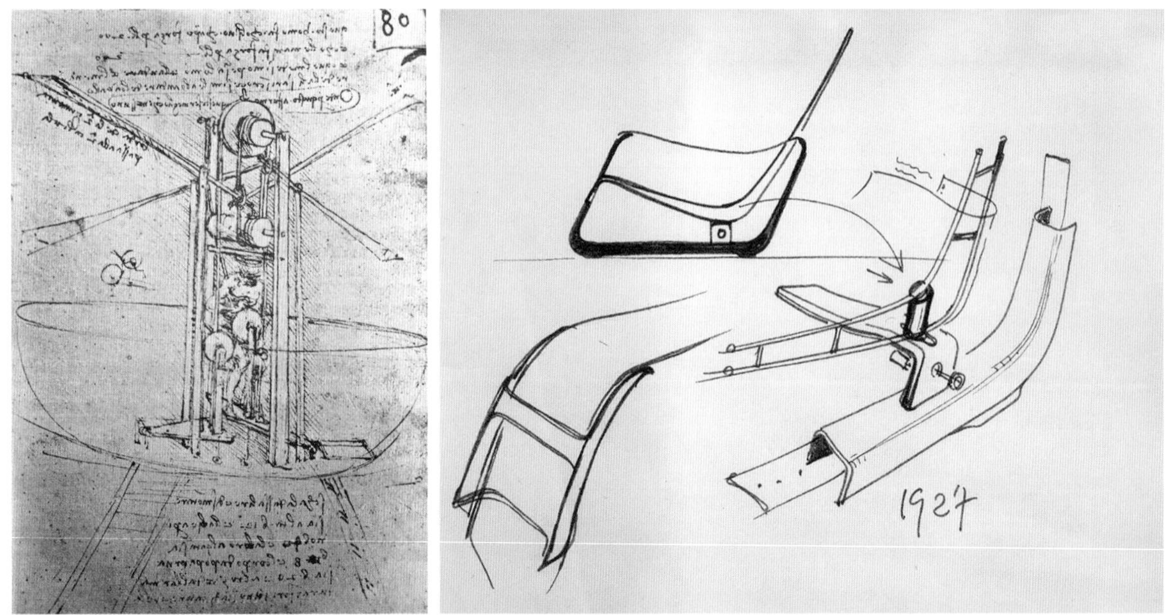

左图是达·芬奇对飞行器的研究之一（15世纪）。达·芬奇并没有尝试建造和测试这些机器，他广泛研究了鸟类的动作，并将其原理用在这些草图里。右图是Jean Prouvé于1930年为Cité扶手椅所做的建筑研究。该椅子以独特的带涂层钢板作为框架，以宽皮革作为手臂支撑带。

设计方法：探索发现

设计绘图探索

设计绘图可以帮助设计师分析相关设计领域、情境、产品，揭示问题因素之间的关系。在早期探索阶段，设计绘图有助于设计师积累相关知识，完善或重新定义项目要求。

内涵及原因

米开朗基罗、拉斐尔、达·芬奇都曾借助人体手绘进行分析和学习。创作者可以借助绘图进行探索和反思。绘图在今天的设计环境中仍然可以发挥作用。在项目开始时，借助绘图进行分析，做直观的探索和尝试，是非常有益的方式。

通过将对象用可视化的方式展示出来，设计师可以捕捉自己最初的想法，并进行反思。你的思维会变得更加清晰，对问题的认识也会加深，甚至会发现之前未察觉的地方。视觉表达可以帮助设计师想象设计主体与其他部分的交互。这种方式有助于识别系统内各因素及其关系，甚至是不明显的因素和关系。

设计产品时可以借助绘图探索设计对象的场景、形态、工作原理，以便找出可改进的方面。绘图还能揭示那些难以想象的结构、细节、基本原则。换言之，在这个阶段绘图可以帮助设计师发现真正的问题所在。

在设计抽象的产品时，设计师也可以粗略地绘制出代表性的因素和元素。这样做同样也能发现信息、探索现有的使用场景、找到机会或鸿沟。

思维方式：进行“视觉化的”思考很关键。在系统层面上，需要利用类比和比喻的方式对系统进行可视化表达。

何时应用

探索活动虽然主要发生在设计探索阶段，但它是一个持续的过程。因此，视觉探索（例如借助绘图）是整个设计过程中的核心活动。

如何应用

绘图可以包含2D或3D信息。它主要用于自身或是团队成员之间的内部交流，因此通常具有非正式的特点。在无法表现材质或内部组件属性时，可以添加文字注释。这个阶段的绘图可以忽略一些不重要的因素，例如，如果只分析工作原理，就不需要画颜色和场景信息。

探索阶段的绘图主要是针对用户的初始项目要求进行复盘，它可以帮助设计师向用户确认：“你们是这样想的么？”设计师也可以在做分析时，在绘图上标示出关键问题和潜在探索方向。

提示与注意

始终将纸笔放在手边，不要等到最后定义项目时才开始画草图。绘图可以帮助设计师定义项目。

使用哪种绘图工具并无讲究，只要能清晰地完成记录，方便你自己使用就行。

选择自己喜欢的画布，但是要事先考虑好如何复制和分享。

局限和限制

绘图并不能发现和揭示一切信息，但它有助于思考和探索，有助于快速灵活地描述想法、结论、反思。

参考资料及拓展阅读： Eissen, J.J. & Steur, R., 2009. Sketching. Amsterdam: Bis Publishers. / Olofsson, E. & Sjölén, K., (2006). Design Sketching. KEEOS Design Books. / Robertson, S. & Bertling, T., (2013). How to Draw. Design Studio Press. http://www.delftdesigndrawing.com/basics.html

“只要肯花工夫，镜子可以反射更多细节。”

让·科克托

设计方法：定义

本章的方法可以帮助设计师定义和阐明设计问题、方向、目标。例如，人物画像（Persona）可以帮助设计师构建和传达对预期用户的洞察，定义想要代表和共情的用户人群。

姓名：
· MANUEL VELAZQUES
· 29岁
动机：
· 想要解决现实世界中的实际问题
· 单身
· 居住在莱顿
· 出生在西班牙马德里
教育背景：
· 马德里理工大学
职业：
· 软件工程师
关键词：
· 创业精神
· 哲学
· 音乐
个人喜好：
· 高品质、实践性、实用性
· 几乎不用信用卡
· 关心环境影响
· 喜欢旅行
· 喜欢小说、纪实、历史书籍
· 喜欢艺术电影
· 喜欢古典音乐
· 不喜欢社交媒体
· 使用公共交通+自行车
个性特征：
· 挑战性：+++++
· 利他主义：++++
· 自我效能：++++
· 谦逊：+++
· 有序：+

人物画像

人物画像（Personas）是用户群体的典型代表，它描述了典型目标用户的行为、价值观、需求。人物画像能帮助设计师体会用户的行为、价值观、需求，并开展沟通与交流。

内涵及原因

人物画像对目标用户的信息进行整合，通过一个或几个典型人物的故事表现出来，以便设计师与用户群产生共鸣。换言之，人物画像要将真实信息整合到故事中去，而不是仅仅罗列与目标用户有关的各种信息。这种方式已被证明可以有效激发设计师与目标人群的共情，避免生硬的推理和猜测。借助人物画像，设计师更有可能设计出对目标人群有意义有价值的产品。

思维方式：制作人物画像的目的是与目标人群产生共情。因此，必须对收集的信息保持开放态度，避免带入自己的偏见和成见。

何时应用

制作人物画像的信息可以通过多种方式获取，例如在探索发现阶段开展用户研究。人物画像将用户调查结果整合在一起，可以在多个设计阶段发挥作用。在定义阶段，它可以阐明设计的目标对象；在开发阶段，设计师和利益相关方可以借助它对设计概念进行评估。在整个设计过程中，它都可以帮助设计师及项目相关人员保持对用户价值和需求的一致理解。在探索阶段，只要设计师对目标用户具备一定的了解，就可以开始着手制作人物画像。

如何应用

通过情境地图、用户访谈、用户观察等方法进行定性研究。设计师可以借助定性研究形成对目标用户的理解，包括用户的行为模式、主题、共性、特殊性、差异性等。

收集目标群体的主要特征，包括愿望、需求等。

将收集到的信息分类，构建可以代表特定人群的原型。典型用户的特征明确后，就可以对其进行可视化、命名、描述。一般项目只需要3~5个人物画像就够了。

第1步：大量收集与目标用户相关的信息。

第2步：筛选出最能代表目标用户群且与项目相关的用户特征。

第3步：创建3到5个人物画像：
· 分别为每一人物画像命名。
· 尽量用一张纸或其他媒介表现一个人物画像，确保概括清晰到位。
· 用文字和人物图片表现人物画像及其背景信息。这里可以引用用户调研中的用户语录。
· 添加个人信息，如年龄、教育背景、工作、民族、宗教信仰、家庭状况等。
· 添加每个人物的主要责任和生活目标。

提示与注意

引用最能反映人物特征的用户语录。

制作人物画像时切勿沉浸在用户研究结果的具体细节中。

有视觉吸引力的人物画像往往更受欢迎，使用率也更高。

人物画像可以作为制作故事板的基础。

制作人物画像可将设计师的关注点放在某一特定目标用户群，而不是所有用户身上。

局限和限制

不能单独将人物画像作为评估工具使用。在设计后期依然需要真实的用户来评估你的设计。

为每个人物画像定制的设计并不一定符合社会情境。这时，需要使用能反映某个社会群体特征的文化画像方法。

参考资料及拓展阅读： Cooper, A., 1988. The Inmates Are Running the Asylum. Indianapolis: Sams. / Pruitt, J. & Adlin, T., 2006. The Persona Lifecycle: Keeping People in Mind Throughout Product Design. San Francisco: Elsevier science & technology. / Hao, C., 2019. Cultura – Achieving intercultural empathy through contextual user research in design. Doctoral Thesis, Delft University of Technology, Delft.

在公共场合甚至在工作时睡觉在日本完全可以接受，甚至还是令人钦佩的，被称为Inemuri（瞌睡）。
日本人认为在工作时睡觉意味着员工的全身心投入，努力到筋疲力尽。
因此，设计师为日本的办公室设计了特殊的睡眠舱专门用于打盹。

文化画像

文化画像（Cultura）是一种帮助设计师在跨文化环境下对用户产生共情理解的方法；它还可以帮助设计师将这些理解传达给项目的其他利益相关者。文化画像有助于设计师对目标用户生活的文化背景形成更全面的看法。

内涵及原因

设计师如果不熟悉一种文化，就很难理解该文化中个人言行代表的深层含义。文化画像由几个部分组成：由9个特定文化主题形成的主干结构，以及一组可以启发设计师发现目标用户在其文化背景下日常生活的工具。其中一个工具叫文化画布（Cultura Canvas），它可以帮助设计师了解构成某种文化背景的三个层次，即文化群体的共同价值观、共同实践、宏观因素。另一个工具叫文化问题卡包（Cultura Question Card Set），其中包含了帮助设计师准备实地研究的相关问题。

思维方式：文化画像的使用需要设计师具备文化敏感性，以及将人视为文化综合整体的一部分的能力。这需要设计师反思自己的文化背景。运用文化画像要求设计师保持好奇心和开放的心态，能做到“使熟悉变陌生，使陌生变熟悉”，还需要设计师拥有广泛的社会文化兴趣。

何时应用

文化画像通常用在探索发现阶段，用以生成特定的文化问题来指导对应情境中的用户研究。也可以在定义阶段使用，主要用于组织发现的信息，以及与团队成员或利益相关者进行交流。

如何应用

要谨慎确定文化情境的范围。这不是一件容易的事，而且与项目密切相关。如果需要了解陌生文化中的用户背景，最好放宽视野并从细节观察，因为该文化中的许多因素对设计师而言都是陌生的。建议在应用文化画像时不仅要考虑文化情境及其中的人群，还要考虑具体的时间和地点。

第1步：使用文化问题卡包准备实地研究。

第2步：通过确定范围和最终用户人群来描绘文化情境。针对不同的类别提出具体问题，并对这些问题进行优先级排序。

第3步：从实地研究和案头研究等信息源中寻找对应问题的答案。

第4步：运用文化画布梳理调查结果。

第5步：在文化画布的基础上，与团队成员及其他利益相关者交流、讨论调查结果。

提示与注意

9个特定文化主题不仅有助于提出恰当的问题与用户沟通，也有助于从网络、文献、观察结果等信息源提取信息。

特定文化主题可以根据项目范围和具体情况灵活选择应用。

文化情境中的宏观因素提供了更广泛的文化背景视图，有助于解释收集到的用户信息。

宏观因素包含人口数据、经济情况、基础设施、人口结构、地理特征、政治情况等。

重点是发现洞视和寻找灵感，而不是验证假设。

所得见解主要是帮助理解和启发，而非用于证明真相。

与参与者建立良好的关系，这样他们才会乐于在后续设计过程中提供反馈。

只有当参与者看到设计师努力理解他们的文化时，他们才会提供更全面而丰富的反馈作为回报。

局限和限制

不能单独将文化画像作为评估工具使用。在设计后期依然需要真实的用户来评估你的设计。

参考资料及拓展阅读： Hao, C., van Boeijen, A.G.C., & Stappers, P.J. ,2017. Cultura: A communication toolkit for designers to gain empathic insights across cultural boundaries. In proceedings of IASDR conference 2017, 31 October–3 November 2017, Cincinnati, Ohio, United States. / Hao, C., 2019. Cultura: Achieving intercultural empathy through contextual user research in design (Doctoral dissertation). Delft University of Technology, Delft, Netherlands.

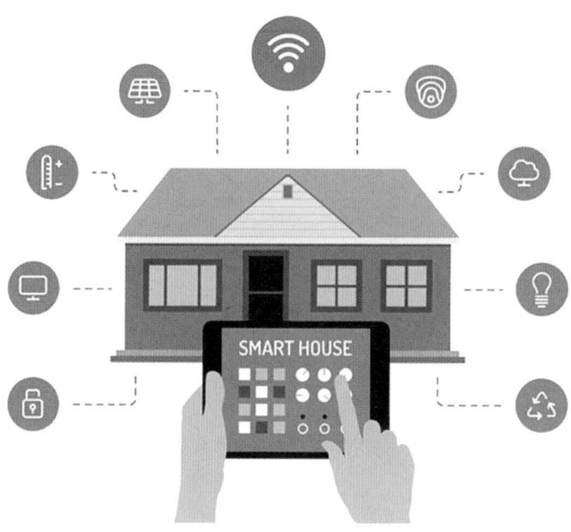

喜剧演员兼电影导演Buster Keaton饰演了一个被GE（通用电气）冰箱困惑的送冰人。Keaton制作了许多表现人与设计和技术交互的精彩电影场景，其中最著名的电影是《电气化屋子》（The Electric House）。在电影中，他用各种电器控制整个屋子，这不由得让我们想到当下的智能家居。（通用电气公司，1930年，miSci创新与科学博物馆）。

问题定义

设计常常被视为解决问题的过程。但在解决问题之前，设计师首先要确定要解决的是什么问题。找到和定义真正的问题是解决问题的重要前提。

内涵及原因

解决正确的问题对于提出创新的、合适的解决方案至关重要。问题定义的主要目的是批判性地看待最初提出的问题（通常在项目要求里），对其进行解构和分析。问题定义的结果是得出待解决的问题的正确表述，并且给出能证明这是正确的问题定义的论据。

思维方式：在问题定义过程中，设计师需要借助批判和分析的方法，用无数个“为什么”来解构初始问题。这是需要解决的真正问题吗？为什么？为谁解决？什么时候解决？在哪里解决？客户期望的理想情况是什么样的？

何时应用

问题定义通常是创意的起点。在整个设计过程中，无论是确定主要问题，还是解决细节问题，都要保持批判的态度。

问题的出现常常是因为对现状不满，只有当问题提出者想解决且有能力解决时，它才能称之为问题。在这种情况下，客户需要的是一个比现在更理想的情境，这就是我们所说的目标情境。

例如，购车者的主要问题看似是没有车而想买车。但本质上，购车者真正关心的是如何方便自由地从一地到另一地。除了购车，可能还有其他解决方案。重新定义问题为解决方案增加了新的可能性，比如租车、打车、骑电动自行车。

如何应用

不要低估发现和定义问题需要的工作量。年轻设计师可能更热衷于设计创新产品，而找到真正的问题需要一种完全不同的方法。

第1步：从初始问题开始，或者从问题发现分析开始。

第2步：对初始问题进行解构（参考WWWWWH）。例如，为什么会出现这个问题？问题是针对谁而言的？问题出现在哪里？什么时候出现的？相关的场景因素是什么？期望的情境是什么？要避免可能产生的副作用是什么？

第3步：确定问题范围：范围太宽有风险，因为增加了不确定性；范围太窄则会限制设计师发挥创意。

第4步：描写问题的定义，这是一个迭代过程。最终结果是对设计问题的结构化描述，对目标情境和创意可能产生的方向的清晰描述。清晰的问题定义可以让设计师、客户、其他利益相关者达成一致的理解。

提示与注意

分析问题时，你会发现“当下情境”与“目标情境”之间会有一定的冲突。清晰地描述两者之间的差异，有助于设计师与项目参与者讨论两者之间的关联。

将问题按层次进行分类。从主要问题入手，思考产生问题的原因与影响，将其拆分成细分问题。

可以使用便笺纸绘制一棵问题树。

问题也可以视为机会和创新的动力。从这个角度思考问题，设计师可以在项目中把握主动性，并从问题中得到启发。

清晰的问题定义可以为设计团队和利益相关者指明方向。

局限和限制

定义问题不等于解决问题。

参考资料及拓展阅读： Roozenburg, N.F.M. & Eekels, J., 1995. Product Design: Fundamentals and Methods. Utrecht: Lemma.

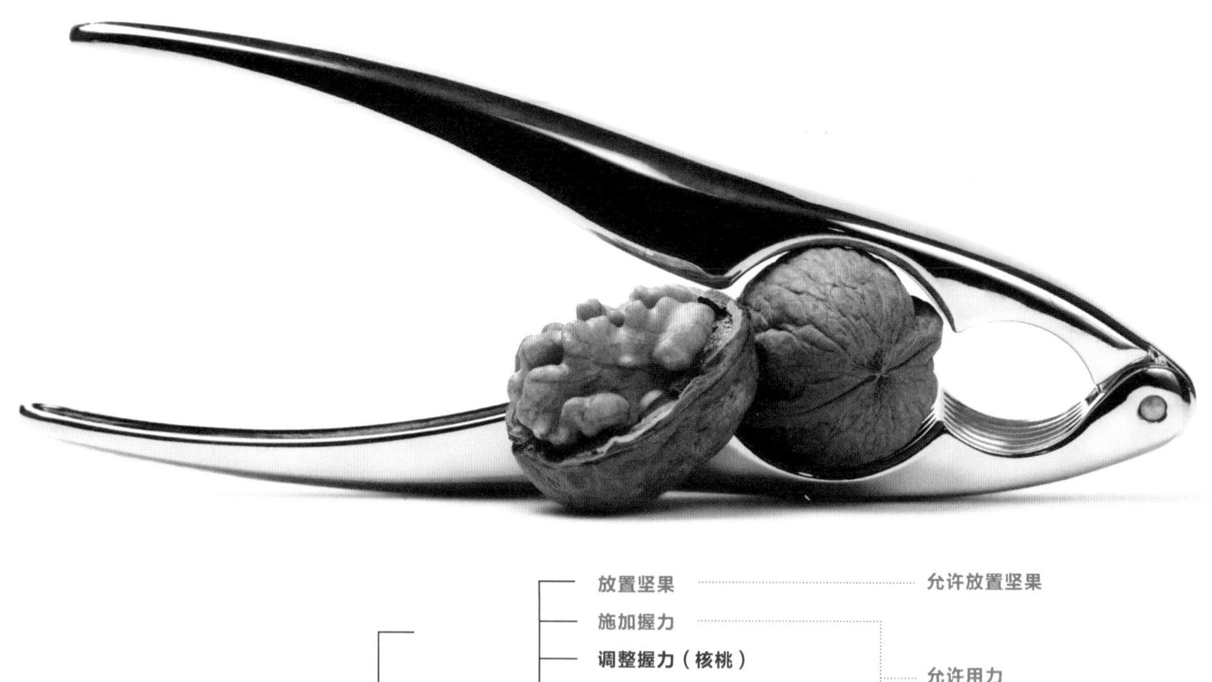

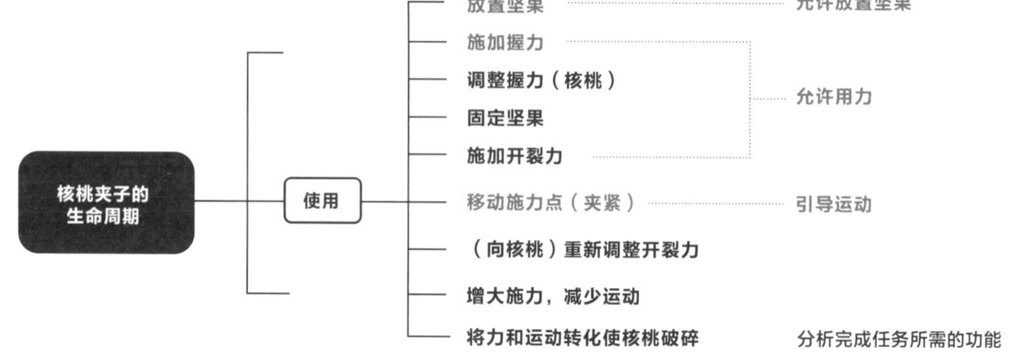

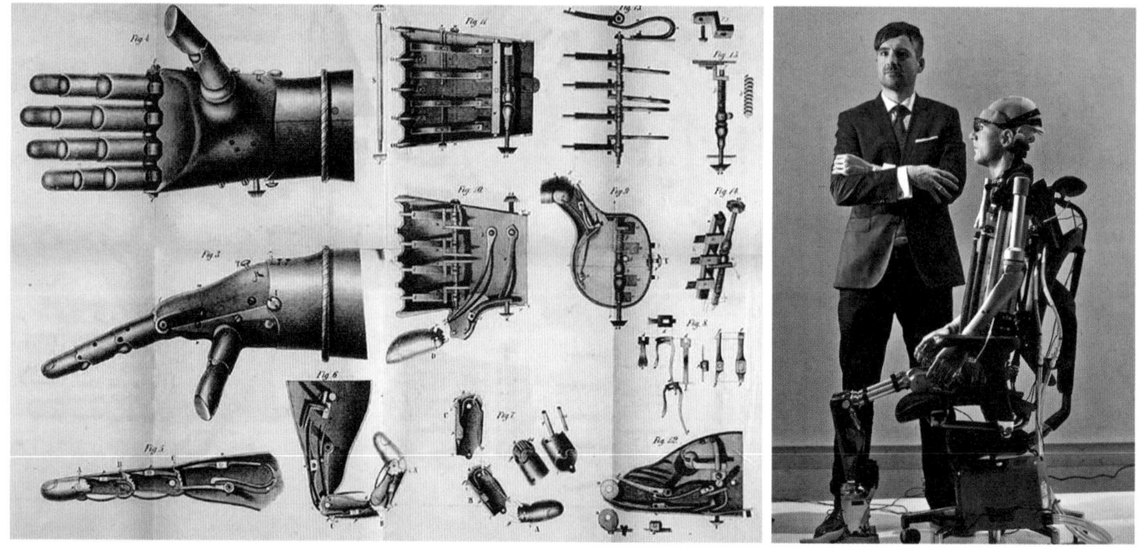

几个世纪以来，人类为了替换肢体、升级身体功能发明了许多巧妙的设备。左图：Von Berlichingen设计的右臂，由钢铁制成（16世纪）。右图：由于先天性小臂缺失，研究员Bertolt Meyer三岁时便佩戴了假肢。受触摸仿生技术的启发，他为Channel 4频道制作了一部纪录片《如何制作一个仿生人》（How to Build a Bionic Man）。照片拍摄于伦敦的自然科学博物馆，他身旁是他自己的仿生人。

功能分析

功能分析是一种分析已有/概念产品功能结构的方法。它可以帮助设计师分析产品的功能，并将功能与相关零部件（也称为产品的“器官”）联系起来。

内涵及原因

系统、服务、产品及其组件因为具备一定的功能而存在。分析功能和子功能可以帮助设计师发现和探索新的可能性，并以有意义的方式体现出来。

思维方式：追求创新想法通常需要摆脱现有产品或系统的表现方式。要做到这一点，设计师需要用分析的思维方式识别所有的功能和子功能，并对它们进行逻辑排序。你可以将注意力放在产品的目的或预期效果上，如“产品应该做什么”，而不是放在组件、零件、材料等元素上。

何时应用

功能分析通常运用在产生创意的起始阶段。产品功能是“产品应该做什么”的抽象表达。在分析过程中，设计师需要将产品或设计概念通过功能和子功能的形式进行描述，暂时忽略产品的物质特性（如形状、尺寸、材料）。其目的是将有限的基本功能进一步抽象化，从而建立产品功能体系。对产品进行强制性的抽象思考可以激发出更强的创造力，同时避免设计师直接寻找解决方案，即直接利用大脑的第一反应进行设计，因为设计师的第一反应多半不是最好的。功能分析强行拉远设计师与已知产品和部件之间的距离，以便设计师能专注思考以下问题：新产品需要实现什么功能？怎样才能实现？

如何应用

将产品视为一个包含整体功能及其子功能的技术物理系统。功能分析的原则是，首先明确指定产品应该做什么，然后推断零部件应该做什么，即使它们尚不存在。功能结构的开发是一个迭代过程。

第1步：用黑盒子的形式描绘产品的主要功能。如果你还不能确定产品的主要功能，可以先跳至下一步。

第2步：列出产品子功能清单。可以从流程树入手。

第3步：面对复杂的产品，设计师需要理清产品功能结构图。整理结构时可以遵循以下三个原则：

· 按时间顺序排列所有功能；

· 将各个功能所需的输入和输出（如物质、能源、信息流等）联系起来；

· 将功能按不同等级进行归类（如主功能、一级子功能、二级子功能等）。

第4步：整理并描绘功能结构：

· 补充容易被忽略的“辅助”功能，并推测该功能结构的各种变化，最终选定最佳的功能结构。

· 功能结构的变化样式可以依据以下变量推测：产品系统界限的改变；子功能顺序的变换；拆分或合并其中的某些功能等。

提示与注意

功能（或子功能）通常用一个行为（动词）加一个对象（名词）的方式描述，例如，镜子的主要功能是反光；变压器的主要功能是改变电压；搅拌机的主要功能是切割和混合材料；“快速行驶”并不是汽车的功能，它是由司机决定的。“快速”在此是个副词。用“允许驾驶者快速驾驶”这样的表述来描述汽车功能会更贴切。

如果你已经得出一个产品的功能结构，建议你在此基础上衍生出多种功能结构的变式。

有些子功能几乎在所有设计中都会出现。

掌握基本功能知识有助于设计师快速找到产品的特定功能。

局限和限制

这种分析方法没有考虑用户或企业非理性的意愿。这些意愿涉及功能、特征、外形，有时甚至是过时的东西。例如，许多现代汽车格栅不再具有严格意义上的功能，因为空气是从汽车底部流入的。但格栅仍然有助于汽车品牌表达自己的身份，并赋予汽车一张可识别的面孔。当然也可以说这是一种文化功能。

参考资料及拓展阅读： Roozenburg, N.F.M. & Eekels, J., 1995. Product Design: Fundamentals and Methods. Utrecht: Lemma. / Van der Vegte, W.F. & Van Breemen, E.J.J., 2009. Flowchart-assisted function analysis of products to support teaching of the exact sciences. Proceedings of ICED, Palo Alto, Vol. 10, pp. 101-112.

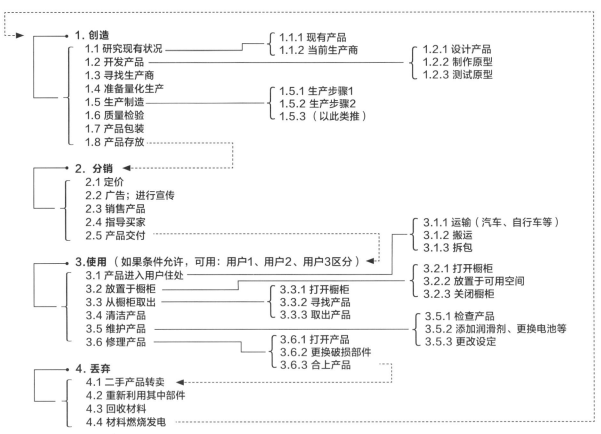

- **1. 创造**
  - 1.1 研究现有状况
    - 1.1.1 现有产品
    - 1.1.2 当前生产商
  - 1.2 开发产品
    - 1.2.1 设计产品
    - 1.2.2 制作原型
    - 1.2.3 测试原型
  - 1.3 寻找生产商
  - 1.4 准备量化生产
  - 1.5 生产制造
    - 1.5.1 生产步骤1
    - 1.5.2 生产步骤2
    - 1.5.3 （以此类推）
  - 1.6 质量检验
  - 1.7 产品包装
  - 1.8 产品存放
- **2. 分销**
  - 2.1 定价
  - 2.2 广告；进行宣传
  - 2.3 销售产品
  - 2.4 指导买家
  - 2.5 产品交付
- **3.使用**（如果条件允许，可用：用户1、用户2、用户3区分）
  - 3.1 产品进入用户住处
    - 3.1.1 运输（汽车、自行车等）
    - 3.1.2 搬运
    - 3.1.3 拆包
  - 3.2 放置于橱柜
    - 3.2.1 打开橱柜
    - 3.2.2 放置于可用空间
    - 3.2.3 关闭橱柜
  - 3.3 从橱柜取出
    - 3.3.1 打开橱柜
    - 3.3.2 寻找产品
    - 3.3.3 取出产品
  - 3.4 清洁产品
  - 3.5 维护产品
    - 3.5.1 检查产品
    - 3.5.2 添加润滑剂、更换电池等
    - 3.5.3 更改设定
  - 3.6 修理产品
    - 3.6.1 打开产品
    - 3.6.2 更换破损部件
    - 3.6.3 合上产品
- **4. 丢弃**
  - 4.1 二手产品转卖
  - 4.2 重新利用其中部件
  - 4.3 回收材料
  - 4.4 材料燃烧发电

数字化的智能包装系统不仅能在运输过程中保护产品，还能实现全物流链路的产品检查和产品追踪。如此，人们就能根据需求对存储状况和装运目的地进行动态调整，从而实现高效率、高价值、高质量的交付。现在，不但相关供应链，消费者也能很方便地获取这些信息。智能包装和自动化存储系统带来了一系列的好处，包括：提高产品品质、减少材料能源浪费、简化检验流程、重新规划路线、实现动态定价、节约大量时间和成本等。

产品生命周期

产品生命周期是根据产品在生命周期内经历的一系列环节绘制而成的示意图，它可以让设计师从产品生命周期的全局考虑设计问题，并且制定产品开发所需的各项标准。

内涵及原因

大多数设计师会首先从用户视角考虑问题。设计新手通常更熟悉产品的使用阶段，因此，他们不难设想产品在使用阶段的设计要求。但他们往往对其他重要阶段（制造、分销、报废等）缺少了解。产品生命周期可以帮助设计人员确定这些阶段的设计要求。

思维方式：要确定所有可能的设计要求，设计师需要一套完整且系统的方法来分析产品的整个存在过程。如果是设计椅子或电灯之类的产品，这样做可能有些夸张。可如果是设计飞机，那么设计师就不能忽略任何设计场景或关键属性，因为这是生死攸关的问题。

何时应用

产品生命周期通常在设计流程的分析阶段和产品概念设计阶段使用。在这两个阶段，设计师需要做出许多在未来影响利益相关者的重要决定。例如，为设计概念选择一种生产技术将直接影响项目后期负责生产制造的工程师的工作任务。每个利益相关方（如制造、组装、处理、回收等）都对新产品开发有一定的要求和期望。例如，生产工程师很可能期望你设计出容易生产制造的部件。绘制产品生命周期能迫使设计师提前规划：新产品用在何种情境、场合、活动中？谁会在那样的环境中使用产品？他们会用产品做什么？使用时可能会遇到哪些问题？在这些情境中使用产品的前提条件是什么？

如何应用

该方法从一款产品或一组产品开始，所得结果是产品在生命周期内经历的所有过程的结构化概述。这个结果能有效帮助设计师制定产品设计标准，也可以在此基础上进一步生成要求清单。

第1步：确定一款产品或一组产品。

第2步：确定产品生命周期内的相关阶段，比如：生产、分销、使用、维护、丢弃。

第3步：用动词描述产品经历的各个环节。以第2步确定的相关阶段为基础，进一步扩充环节。

第4步：将每个环节用“动词＋名词”的形式记录下来，如运送产品、放置产品等。

第5步：将产品生命周期视觉化：制作流程树，左侧是产品生命周期内的主要阶段，右侧是具体环节。

第6步：流程树制作完成后，可用于制定产品设计标准。

参考资料及拓展阅读： Roozenburg, N.F.M. & Eekels, J., 1995. Product Design: Fundamentals and Methods. Utrecht: Lemma. / Roozenburg, N. F.M. & Eekels, J., 1998. Product Ontwerpen: Structuur en Methoden. 2nd ed. Utrecht: Lemma.

提示与注意

设计师可能会先想到一些相对重要的环节，有必要将这些环节进一步拆分成不能再细分的子环节。

产品的使用阶段通常是产品实现功能的过程。可将产品使用阶段的环节拆分为用户行为和产品行为。

理论上，用户行为是用户所要执行的任务，而产品行为则是产品的功能。

有必要区分各种类型的行为，包括产品误用、滥用（如站在椅子上），以及故障。

在产品使用过程中，不要只关注用户与产品的交互，也要关注产品的社会文化因素。从社会文化的角度来看，该产品有什么意义？

要考虑多种类型的用户。例如，在设计公园座椅时，要考虑故意破坏公物者、公园游客、流浪汉，以及市政人员等。

依据产品生命周期制定产品设计标准时，可以问自己以下问题：在某个产品流程中，需要怎样的设计标准？

局限和限制

尽管此方法能描绘完整的产品生命周期图，但你仍然有可能忽略某些产品的使用行为（如意料之外的使用方式）。仅依靠产品生命周期图，难以发现上述盲区。

1. 产品表现

产品的主要功能是什么？它应该具备哪些功能特征（速度、功率、强度、精密度、容量等）？

2. 环境

产品在生产、运输、使用过程中要经受的环境影响有哪些（温度、震动、湿度等）？需要避免产品对环境产生哪些影响？

3. 使用寿命

产品将在多大的强度下使用？产品可以使用多久？

4. 维护保养

是否有必要或有可能对产品进行维护保养？哪些部件应该便于用户获取？

5. 目标成本

对比同类产品，产品的定价为多少较合理？产品需要产生多少利润？

6. 运输

产品从产地到使用地点的运输过程中需要满足哪些要求？

7. 包装

产品是否需要包装？如果需要，包装应该提供什么程度的保护？

8. 数量

需要生产的零件数量有多少？需要按批次生产，还是连续生产？

9. 生产设施

新产品能否用已有设备生产？是否有可能为新产品投资新的生产设备和资源？是否需要（部分）外包生产？

10. 尺寸与重量

产品的尺寸与重量是否受到生产、运输、使用等因素的限制？

11. 美学、外观与表面处理

消费者和用户的喜好是什么？产品是否需要融入某种特定的家庭风格？

12. 材料

哪些特定的材料能用或不能用？（出于安全或环境等方面的考虑。）

13. 产品生命期限

期望的产品生产和销售的时间为多久？

14. 标准、规则与规范

产品和生产流程应该满足哪些（国内的和国际的）标准、规则、规范？是否需要考虑公司或行业内的相关规定？

15. 人机工程

观察、理解、使用、操作产品的过程中，发现产品需要满足哪些要求？

16. 可靠性

哪些故障是可以接受的？哪些故障和功能错误必须避免的？

17. 产品储存

产品在生产、分销、使用的过程中是否需要较长的存储时间？是否需要特定大小的仓库？

18. 测试

产品需要通过哪些质量检测？

19. 安全性

有哪些对使用者或非使用者可能产生的安全隐患值得提前注意？

20. 产品政策

当前公司的产品线是否对新产品有一定的要求？

21. 社会及政治影响

当前社会舆论对产品的看法如何？

22. 产品责任

设计、生产、使用的过程中，有哪些错误需要生产商承担责任？

23. 安装与初次使用

出厂后的组装、安装、连接系统，以及学习使用产品是否有一定的要求？

24. 可持续利用

产品的原材料是否能通过回收零部件或材料实现循环利用？产品的零部件是否易于拆卸，以便于循环处理？

设计方法：定义

要求清单

要求清单列出了设计取得成功必须具备的重要特征。它详尽且具体地描述了设计应达成的目标，据此，设计师可筛选出最具开发前景的创意、设计提案或提案组合。

内涵及原因

要求清单是在分析设计问题相关信息的基础上完成的。只有当设计方案满足这些要求时，才能算得上是“好”设计。在设计较为复杂的产品时，一份条理清晰的要求清单至关重要。因为在设计过程中，设计师需要全面协调影响设计的各种因素。团队作业时，要求清单可帮助所有成员达成共识。同时，设计师与客户就产品设计和开发方向达成一致意见后，所产生的要求清单可以作为协议写入合作合同。

思维方式：该方法要求设计者系统性地、分析性地进行思考，而不是直观地思考。

何时应用

要求清单通常在设计的早期阶段创建，随着设计方案逐步具体、细化，要求清单也会不断改进。

如何应用

制定要求清单时，为了确保清单的完整性，搭建清晰的结构框架至关重要。有多种搭建结构框架的工具可供使用。在设计的初始阶段，该清单的主要作用是检验设计方案是否达到要求。因此，必须收集足够的信息以确保所有设计要求都具体且合理。例如，设计儿童游乐场时，你需要了解儿童活动的具体情况，及相关的人机工程数据等信息。

在项目推进的过程中，设计师看待设计问题的角度可能发生改变，许多新的设计要求就需要随之确定。因此，要持续更新设计要求。最终应该形成一份结构清晰的设计要求和标准的清单。主要流程为：

第1步：根据模板搭建结构框架，以便后续会完善具体的设计要求。

第2步：尽可能多地定义各种设计要求。

第3步：找到知识空白区，即需要通过调查研究才能得出的信息。

· 设计要求应该尽量具体化：数据应该可观察或可量化。不要采用“价格越低越好”的表述，而应该表述为：零售价格在100欧元到200欧元之间，成本在25欧元到30欧元之间。

· 分清消费者的需求（demand）和愿望（wish）：需求必须满足，而愿望可以作为选择设计概念或设计方案的参考因素。需求的例子：根据劳动法规，产品重量不应该超过23公斤。愿望的例子：产品的舒适性应尽可能得到试用者的认可。

第4步：删除相似的设计要求，消除歧义。检查设计要求是否有层次，并区分低层次与高层次的设计要求。

第5步：确保设计要求达到以下标准：

· 所有要求都是有效的。
· 要求清单必须是完整的。
· 所有要求都是具体可操作的。
· 要求清单没有重复冗余的内容。
· 要求清单必须是简明扼要的。
· 所有要求必须是可行的。

提示与注意

用数据将要求定义得更具体。例如，将“产品可随身携带”改为“产品的重量应低于5千克”。注明数据来源——出版物、专家、调研结果等。

将要求按层级进行编号，以便日后引用、对照。

可以使用多个要求清单，不同的清单能起到互补的作用。

局限和限制

花费太多的时间在分析和定义设计要求上可能会妨碍设计的创意过程。

可以运用迭代的方式，交替进行设计草图绘制和设计标准定义。

切勿因为过度定义设计要求而限制了更多的可能性。

参考资料及拓展阅读： Cross, N., 1989. Engineering Design Methods. Chichester: Wiley. / Hubka, V. & Eder, W.E., 1988. Theory of Technical Systems: A Total Concept Theory for Engineering Design. Berlin: Springer. / Pahl, G. & Beitz, W., 1984. Engineering Design: A Systematic Approach. London: Design Council. / Pugh, S., 1990. Total Design: Integrated Methods for Successful Product Engineering. Wokingham: Addison Wesley. / Roozenburg, N.F.M. & Eekels, J., 1995. Product Design: Fundamentals and Methods. Utrecht: Lemma.

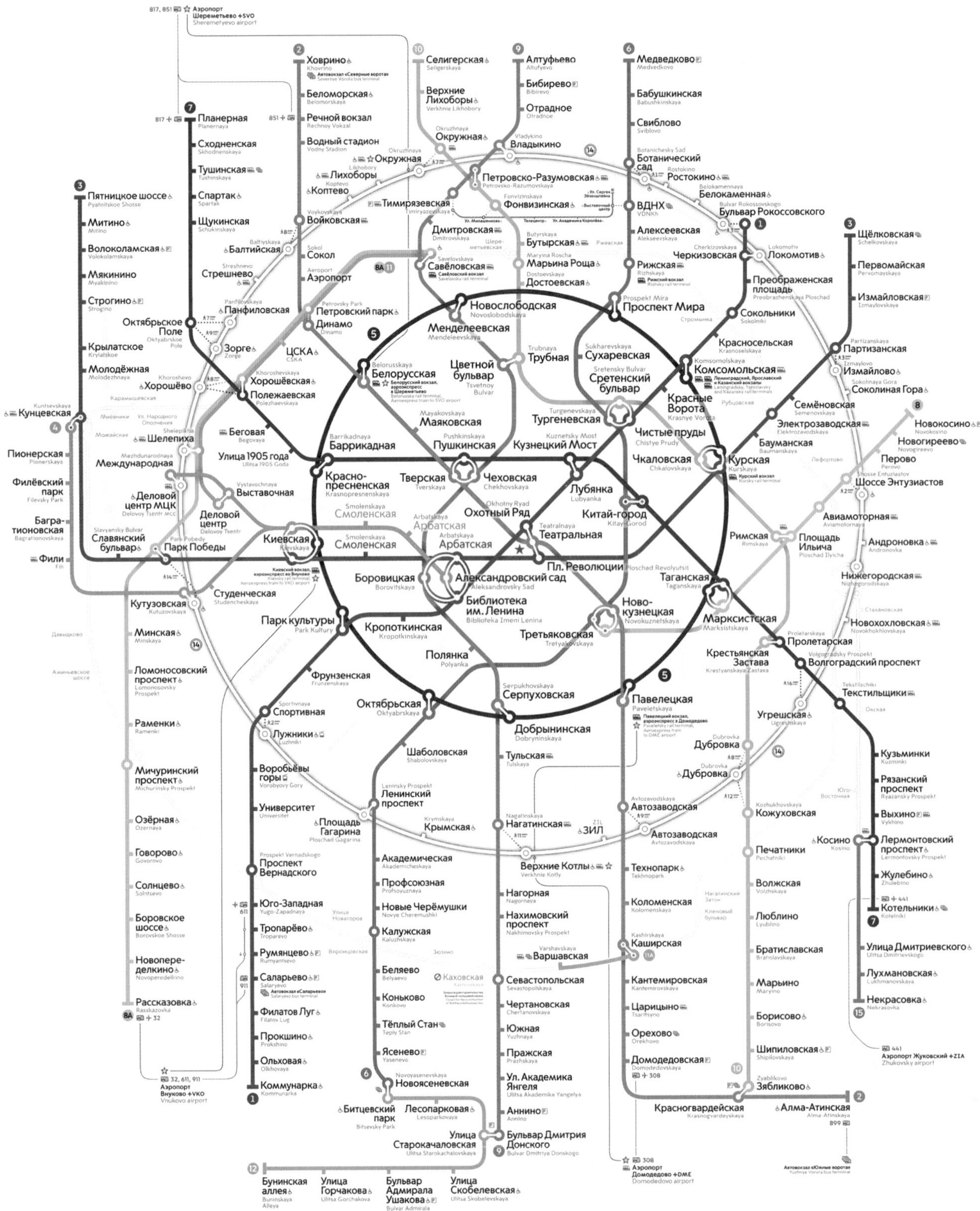

城市（上图：莫斯科）地铁交通图与思维导图极其相似。这种运用线图表现地铁线路和站台的图示法起源于1931年Harry Beck为伦敦地铁设计的交通图。经过多年的发展，伦敦地铁日渐复杂，若继续按照地理位置绘制，已经无法在一张图上表现所有的线路和站台。

设计方法：定义

思维导图

思维导图是一种创建全局概况的方法。它是一种视觉表达形式，展示了围绕同一主题的发散思维与创意之间的相互联系。

内涵及原因

在讨论复杂项目时，设计师可能需要全面了解所有相关主题、利益相关者和变量。把这些信息都写在纸上，清空头脑，以便为新想法和创意腾出空间。将各元素之间的关系可视化，能帮助设计师更深入地了解它们的相互影响，从而表达自己的观点。

设计师可以借助思维导图将围绕某一主题的所有相关因素和想法视觉化，从而将问题清晰化、结构化。它能直观地从整体上呈现一个设计问题，对确定问题的主要因素与次要因素十分有用。思维导图也可以启发设计师找到设计问题的各种解决方案，并用于标注每个方案的优势与劣势。

思维方式：制作思维导图既需要联想思维，也需要分析思维。首先要利用存储在大脑中的相关信息，其次要分析和梳理对项目有用的参数。

何时应用

虽然思维导图的应用范围十分广泛，但设计师通常将其用于产生创意的起始阶段。一个简单的思维导图能启发你找到解决问题的头绪，并找到各头绪之间的联系。当然，思维导图也可以用于设计项目中的问题分析阶段，或帮助设计师在报告中整体展示自己的设计方案。

如何应用

围绕一个中心问题，思维导图中的几个主要枝干可以是不同的解决方案。每个主干皆有若干分支，用于陈述该方案的优势与劣势。绘制思维导图并不困难，可以通过训练掌握绘制技能。思维导图的主要用途是帮助设计师分析问题，因此在使用过程中要尽量将大脑能想到的所有内容都记录下来。在进行小组作业时，每个人先独自完成自己的思维导图，然后再集中讨论、分析会更有效。

第1步：将主题的名称或描述写在空白纸张的中央，并将其圈起来。

第2步：对该主题的每个方面进行头脑风暴，绘制从中心向外发散的线条并将你的想法置于不同的线条上。整个导图看起来仿佛一条条驶离城市中心的道路。

第3步：根据需要在主线上增加分支。

第4步：使用一些额外的视觉技巧，例如，用不同的颜色标记几条思维主干，用圆形标记关键词语或者出现频率较高的想法，用线条连接相似的想法等。

第5步：研究思维导图，从中找出各个想法相互间的关系，并提出解决方案。在此基础上，根据需要重新组织并绘制一张新的思维导图。

提示与注意

在互联网上可以找到绘制思维导图的软件。

用软件绘制思维导图可能会限制你的思维，所且不利于团队交流。相比之下，手绘的彩色思维导图更自由，也更具个性。

图片、色彩、照片等能让思维导图变得更美观。

在设计过程中可以在已绘制的思维导图上不停地添加元素和想法。

注意区别不同类型的元素，并且在不同元素之间预留空间。

使用简洁的文字描述想法，做到言简意赅。

局限和限制

思维导图是你对项目或主题的主观看法，它是你大脑思考的映射。

此方法在设计师独立作业时十分有效。

也适用于小型团队作业，不过需要制作者提供解释说明。

参考资料及拓展阅读： Buzan, T., 1996. The Mind Map Book: How to Use Radiant Thinking to Maximize Your Brain’s Untapped Potential. New York, NY: Plume. / Heijne, K.G. & van der Meer, J.D., 2019. Road map for creative problem solving techniques. Organizing and facilitating group sessions. Amsterdam: Boom. / Tassoul, M., 2006. Creative Facilitation: a Delft Approach. Delft: VSSD.

时下流行的开箱视频展示了网购产品的收件和拆箱过程，以及买家的情感体验的高潮。客户旅程图（CJM）是一个基础模板，其中包括特定的人物画像、完整的体验过程，以及潜在的情绪高潮和低谷。旅程的其他部分可以根据设计目标进行选择。

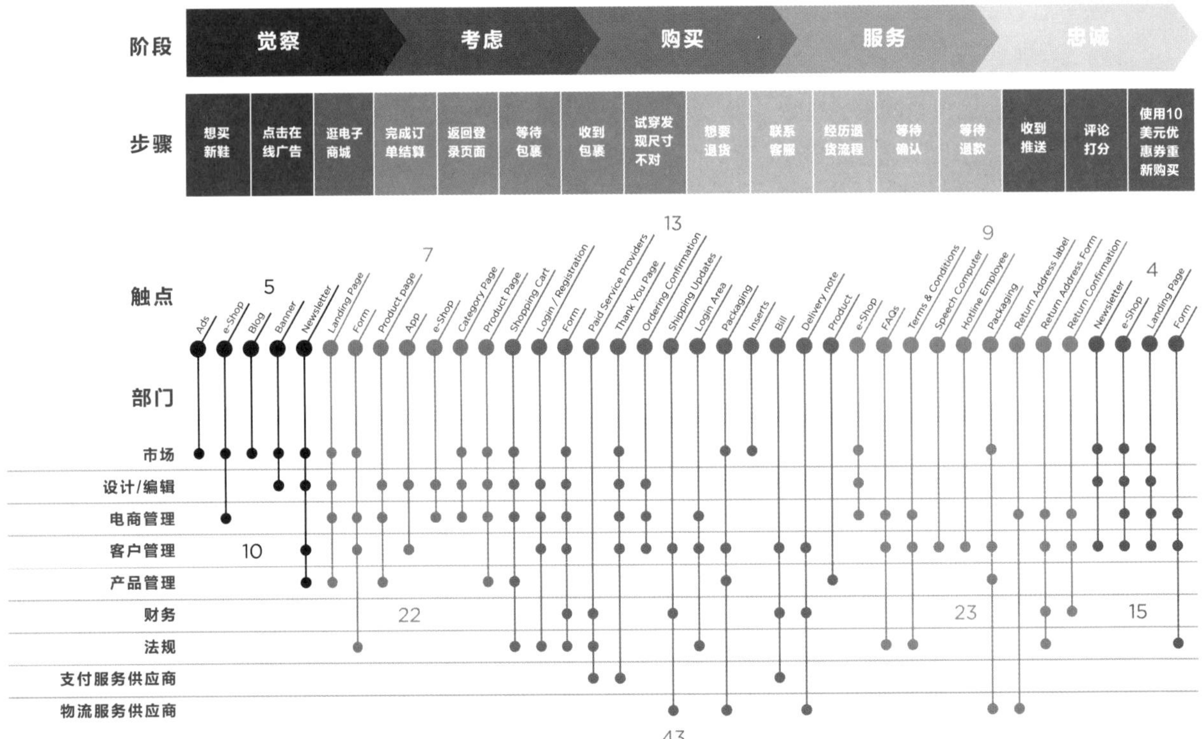

旅程图

旅程图是一种理解人们在特定时间和地点内围绕特定主题的体验的方法。在创建旅程图时，设计师可以深入理解人们体验的不同阶段。

内涵及原因

在设计产品或服务时，最常见的挑战是设计那些不仅可以单独发挥作用，也可协同整体运作的触点或功能。于是，设计师用旅程图将人们随时间和地点变化的体验视觉化。制作旅程图可以帮助设计师建立对用户体验的理解，由此得出的视觉化信息有利于设计师和他人讨论自己的见解、做出正确决策、启发创意。

旅程图有多种形式：例如，服务设计中常用的客户旅程图；关注患者的特定经历（如接受治疗的过程）的患者旅程图。在可持续发展领域，产品旅程图可用来分析材料流向，以及产品的多个使用阶段。旅程图用横坐标代表时间，纵坐标代表各种关注点和主题。

思维方式：制作旅程图需要设计师对设计任务有全面的了解，对用户体验有浓厚的兴趣，并且了解交互组件的复杂性。通常还需要多学科交叉合作。

何时应用

旅程图可以用于设计的多个阶段。在开始阶段，它可以用于了解用户的体验过程，也可以用于选择设计方向或构思创意。在多学科交叉的项目中，将旅程图作为从用户角度进行设计的迭代工具，可以帮助团队统一想法。

如何应用

了解用户体验：首先确保数据来自定性研究，而不是基于团队的假设。 使用原始数据（如原文、照片等）对旅程图进行说明。

用于决策目的：添加有关客户评价和服务绩效的定量数据。这样的旅程图可以用于确定需要优先改进的部分。

用于创意目的：对旅程图进行迭代修改，根据当前的旅程绘制出理想的旅程。使用打印、手绘、注释、便利贴等各种方式，对旅程图进行多次迭代修改。把旅程图当成设计的活文档。

用户在使用复杂产品和服务时，必须进行多步骤操作，跨越多个渠道或设备。这个过程通常需要在一定时间内完成，并且存在多个触点。

第1步：确定用户类型。例如，终端用户、客户、患者、专业人士等。如果你乐意，可以在旅程图上表现多个视角。

第2步：在横坐标上标注用户使用产品的过程。要站在用户的角度标注活动，并标明用户在每个阶段试图实现的目标。

第3步：在纵坐标上列出与用户体验有关的主题，例如用户的目标、活动、障碍、机会、情绪等。

第4步：以行的形式添加其他有关信息。一般的旅程图包含3~8行内容。

提示与注意

不仅要考虑触点（即用户和服务的接触点），还要考虑触点间的时间间隔。

不要过分关注用户需要使用什么，而应多关注用户想要使用什么。

灵活运用纵坐标，每个项目可能有不同的主题。

探索各种表现形式。例如，旅程可以是循环的圆圈，甚至可以交叉相遇。

可以用比喻形象化地表现旅程图。

有新发现时，应该及时更改单元格的内容。

尽可能多展示视觉元素和研究数据。

选择一个能概括旅程图内容的标题。不要用“旅程图”作为标题。标题应该是既能激发灵感又能概括内容的描述性文字。

局限和限制

旅程图只是创造最佳用户体验的一种手段。还有其他方法可以完成相同的目标（参见“可视化交互”）。

参考资料及拓展阅读： Roscam Abbing, E., 2010. Brand Driven Innovation. Lausanne: AVA Academia. / Stickdorn, M. et. al. 2018. This is Service Design Thinking. Amsterdam: BIS Publishing. / Ridder, E. de, Dekkers, T., Porsius, J.T., Kraan, G. & Melles, M., 2018. The perioperative patient experience of hand and wrist surgical patients: An exploratory study using patient journey mapping. Patient Experience Journal, 5(3), 97–107.

在加入ResCoM项目之前，Bugaboo的产品已经通过多种方式实现循环设计：经久耐用、可多次循环使用、易于维修、客户服务支持、完善的备件供应。Bugaboo还推出了婴儿车租赁套餐“灵活计划”。此外，Bugaboo还在考虑一项新的商业计划：将回收的婴儿车翻新，然后以“Bugaboo认证”的形式出售。（rescoms.eu）

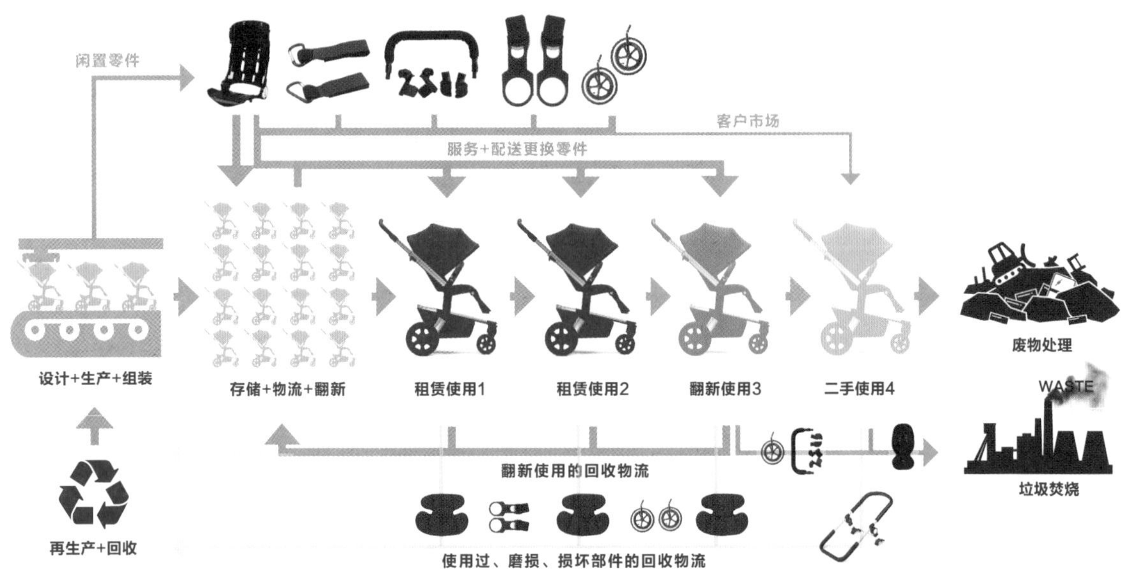

设计方法：定义

产品旅程图

产品旅程图（PJM）是一种用视觉化形式展示产品生命周期（包含多次使用循环）的方法，它支持循环设计。它概括了产品的旅程、组件，以及在整个生命周期中遇到的利益相关者。

内涵及原因

PJM 是一种循环设计方法，它与循环经济相对应。循环经济通过维修、翻新、再制造对产品进行再利用，它是一种当下流行的促进可持续发展的社会经济模式，其中蕴藏着巨大的商机。企业为了获得竞争优势，必须重新思考商业模式。该方法可帮助企业在循环经济中保持和获取产品的最大价值。PJM的目标是提高产品每一个使用周期的效率和效能。

思维方式：PJM要求设计师有长远的眼光，不仅要关注产品的单个使用周期，还要思考：一个使用周期结束后会发生什么？我们该如何设计能多次使用的产品？以长远的眼光看待产品是一种全新的思路，并且需要勇气和创造力来克服诸多障碍。

何时应用

PJM是一种战略工具，应在开发的早期阶段使用。它可以帮助设计师规划产品在连续使用周期中的旅程，并确定潜在的服务触点和获取价值的机会。PJM尤其适合用于符合“产品即服务”模型的耐用产品。

如何应用

与客户旅程图（CJM）以客户体验为中心不同，PJM将产品置于中心位置。在“产品即服务”模型中，PJM可以帮助设计师了解产品、部件、材料随时间变化的复杂性。在PJM中，服务触点通常沿流程的时间线标注。

PJM最适合用于制定策略，以便在多个产品使用周期中获取最大价值。当不同的利益相关者讨论产品旅程策略时，画PJM草图有利于设计师对疑问做出解释。随后，设计师可以进一步制作更清晰详细的PJM。

第1步：分析产品或产品概念及主要组件。定义产品应该或能够持续使用的周期总数，以及各使用周期的长度。

第2步：创建零件生命周期概况图。列出产品每个组件或部件预计可以使用的周期数。例如，在婴儿车案例中，面料需要在每个新的使用周期之前更换，但车架可使用更长的时间（更多使用周期）。

第3步：创建时间线，在水平轴上绘制产品经历的使用周期阶段。

第4步：确定时间线上所有服务触点，包括维修、产品更新（如配件）、耗材交付（如清洁剂）、发货和退货物流，以及翻新等。展示产品和零件的流向。

第5步：标注每个触点涉及的利益相关者，包括他们的行动策略及协调方式。

提示与注意

将PJM与客户旅程图结合使用，以便在“产品即服务”模型中发现提高客户体验的新机会。

并非所有产品和服务都可以实现多个使用周期，PJM可以帮助你探索循环使用的可行性。

让所有利益相关者都参与产品旅程图的创建。

局限和限制

PJM是一种新方法，尚未得到广泛验证。请谨慎使用PJM，并随时根据个人情况进行调整。

参考资料及拓展阅读： Bakker, C., van Dam, S., de Pauw, I., van der Grinten, B. & Asif, F., 2017. ResCoM Design Methodology for Multiple Lifecycle Products, TU Delft. 22 p. / Sumter, Deborah, Bakker, C., Balkenende, R., 2018. The Role of Product Design in Creating Circular Business Models: A Case Study on the Lease and Refurbishment of Baby Strollers. Sustainability 10(7).

归根结底，项目价值模型的真正目的是针对“项目是否值得”的主题展开讨论。项目应该开始么？值得继续么？保持正确的心态是运用该方法的前提。所有提及的术语都需要在开始前定义。在一个已经充斥着无用产品的世界中，不生产某些东西的决定是一个经常被忽视的选择。

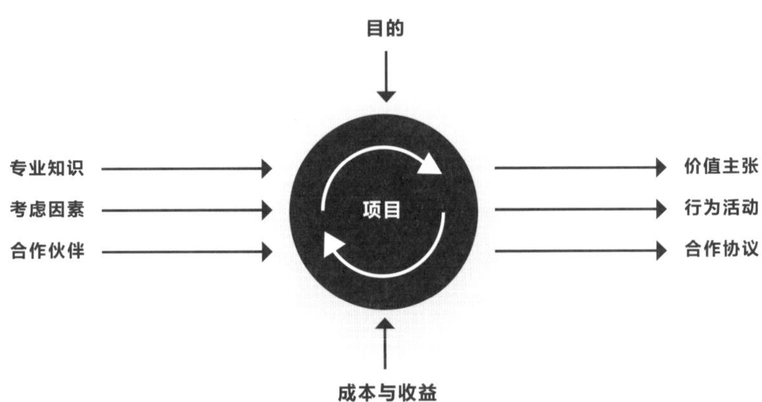

项目价值模型

项目价值模型有助于讨论如何在设计项目中创造和获取价值。该方法针对项目提出一系列问题，从而从总体上揭示项目的重要关系、矛盾、机会，以便设计师能够在项目选择、合同谈判、协作方面做出明智的决策。

内涵及原因

项目价值模型主要用于协调用户和利益相关方获得的价值（如节能）与设计师获得的经济价值、专业价值（如职业发展）。它需要考虑多方（如客户、用户、政府、社会等）的需求和价值。有时，设计师在为他人实现价值时会犹豫不决，因为他们同时也在追求职业抱负和经济价值。该方法可以帮助设计师为项目制定一个合适的价值模型，以促进在专业精神和创业精神的交点上的讨论、反思和行动。它可以帮助设计师在项目选择、角色和费用谈判，以及项目执行方面做出明智决策。

思维方式：该方法需要开放和批判的思维方式。要超越常规的工作方式，以便为创新和协作提供空间。设计师将逐步从定义相对抽象的价值转向具体的需求和任务。在这个过程中，讨论、确立优先级、反思至关重要。

何时应用

该方法通常用在具有挑战性或复杂的新项目开始之前，这种项目通常涉及多个利益相关者和多种价值。既可以小组使用，也可以个人使用。

- 决定是否参与项目。
- 为项目制定价值共创和价值获取策略。
- 发现并通过可视化的方式传达设计师的附加价值。
- 通过确定共同目标、调整角色、促进对彼此动机的理解来加强协作。

如何应用

该方法可以用蓝图表现，包含8个步骤和相应问题。将蓝图打印在一张大纸上，然后按以下顺序添加便利贴。（蓝图参见tudelft.nl/valueconflicts）。

A：确定目标。

B：选择一个案例或项目并将其写在纸的中间。

C：回答第1步“对他人的价值”和第2步“对自己的价值”的问题，确定需要创造和获取的最重要价值。

D：回答第3步“专业知识”和第4步“风险”的问题，确定这些价值的优先级。

E：观察蓝图；删掉不太重要的答案，补充和完善其他答案。

F：回答蓝图中第5~8步有关合作伙伴的问题，确定如何实现这些价值。

G：思考答案之间的关系，做必要的修改。

H：全盘考虑，确定你认为对实现既定目标最重要的机会或挑战，并考虑采取具体行动。

I：检查预期目标，从而更清楚要做什么，要注意什么，以及如何实现。

提示与注意

大声讨论和思考，培养批判和反思的习惯。

请第三方担任主持人，或者请挑剔的朋友参与进来，帮助你跳出惯性思维，并且验证你的答案。

关注最重要的方面，并不断检查你的答案与合作伙伴/竞争对手的差异。

局限和限制

该方法所用的工具是专门为协调多参与者、多价值的项目而设计的。

该方法可用于为初创公司或新的市场思路设计价值模型。它不适用于制定企业层面的战略。

参考资料及拓展阅读： Bos-de Vos, M., 2018. A toolkit for developing project-specific value capture strategies. In Bos-de Vos, M., Open for Business: Project-Specific Value Capture Strategies of Architectural Firms (pp. 161-194). PhD thesis, Delft University of Technology. Delft: A+ BE| Architecture and the Built Environment. / Bos-de Vos, M., Volker, L., & Wamelink, J.W.F., 2019. Enhancing value capture by managing risks of value slippage in and across projects. International Journal of Project Management, 37(5), 767-783. / Wikström, K., Artto, K., Kujala, J., & Söderlund, J., 2010. Business models in project business. International Journal of Project Management, 28(8), 832-841.

重要伙伴

- 自行车店
- 赞助商
- 网络供应商
- 手机供应商

关键业务

- 自行车送货
- 维护保养
- 采购
- 行政
- 计划 / 规划

核心资源

- 办公场所
- 职员
- 智能手机
- 网站
- 手提电脑
- 自行车（＋拖车）
- 书包
- 骑行衣
- 优秀的体质

价值主张

- 提供环保、快速、高性价比且可信赖的自行车邮政服务
- 业务包含：内部邮件、邮政信箱递送、快递及当日达服务

客户关系

- 面谈
- 电话
- 电子邮件
- 业务通信
- 网站

渠道通路

- 口碑
- （社交）媒体
- 电话
- 在线支付
- 邮递员

客户细分

- 需要将信件或包裹（体积不超过1米×0.5米×0.5米，重量不超过50千克）送往方圆15千米范围内的客户。

成本结构

- 办公场地
- 职员薪水
- 自行车＋装备
- 保险
- 维护保养
- 手提电脑
- 智能手机
- 网站

收入来源

- 消费支付
- 服装赞助

Osterwalder和Pigneur在2010年制作的自行车邮政服务商业模式图

商业模式

商业模式是一种从商业角度寻找设计存在的理由的方法。商业模式画布是用于生成商业想法的提示清单，它可以从概念层面构建、讨论和评估这些想法。

内涵及原因

商业模式使设计师能够了解正在开发的产品或服务的相关经济背景：产品或服务的附加值究竟是什么？可以为谁以及如何产生收益？

思维方式：构建商业模式需要分析和创造性思维，并且要对组织如何实现目标感兴趣。你需要与其他利益相关者进行讨论、排序、反思，以填补空白。

何时应用

商业模式和商业模式画布可应用于产品开发的各个阶段。在生成创意的过程中，商业模式可帮助设计师评估和完善创意。在概念设计阶段亦是如此，此时你需要在众多商业模式中做出选择：哪个概念能产生预期的利润？哪个概念能提高公司的竞争地位？设计师都梦想着做出细节完美的产品，但如果只有极少数客户有能力购买，即便单个产品的利润空间很大，从商业的角度来看，该产品的价值也并不理想。

如何应用

商业模式画布分为九个区域，每个区域都有特定的功能，它们之间的联系可以通过箭头表示。运用时，最好将其打印在一张不小于A3的纸上，以便设计团队所有成员都能参与头脑风暴式的讨论。填写商业模式画布能让团队对商业模式进行分析、讨论，从而激发团队的创造力。

商业模式画布的9个关键因素最好保持形式上的统一，有助于日后创建条理清晰的服务建议书。建议按照以下四个类别分步整理：

第1类：供应内容（即存在理由）：价值主张。

第2类：业务内容（即内在活动）：关键业务、核心资源、重要伙伴。

第3类：客户（即外部资源）：客户细分、渠道通路、客户关系。

第4类：财务（即收入与支出）：成本结构与相对的收入来源可以最后填写。

如果外部资源今后发生变化，可以修改画布内容，或者重新制作画布以适应新的商业模式。

参考资料及拓展阅读： Osterwalder, A. & Pigneur, Y., 2010. Business Model Generation. New Jersey: John Wiley & Sons Inc.

提示与注意

参与讨论的成员不应立刻否定某一想法。每个人都应该对新想法持欢迎态度，调整与改进这些新想法。

如果某个想法不太切合实际，则可以增加一个相近的符合实际的想法或将其改进为更实际的想法。其中的奥妙在于如何将一个“问题”转变为一个“机会”。

选定某个商业概念后，即可开始撰写更为精细的商业计划书。

该方法关注组织的经济利益。还可以在画布上添加相关类别（例如社会/环境成本和收益）来识别社会/环境效益。

局限和限制

相较于商业计划书，商业模式画布所展示的是一个相对概念化的想法。因此，并不需要在画布上填写精确的投资回报数据。

要保证重要数据的相对真实性，它可能会促成多个商业创意。

不要试图输入精确的数字，例如预估营业额和运营成本。

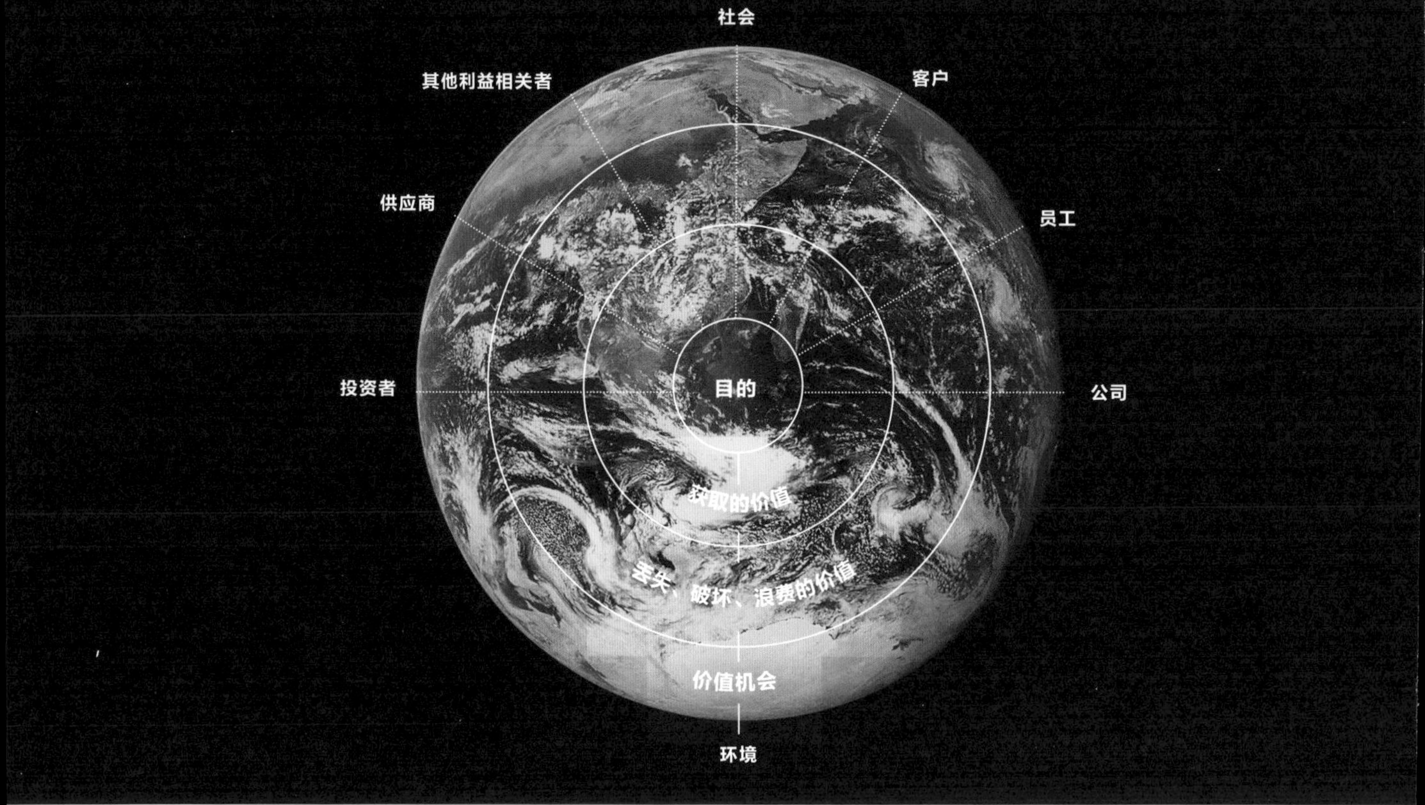

社会

其他利益相关者

客户

供应商

员工

投资者

目的

公司

获取的价值

丢失、破坏、浪费的价值

价值机会

环境

可持续商业模式与循环经济的概念密切相关；其核心是在一个闭环系统中尽可能少地浪费材料、组件、产品的价值，使用可再生能源，发挥系统思维。社会包容性也是该模式的必要组成部分。

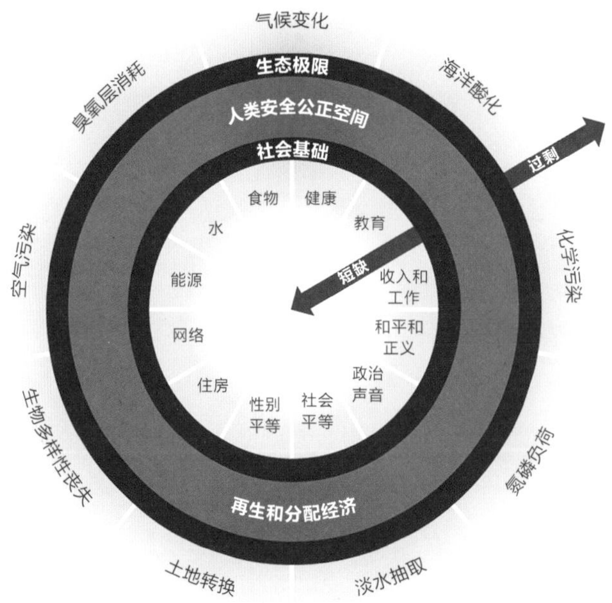

在经济学家Kate Raworth提倡的“甜甜圈”经济学中，经济增长从来都不是目标。人类21世纪的挑战是在地球能力范围内满足所有人的需求。由社会和地球边界构成的“甜甜圈”是应对这一挑战的一种有趣又严肃方法，它是本世纪人类进步的指南针。环境极限由9个地球边界组成，社会基础包含的12个维度源自国际公认的最低社会标准。在社会和地球边界之间存在一个环境安全和社会公正的空间，人类可以在其中繁衍生息。

设计方法：定义

可持续商业模式

可持续商业模式是一种用于开发新的可持续商业模式理念的方法。价值地图工具可以在其中发挥作用。

内涵及原因

经典的商业模式通常是根据价值主张、价值创造、价值获取机制来描述的。相比之下，可持续商业模式考虑的利益相关者不仅仅是客户、所有者/投资者，它明确地将“社会”和“环境”视为利益相关者。它强调系统化地减轻负面影响和增加积极影响。

设计师设计的产品服务系统不仅要服务客户，还要服务于更广泛的社会利益。价值地图工具通过了解利益相关者网络中价值的积极和消极方面，帮助设计师设计可持续商业模式。确定一方与另一方的利益冲突和价值冲突。寻找重新设计商业模式的机会，从而从整体上提高所有利益相关者的利益。

思维方式：该方法要求设计师理解丢失和破坏的价值。可持续商业模式认为应该将社会和环境利益放在与商业利益同样重要的位置。

提示与注意

请一些实际的利益相关者参与头脑风暴，例如，将非政府组织作为环境和社会利益相关者。

如果公司进行了生命周期评估（LCA）或其他可持续性评估，该方法可以帮助发现重要问题。

局限和限制

该方法主要用于创意的产生，而不是实施。因此，需要与其他工具结合使用。

何时应用

可持续商业模式应在设计过程的早期使用。

如何应用

通过头脑风暴逐步填写价值地图的内容。每一步都需要考虑所有利益相关者：客户、投资者、股东、员工、供应商、合作伙伴、环境和社会。

第1步：讨论商业的目的。为什么这个业务放在首要位置？公司或业务部门提供什么产品或服务？企业存在的主要原因是什么？动机不应主要放在财务上。

第2步：解释价值属性。为各类利益相关者创造了什么价值？创造了哪些积极价值？所有利益相关者都减轻了哪些消极价值？

第3步：确定价值带来的后果。给利益相关者带来了哪些负面结果？例如，自动化对就业造成了什么影响？全球化和地方化是否相互矛盾？企业是否错过了获取价值的机会？现有运营方式是否浪费了价值？

第4步：进行头脑风暴。头脑风暴被有意放在流程的最后，这是一个畅想的过程。其重点在于将负面因素转化为正面因素。通过引入活动和合作，该网络可以为利益相关者创造哪些新的积极价值？可以从竞争对手、供应商、客户甚至其他行业中学到什么？

参考资料及拓展阅读： Bocken, N., Short, S., Rana, P., & Evans, S. 2013. A value mapping tool for sustainable business modelling. Corporate Governance, 13(5), 482-497.[NB1] / Bocken, N. M. P., Rana, P., & Short, S. W. 2015. Value mapping for sustainable business thinking. Journal of Industrial and Production Engineering, 32(1), 67-81. / Bocken, N. M., Schuit, C. S., & Kraaijenhagen, C. 2018. Experimenting with a circular business model: Lessons from eight cases. Environmental innovation and societal transitions, 28, 79-95. [NB2]. / Osterwalder, A., & Pigneur, Y. 2010. Business model generation: a handbook for visionaries, game changers, and challengers. John Wiley & Sons.

Manned Cloud是法国设计师Jean-Marie Massaud设计的飞行酒店，可容纳40名乘客和15名工作人员。在3天航程中，乘客可以以170公里/小时的速度探索世界。

从古怪的发明到对入侵的恐惧；从社会堕落到世界末日的幻象；对未来的文学描绘反映了当代人对社会、科技、政治变革的恐惧。由于现代社会距食物来源越来越远，Precht的设计师倡导空中农业和花园，鼓励居民在花园中种植自己的食物。

未来愿景

未来愿景用于表现对未来的期望，它可以作为战略参考，激励组织中的创新者。与战略目标不同，愿景旨在找出“现在是什么”和“可能是什么”之间的差异，从而为创新提供长期的方向。

内涵及原因

能够激励组织创新的未来愿景包含四个显著待征：（a）清晰的用户体验期望：明确表达创新在未来会带来什么样的体验。（b）价值驱动：能捕捉到用户未满足的需求或目标群体在未来的困境。（c）人工制品：期望的价值通过具体的图像来表现。（d）具备吸引力：能激发设计师的热情，吸引他人以它为导向。愿景的高妙在于捕捉人们对未来的愿望。人们的热情、渴望、抱负都可以作为未来的愿景。

思维方式：为了想象出未来的用户体验，需要仔细倾听人们的愿望，然后明确表达出来。很多时候，设计师脑海中的想法是对未来的想象和梦想。它们必须取得真正的灵感突破才能落地，这种突破有时是基于观察趋势、确定机遇，甚至是个人的灵感和直觉。

提示与注意

未来愿景需要具体的行动号召。Ruud van der Helm说过：“梦想家梦想出现变化，而有愿景的人自己做出改变”。

设计团队不仅要想象未来需要改变什么，还要将最终的状态用具体的、可实现的方式表达出来。

发挥创意，组织创新团队共同创造愿景。

局限和限制

未来愿景既不是个人对解决方案的展望，也不是企业战略的愿景声明。

何时应用

未来愿景通常用于组织的创新战略发展阶段。原则上，它应该在新成立的组织首次提出主张时应用。在大多数情况下，该方法要等几年后才会再次使用。

如何应用

该方法有三个主要步骤：

第1步：将趋势转化为价值驱动力：了解当下环境中正在发生的事情，通过简短的对话或演讲分享创造性的趋势研究结果。团队成员仔细倾听，捕捉用户的需求和困境，记录在便利贴上。

第2步：就未来体验提出愿景：
（1）以3到5人为小组，更深入地考虑这些需求，并设立期望的愿景。
（2）彼此分享感兴趣的价值观和愿景。让大家在房间里自由走动，用便利贴记录看法、想法、草图、故事。对彼此的反应和解释持开放态度。鼓励大家就用户和组织如何响应这些价值观和愿景开展联想。
（3）生成关于未来战略价值机会的想法。这些想法可能是新的用户体验、新技术交互或新服务。如果某个想法没有引起共鸣，请放弃它，继续下一个。
（4）将那些引起团队共鸣的价值机会贴在一张大纸上。将最受关注、最鼓舞人心的价值放在一起，并将它们分类。
（5）寻找分类之间的模式和关系，移动便利贴，整理分类。通过讨论挖掘每个想法的独特之处，同时重新排列便签。继续讨论，直到所有成员都对价值驱动因素的分类感到满意。
（6）将确定的价值驱动因素贴在墙上。选取3~5个价值驱动因素，用简洁的语言重新进行表述。

第3步：提出组织的未来愿景。根据得出的价值驱动因素，画出愿景声明。这张草图是实现未来愿景的基础。

参考资料及拓展阅读： Simonse, L.W.L., 2018. Future visioning. Chapter 3, p.76–83. In: Design Roadmapping: Guidebook for future foresight techniques. Amsterdam: BIS Publishers. / Mejia Sarmiento, R. & Simonse, L.W.L., 2018. Vision Concept. p.84–87 In: Design roadmapping: Guidebook for future foresight techniques. Amsterdam: BIS Publishers. / Van der Helm, R., 2009. The vision phenomenon: Towards a theoretical underpinning of visions of the future and the process of envisioning. Futures, 41(2), 96–104. .

现有市场
市场渗透
产品开发
现有产品
新产品
市场开发
多样化经营
新市场

CALL BOX
CALLS
100
0-40secs
Credit Transfer

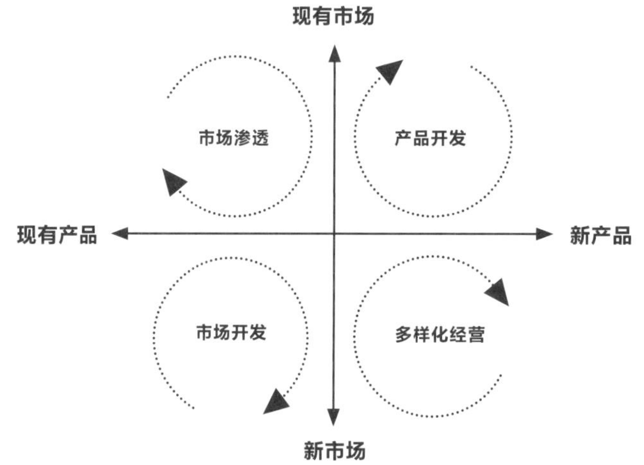

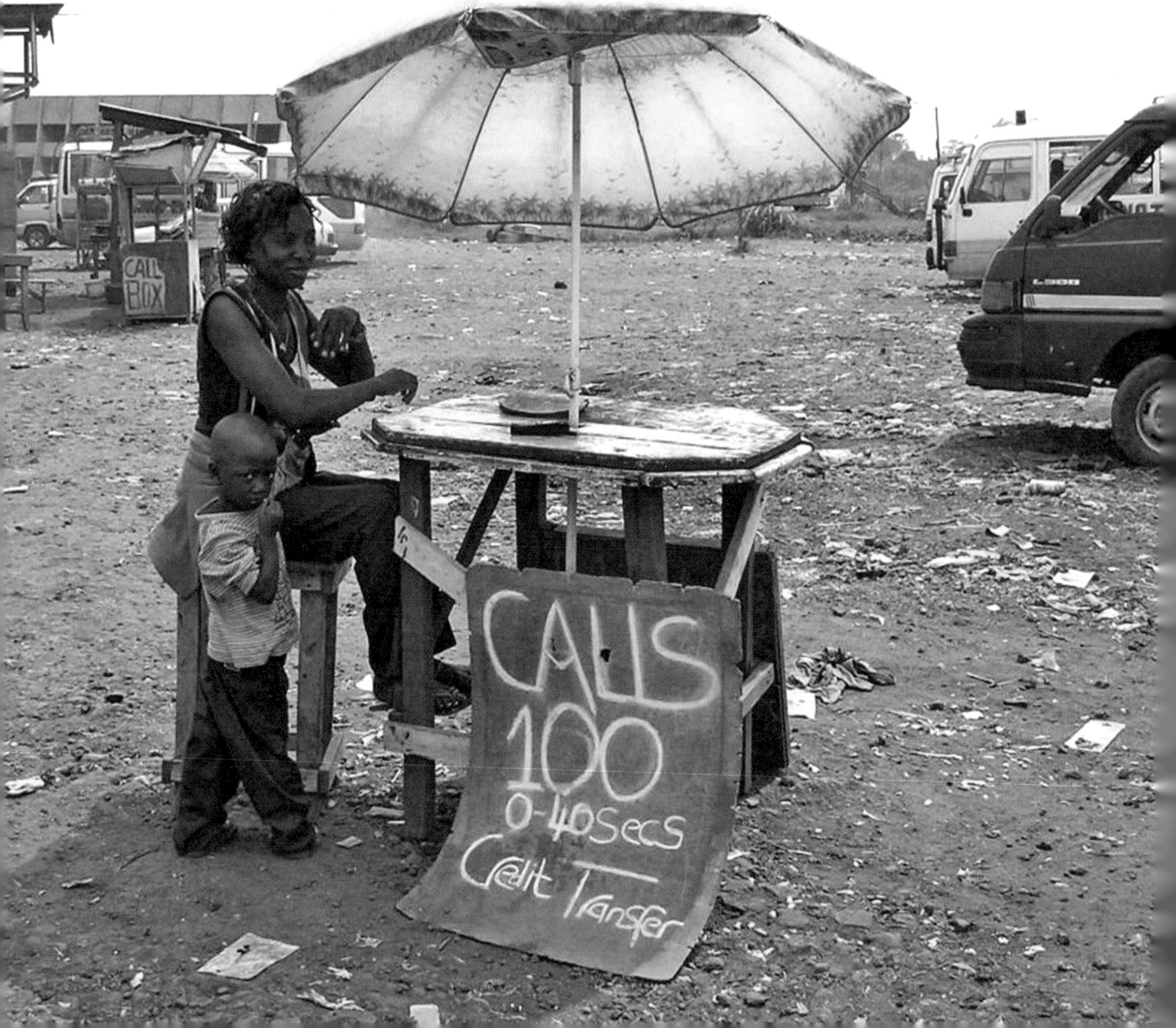

安索夫矩阵

安索夫矩阵是一种市场营销策略工具。它根据不同的产品和市场的组合，分为四种营销策略。它的基本前提是企业希望通过向现有市场或新市场销售现有产品或新产品来达到增加收入的目的。

内涵及原因

安索夫矩阵能帮你评估不同的增长策略并选择最大的获利方式。该矩阵能帮助设计师有依据地针对公司的产品组合和市场定位作出决策。这些决策为公司的商业策略定下了方向，也与未来要开发的新产品类型密切相关。它是一个2×2的四象限矩阵，每个象限代表企业增长的一种策略：

（1）市场渗透，将现有产品销售给当前客户。

（2）市场开发，将现有产品销售给潜在新客户。

（3）产品开发，开发新产品销售给现有客户。

（4）多样化经营，开发新产品并寻找新客户。

每种策略都有相应的风险，如果公司进入新象限，风险还会增加。由此可见，市场开发的风险相对最低，而多样化经营的风险最高。

思维方式：运用该方法需要分析思维和创造力，因为它主要用于发现新机会。它通常需要团队与利益相关者合作。

何时应用

安索夫矩阵通常在产品创新的早期用于定义企业战略目标。

如何应用

公司增长战略的决策优先于商业和市场营销战略，通常情况下，需要高级创意经理来进行这些决策。年轻的设计师一般很难在日常项目中用到安索夫矩阵，但大致了解该方法的原理也是有价值的，因为增长是每个公司的重要目标。站在设计师的立场上，安索夫矩阵是最佳的设定设计目标的方法，因为公司新产品的设计、开发、营销都需要遵循公司整体成长策略，且这些工作的推进也会面临伴随策略而来的风险。

第1步：定义公司现有产品和市场。

第2步：从矩阵的四个象限中找出最符合当前公司增长策略的一个象限。

第3步：定义公司能进行探索的可行的新产品和新市场。

第4步：在2X2矩阵的每个象限中填入相应的产品，即市场组合。

第5步：评估每个产品，即市场组合可能带来的风险与机会。

第6步：依据公司规避风险的能力与决心，以及每个选项的相关机会共同决定最适合公司的增长策略。

提示与注意

安索夫矩阵并不能直接得到最理想的策略，它仅为实现增长目标提供了可能的方法大纲。

决策者需要承担根据公司的能力和外部环境作出决策的主要责任。

成功地使用安索夫矩阵很大程度上取决于对“新”产品和市场的清晰定义，因此执行者必须首先对现有产品和市场了如指掌才能对“新”产品和市场作出清晰定义。

这四种策略分别带有不同的风险，但这并不表示需要一味地坚持选择风险最小的策略。风险评估不能孤立评判，需要结合潜在的回报共同考虑。

局限和限制

安索夫矩阵特别适用于拥有多款产品的大企业计划扩张产品市场份额的情形。相比较而言，只有单一产品的小公司或创业公司很少用得到。

在实际运用中，公司增长策略刚好准确落在某一象限的情况很少。例如，某公司可能在某一款产品上优先使用产品开发策略，而在其他市场采取市场渗透策略。

参考资料及拓展阅读： Ansoff, H. I., 1957. Strategies for diversification. Harvard Business Review, September-October, 35(5), pp. 113-124. / Johnson, G. and Scholes, K., 2002. Exploring Corporate Strategy: Text and Cases. 6th ed. London: Prentice Hall.

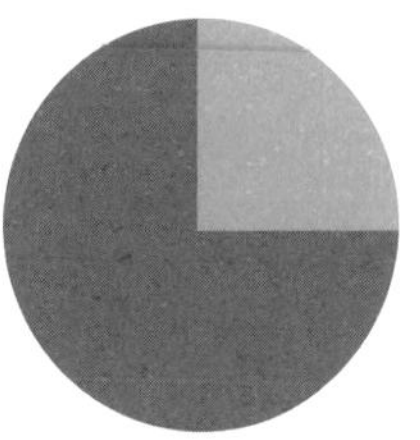

细分

1. 可识别：能否识别每个细分市场中的客户并衡量他们的特征？
2. 可观：细分市场是否大到足以盈利？

目标

3. 可触达：能否通过沟通和分销渠道触达细分市场？
4. 稳定：细分市场能否长时间保持稳定，保证营销投入有回报？

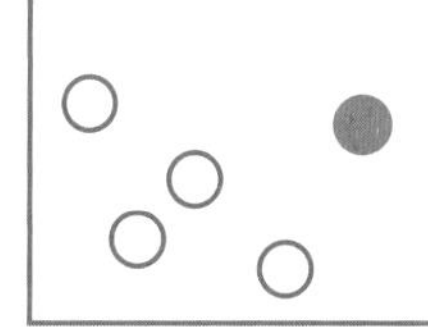

定位

5. 可区分：该细分市场的需求是否与其他细分市场的需求有显著差异？
6. 可操作：能否通过产品和营销计划吸引细分市场的客户，并为之服务？

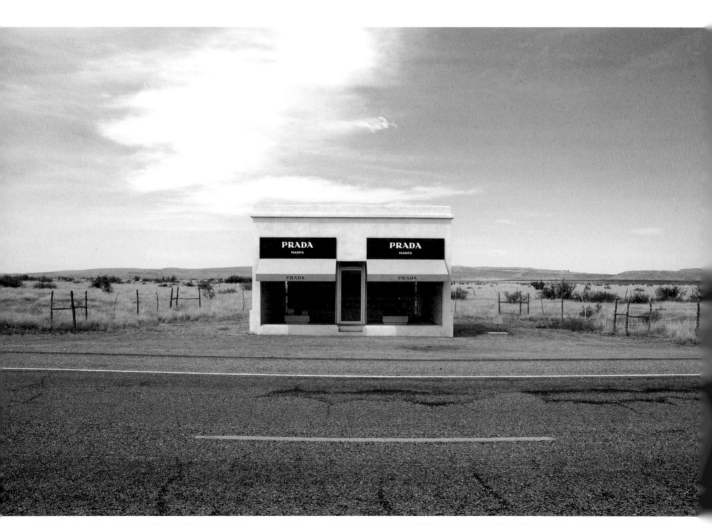

名为Prada Marfa的艺术装置是美国艺术家Elmgreen和Dragset于2005年在德克萨斯州马尔法小镇附近创作的作品。他们的设计初衷是不对这组装置做任何维修，任其逐渐降解。Prada公司为这个项目赞助了14只右脚鞋和6个包，然而就在该装置“开张”的三天内，所有Prada产品都不翼而飞。两位艺术家因此决定重新整修这件装置。

（摄影：Marshall Astor，Creative Commons）

细分-目标-定位

通过细分–目标–定位，公司可以识别自身的潜在客户，选择客户群体，创建吸引目标群体的价值主张。

内涵及原因

在公司向市场推出新产品和服务之前，可以通过细分–目标–定位为营销计划奠定基础。全面的分析能让公司发现未满足的需求形式和新机会。公司可以通过设计新产品或改进现有产品服务未被满足的客户群。市场细分没有标准答案，对于同一个市场，不同公司可以根据自身对客户的理解进行不同的细分。

思维方式：需要采用以用户为导向的思维方式，并根据用户的行为、需求、喜好制定细分方案。细分方案有时也反映人口特征。

何时应用

细分和定位在机会识别阶段很有用，可以帮助设计师根据目标群体的需求和愿望来完善初始想法。定位在商业化阶段很有用，它为随后的营销组合决策奠定了基础。

如何应用

第1步：选择细分依据：

· 人口学、地理学、心理统计学：客户是谁？客户住在哪儿？他们的生活方式是什么？

· 行为特征：面对公司所提供的产品和服务，用户表现出的行为是怎样的？

· 需求和偏好：客户为什么购买产品或服务？他们在寻找什么？他们优先考虑的是什么？他们遵循怎样的决策过程？

细分依据的选择取决于市场本身的特征以及所讨论的产品或服务。无论选择什么依据，生成的细分市场都应该是可识别、可观、可触达、稳定、可区分、可操作的。

第2步：评估每个细分市场，确定最具吸引力的细分市场：

· 值得投入：该细分市场是否存在未满足的需求？它的规模、增长率、盈利潜力如何？

· 匹配度：该细分市场是否符合公司的目标？是否有资源和能力为细分市场服务？

· 竞争力：细分市场的竞争有多激烈？是否已经有强大的、成熟的竞争对手？

第3步：选择定位策略。对于资源有限的小公司或提供专业产品/服务的公司，采用利基战略较合适，该战略主要为单一的、小众的细分市场提供服务。较大的公司可能会选择更多的细分市场，甚至覆盖整个市场。

第4步：确定定位基础。让产品/服务在目标群体心目中占据一个独特的位置。这与客户的关注点以及他们如何看待现有产品有关。定位可以基于产品或服务的特征/属性、提供的利益点，或者能满足的客户价值。

第5步：制定定位声明。问问自己：人们为什么要购买你的产品？这个问题的答案可以在价值主张里找到。价值主张用简洁的文字概括了：（A）目标市场，（B）产品或服务竞争品类，（C）产品或服务承诺的独特价值声明，以及（D）支持价值主张的合乎逻辑且有据可循的论据。

提示与注意

基于利益和价值的定位（产品/服务能为客户做什么？）比基于特征或属性的定位（产品/服务能提供什么？）更能引起消费者的共鸣。

定位应该简明扼要。不要强调服务的所有优点，这会使受众感到困惑，导致信息淡化。

定位声明不是针对客户的口号，而是公司内部用来指导后续营销组合决策的。

局限和限制

细分–目标–定位并不是一次性完成的。市场和竞争条件会发生变化，公司的能力和资源也会发生变化，因此公司有必要时常重新考虑自身的目标，并重新定位产品或服务。

参考资料及拓展阅读： Kotler, P., & Keller, K.L., 2012. Marketing Management (14th ed.). Upper Saddle River, New Jersey: Prentice Hall. / Lei, N., & Moon, S.K., 2015. A Decision Support System for market-driven product positioning and design. Decision Support Systems, 69, 82-91. / Mullins, J.W. & Walker Jr., O.C., 2013. Marketing management: A strategic decision-making approach (8th ed. international). Singapore: McGraw-Hill/Irwin.

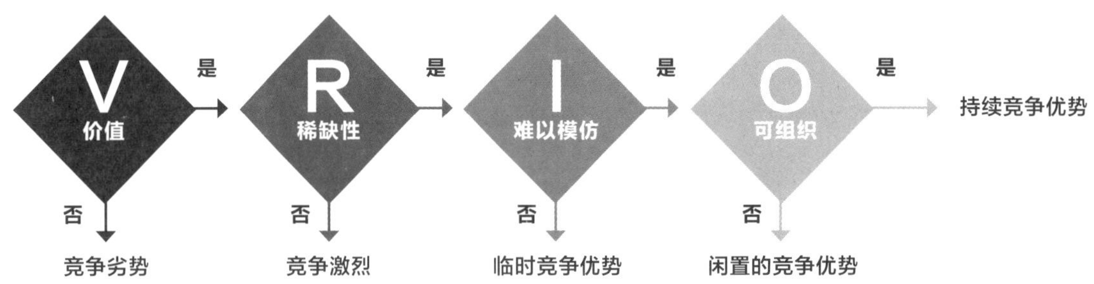

计算机第一次下井字棋战胜人类是在1952年。1997 年，深蓝（Deep Blue）在国际象棋比赛中击败了Garry Kasparov。国际象棋棋手每个回合有大约35种可能的走法。而围棋每一手有接近200种下法。走完一局围棋的复杂程度难以想象。因此，围棋是人工智能（AI）研究人员无法抗拒的挑战。AlphaGo神经网络接受人类棋手下过的3000万步棋的训练。然后它开始学习，自己发现新策略。方法是反复与自己下棋，通过试错进行调整，这称为强化学习。2015年10月，AlphaGo战胜了职业围棋冠军。

VRIO分析

VRIO（Value，Rarity，Inimitability，Organization）分析法是一种判定企业竞争潜力的有效方法。它能帮设计师发掘企业的资源（企业有什么）和能力（企业能做什么），使企业在竞争中脱颖而出。

内涵及原因

VRIO分析可用于准确寻找企业的内部优势，以探索机会并消除威胁。了解企业的资源和能力十分重要：如果企业不具备某项目所需的资源和能力，则管理者有必要采取措施获取这些资源和能力，如外包等。如果行不通，则需要重新斟酌项目所需的资源。

思维方式：使用VRIO分析时，设计师通常需要在探索组织的外部（竞争）因素的同时向内看。这种方法需要分析、批判、现实主义的思维，以及团队合作。

何时应用

VRIO分析是内部分析的一部分，应该在产品创新的计划阶段执行。它也可以随时用于评估企业。资源的价值会随着时间改变，技术的发展可能降低竞争对手的模仿难度。因此，过去的竞争优势现在可能只能带来普通的回报。

如何应用

评估一种资源的独特性需要彻底了解这种资源是如何形成的。VRIO分析方法的结构非常清晰，因此并没太大的调整空间。它是一个线性分析过程，换言之，如果不出现错误，就不需要迭代修改。

第1步：识别企业具备的资源和能力。

第2步：根据以下标准依次评估企业的资源和能力：

· 价值（Value）：该资源或能力是否具备附加价值？附加价值的表现形式有效率的提高、质量的提高、用户反应增多、创新能力增强等。

· 稀缺性（Rarity）：多少竞争对手具备这些资源或能力？

· 难以模仿（Imitability）：不具备该资源或能力的公司能否轻易获得或开发这些资源或能力？

· 可组织（Organization）：当前企业的结构和现实情况是否允许企业最有效地使用这些资源和能力？

第3步：根据上述评估，确定经济的、有竞争优势的结论。有价值的、稀缺的、难以模仿且能有效组织的资源是保持公司竞争优势的基础。

参考资料及拓展阅读： Barney, J.B., 1991. Firm resources and sustained competitive advantage. Journal of Management, March, 17(1), pp. 99-120. / Johnson, G. & Scholes, K., 2002. Exploring Corporate Strategy: Text and Cases. 6th ed. London: Prentice Hall. / Mullins, J.W. & Walker, O.C., 2013. Marketing Management, A Strategic Decision-Making Approach. 8th ed. Singapore: McGraw-Hill/ Irwin. / Wernerfelt, B., 1984. A resource-based view of the firm. Strategic Management Journal, April-June, 5(2), pp. 171-180.

提示与注意

评估企业时，将VRIO分析与其他方法（如SWOT和DESTEP分析）结合使用。

在着手分析之前列出详细的资源清单。

需要考虑公司所有有形和无形的资源和能力。

针对每个资源或能力单独进行评估，不能将企业作为一个整体评估。

有目的地按特定顺序安排VRIO分析的不同标准。如果一个资源没有价值，那么即便它是稀有的、难以模仿的、有组织的，也无关紧要。

一旦某个资源在某个标准上被否定，就可停止对该资源的进一步分析。

VRIO分析需要经常更新。

没有价值的资源或能力会阻碍其他资源或能力的发展。

局限和限制

VRIO分析需要运用者具有较强的个人判断能力，甚至是某些领域的专家。

VRIO分析仅仅帮助企业识别当前具有竞争优势的资源，它并没有说明如何创造新的具备竞争优势的资源。

参加公路自行车赛不仅需要肌肉和力量，你还需要考虑战略，同时在不断变化的情况下平衡各种因素，才能战胜大约150名竞争对手。众多因素包括风阻、重力、不可预测的道路和天气条件、竞争对手、队友的表现等。你还要学习处理意外的撞车和爆胎。自行车可能是唯一一项因技术创新而发明的体育运动：链条驱动和充气轮胎。就像商业创新一样，如果你设法摆脱困境，就有机会在竞争中占据领先地位。同时，你必须投入额外的精力并承担风险才能保持领先地位。冠军经常易主，这对年轻的竞争者而言既是激励又是挑战。

波特五力模型

波特五力模型可以评估某一行业的吸引力（利润率），并依此决定企业在这个行业内应该如何定位并保持竞争力。

内涵及原因

该方法可帮助设计师了解影响企业在行业生存的五种竞争因素。一旦了解这些竞争因素，就可以相应地调整发展战略。利用优势或改善弱势，避免做出错误的决策。

在考虑是否和行业重要参与者合作时，波特五力模型可以帮助决定进入该行业最合适的进入策略和竞争策略。它也可以帮助明确自身产品或服务需要与当前竞争对手区分的程度。

思维方式：该方法的基本信念是公司只有在盈利（财务和市场增长）的情况下才能维持。无论是公司、基金会还是非政府组织，都需要生存，都要找到自身存在的理由。自1970年代哈佛商学院提出该方法以来，人们运用它的主要动力在于关注盈利、财务和市场增长。

何时应用

当企业正决定是否进入某一行业时，可以用该框架来比较不同选择（例如，不同的设计方向）的吸引力。一般是在提出创意想法之前使用该模型。

如何应用

该模型根据以下五个竞争因素进行评估：

（1）新进入者的威胁：综合考虑企业具备的行业知识、投资金额和能力，评估进入该行业的难易程度。

（2）供应商的议价能力：关键供应商对竞争的影响。

（3）购买者的议价能力：关键购买者对竞争的影响。

（4）替代产品或服务的威胁：行业内基本功能相同但形式不同的产品或服务的数量。

（5）同业竞争者的竞争程度：竞争者的数量和竞争强度。

主要步骤如下：

第1步：根据产品范围（该行业包含哪些产品？哪些产品属于另一个行业？）和地理范围（该行业的竞争是地区性的、国内的还是国际的？）确定相关行业。

第2步：明确行业内的重要成员：谁是购买者？谁是供应商？谁是竞争对手？谁是潜在的新进入者？有哪些可替代产品？

第3步：针对每个竞争因素进行评估：哪些竞争因素特别强（不利）？哪些竞争因素较弱（有利）？为什么？

第4步：综合考虑五种竞争因素，评估行业的整体结构：总体而言，该行业最大的吸引力是什么？决定该吸引力的最重要的竞争因素是什么？竞争对手是如何依据这些竞争因素给自己定位的？

第5步：分析每个竞争因素当下或在不远的将来可能发生的变化：哪些竞争因素是稳定的？哪些因素会向对你有利或不利的方向发展？

第6步：依据对五个竞争因素的评估给企业定位：能否运用企业的优势、能力、资源，在竞争因素最弱的行业找到位置？能否运用企业的优势、能力、资源按照对你有利的方向重新调整产业结构？

提示与注意

切勿将行业的范围定义得太宽泛或太狭窄。

从行业内已有企业的角度评估各竞争因素。

行业结构是变化的，不要将分析局限于现有状况，也要考虑这五种因素的发展趋势。

波特五力模型并非判断行业是否具有吸引力的工具，而是用来帮助企业决策的，通过权衡有利和不利的竞争因素帮助企业定位。切勿止步于第4步。

局限和限制

波特五力模型在任何行业都适用，但在某些特定领域，除了上述五种因素，还存在其他竞争因素。例如，该模型并未将互补产品、战略联盟、法律法规纳入考虑范围。

该模型创始于1979年，而当前全球化趋势和技术发展可能极大地改变了经济增长和竞争形态的格局。

参考资料及拓展阅读： Kotler, P., & Keller, K. L., 2012. Marketing Management (14th ed.). Upper Saddle River, New Jersey: Prentice Hall. / Lei, N., & Moon, S. K., 2015. A Decision Support System for market-driven product positioning and design. Decision Support Systems, 69, 82-91. / Mullins, J.W. & Walker Jr., O.C., 2013. Marketing management: A strategic decision-making approach (8th ed. international). Singapore: McGraw-Hill/Irwin.

感知的属性定义包含：价格、创新度、易用性、易维护性、灵活性、重量、模块化、可持续性、公平贸易等。人们的喜好是建立在高度主观的标准上的，例如品牌识别、身份地位、传统习惯、喜欢的颜色等。

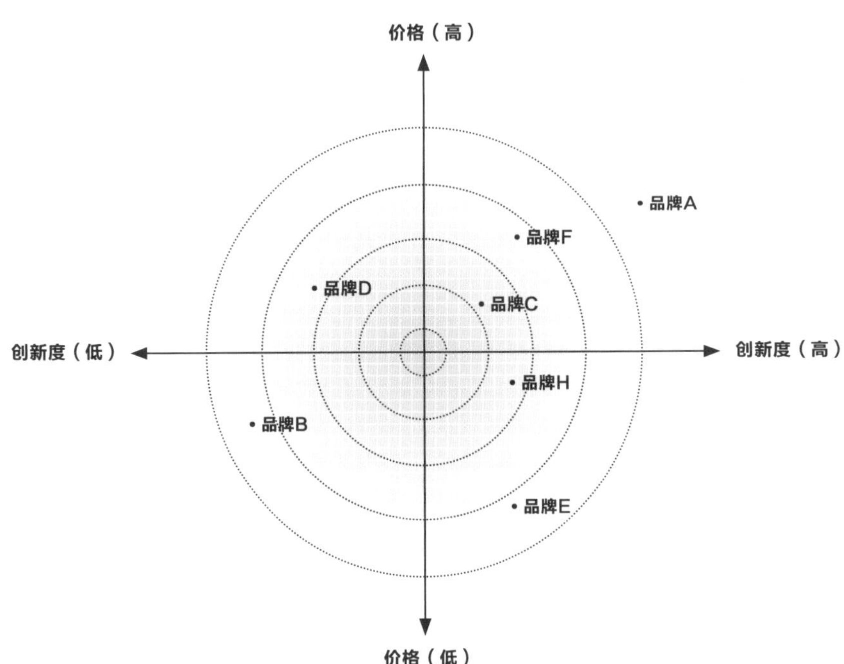

感知地图

感知地图，也称为定位网格（Positioning Grids），是反映消费者对某产品或品牌的感受的视觉表达图。设计师可以依此评估消费者如何看待你和竞争对手的产品或品牌。

内涵及原因

感知地图是制定市场营销策略的有效工具。它能提供诸多与市场划分、产品定位相关的重要信息，帮助企业做出市场营销决策。对潜在的新产品或品牌而言，运用感知地图可以找到市场机会，特别是在当前市场上没有能够满足消费者的理想产品或服务时。无论市场上是否存在正在筹划中的新产品，知道消费者对产品的感知和期望，对设计师的后续设计而言都是至关重要的。

思维方式：运用感知地图通常需要分析、批判、现实主义的思维。该方法既可以在团队内使用，也可以用来与利益相关者合作，或两者兼而有之。

何时应用

感知地图既适用于现有的产品与品牌，也适用于潜在的新产品和品牌。就现有产品而言，它能帮助你根据消费者的认知标准评估产品的竞争优势或劣势，从而明确建立竞争优势的基础。它也能用于判断产品和品牌是否需要重新定位，并指出重新定位的位置。

如何应用

制作感知地图并不需要太多专业知识和经验。有些高级的感知地图需要运用统计方法，如多维排列（multidinesional scaling）、因子分析（factor analysis）、差别分析（discriminant analysis）等，但制作普通的感知地图，只需要你会使用Execl表格。为了防止被误导或收集到的信息不可用，应该仔细斟酌提问方式和回答形式。因此，建议在实际操作前进行一次模拟，以便调整数据收集方式。

制作感知地图的基本步骤：

第1步：确定需要评估的属性，例如价格或创新度。这些属性应该是潜在消费者最关注的，或是对他们最重要的（即决定性的）产品属性。

第2步：确定竞争产品或品牌。

第3步：要求潜在用户按照所定义的重要属性对产品或品牌打分。

第4步：让潜在消费者对这些属性的重要程度打分（最重要的属性称为“理想点”）。

第5步：如果你需要对多个属性进行评估，则从中选出两个（建议从最重要的两个开始）并依据第3步和第4步将它们画在地图上。对其他属性组合运用相同的方法，便可绘制多个感知地图。

提示与注意

当感知地图中产品或品牌的位置相邻时表示它们之间的竞争关系很强，反之则不强。

感知地图中的空缺部分暗示市场中存在竞争空白。这些空白只有当用户需要这样的产品属性组合时才能算得上是机会。

“理想点”集合表示目标市场内的某一划分区域，例如，一群人对某个产品有着相同或相近的兴趣。该集合中的“理想点”越多，则说明该市场划分范围越广。

局限和限制

一张感知地图每次只能展示两种评估属性。如果需要评估的属性数量多于两个，则需要绘制多幅感知地图或使用价值曲线图进行评估。

每幅感知地图所反映的是在某一时段内用户对品牌的感知位置，因此该评估需要不断更新，尤其是当市场变化较快的时候。

感知地图可以反映一些市场机会，但它不能反映机会将存在多久，也不能反映公司是否具备抓住这个机会的资源和能力。

参考资料及拓展阅读： Mohr, J.J., Sengupta, S. 7 Slater, S.F., 2010. Marketing of High-Technology Products and Innovations. New Jersey: Prentice Hall. / Mullins, J.W. & Walker, O.C., 2013. Marketing Management, A Strategic Decision-Making Approach. 8th ed. Singapore: McGraw-Hill/Irwin. / O’Shaughnessy, J., 1995. Competitive Marketing: A Strategic Approach. New York: Routledge.

出于对复印机的热爱，理查德·汉密尔顿成为了最早充分利用数字技术和采样技术的艺术家之一。读到克劳德·香农在1948年发表的论文《通信的数学原理》后，汉密尔顿热情洋溢地表示："它提出了一个令人兴奋的概念，电流的开启和关闭可以表达一切，数字时代诞生了。"汉密尔顿常使用拼贴画表达自己想要传达的信息。（理查德·汉密尔顿，室内研究，1964年）

设计方法：定义

拼贴画

拼贴画是一种展示产品使用情境、产品用户群或产品品类的视觉表现方法。它可以帮助设计师完善视觉化的设计标准，并与项目其他利益相关者进行沟通交流。

内涵及原因

在寻找图片的过程中，设计师的视觉情绪将渐入佳境。通过判断图片是否适用于拼贴画，设计师可以逐渐找到设计过程中所需的感觉。在制作拼贴画和讨论拼贴画是否符合设计情境的过程中，设计师能找到设计灵感。“collage”一词源自法语单词“coller”，为“粘贴”之意。20世纪初，Geoges Braque和Pablo Picasso共同创造了“collage”一词，并让拼贴画在现代艺术中独树一帜。当然，设计拼贴画和艺术拼贴画有区别，因为它们的目的不同。

思维方式：制作拼贴画既需要创造性思维又需要分析思维。可以通过多种途径探索视觉材料：杂志、互联网、现实世界、图片、电影等。这样的探索可以培养设计师眼睛的敏感度和对形式的感觉；这是一个相当直观的过程，需要时间反思。

何时应用

拼贴画可以用在设计的多个阶段。在问题分析阶段，它可以帮助决策新的设计方案的应用场景。在项目早期阶段，它可以用于分析当前场景。在创意阶段，它可以帮助设计师跳出枷锁思考并探索各种可能的解决方案。在概念化阶段，它可以探索最终产品的外观，寻找可能性和限制。

如何应用

首先确定制作拼贴画的目的。例如，它是否有助于完善设计项目的设计标准？它是否可用于传达设计愿景？然后分析拼贴画，确定最终解决方案需要达到的设计标准。拼贴画可以帮助设计师完善以下几方面的设计标准：目标用户群的生活方式、产品的外观视觉形象、产品的使用及交互方式、产品在市场中的定位等。

第1步：选择最合适的材料（2D、3D材料皆可）。凭直觉尽可能多地收集原始视觉素材。

第2步：根据所关注的目标用户群、使用环境、使用方式、用户行为、产品类别、颜色、材料等因素对视觉素材进行分类。

第3步：决定背景的功能和意义：构图定位（水平或垂直定位）、背景的颜色、肌理及尺寸等。

第4步：预先在草图上寻找合适的构图，此时需要着重关注坐标轴与参考线的位置。

第5步：思考图层的先后顺序、图片的大小以及图片与背景的关系。

第6步：按照自己的构图意愿摆放拼贴画。

第7步：检查全图，确定是否呈现出了大部分需要表达的特征。

第8步：如果图片已经达到了你的预期，就可以动手粘贴了！

提示与注意

拼贴画不能太直白。使用刻板的素材是无法启发自己和他人的。

有一定的审美要求。像其他设计一样，表现和美感至关重要。它应该吸引人，这样对客户和利益相关者才有说服力。

不能只是简单的组合。缺乏经验的设计师可能只会用简单的线性布局，将所有元素相邻放置，而不会通过元素组合创造新意义。

新手往往会加入过多元素。尝试表达一种立场，否则过多元素对引导设计方向并无帮助。

可根据需要灵活放大或缩小某些图片中的细节。

局限和限制

拼贴画是一种较为个人化的表达方式，因此有时难以与他人分享其含义。

寻找合适的视觉素材需要花费大量时间。

使用电脑绘制可能会限制创作的自由度。

参考资料及拓展阅读： Wormgoor, R. & Desmet, P.M.A., 2018. Collage for designers: invent, involve, inspire. Delft, Delft University of Technology. / Bruens, G., 2007. Form/Color Anatomy. Utrecht: Lemma. / Muller, W., 2001. Order and Meaning in Design. Utrecht: Lemma.

Shot 18, cont. 1
Shot 19 (Shot 5 passenger?)
Walt pulls power cord.
Coffee maker falls over, pot falls, bounces. Doesn't break.
Shot 19, cont. 1 (Shot 5?)
Shot 19, cont. 2 (Shot 5?)
Walt disappointed.
Walt shuts off power strip.
Shot 20
Shot 20, cont. 1
Walt chews on power cord. Mouth bleeds.
Walt separates the two bare wires.
Shot 20, cont. 2
Shot 20, cont. 3
Power strip back on.
Walt puts wires on either side of zip cuff, moves them closer.
Storyboard by Ted Slampyak

Vince Giligan的《绝命毒师》场景通过两种不同风格的故事板进行表达。“取悦人的方式有多种，你可以让他们感觉很好，也能让他们感觉很糟。”（由TedSlampyak和ErikaLee绘制）

设计方法：定义

故事板

故事板是一种用视觉方式讲述故事的方法，也用于陈述设计在应用情境中的使用过程。故事板有助于设计师了解当下或未来情景、产品使用方式以及产品与目标用户（群）之间的交互。

内涵及原因

故事板起源于电影行业。导演、工程师、舞台经理，甚至演员都会使用故事板来规划电影的拍摄。它由一系列讲述故事的图片组成；每张图片都附有注释，解释故事中演员出场的原因和时间。在设计中应用故事板正是利用了这种有力的视觉表现方式。整个设置变得一目了然：交互发生的地点和时间、发生的操作、产品的使用方式、用户的行为方式、生活方式、动机和目的。故事板可以让设计师与团队成员或利益相关者更直观地进行讨论。

思维方式：创作故事板需要具备分析思维和直觉。你还需要积极与他人合作以丰富故事内容。因为故事板能承载丰富的信息，所以特别适合用于协作活动，如协同设计。

何时应用

故事板可以应用于所有设计阶段。设计师可以跟随故事板体验用户与产品的交互过程，并从中得到启发。故事板会随着设计流程的推进不断改进。在设计初始阶段，故事板仅是简单的草图，可能还包含一些设计师的评论和建议。随着设计流程的推进，故事板的内容逐渐丰富，会融入更多的细节信息，帮助设计师探索新的创意并作出决策。在设计流程末期，设计师依据完整的故事板反思产品设计的形式、产品蕴含的价值，以及设计的品质。

如何应用

如果你要运用故事板进行思维的发散，以生成新的设计概念，可以先依据最初的概念绘制一张产品与用户交互的故事板草图。该草图是图文兼具的交互概念图。无论是图中的视觉元素还是文字信息都可以用于交流和评估产品设计概念。

第1步：先确定以下几个元素：创意想法、模拟使用情境以及一个用户角色。

第2步：选定一个故事和想要表达的信息，即你想通过故事板表达什么？简化故事，简明扼要地传递一个清晰的信息。例如，可以运用12张图表达。

第3步：绘制故事大纲草图。先确定时间轴，再添加其他细节。若需要强调某些重要信息，则可采取变换图片尺寸、留白空间、构图框架或添加注释等方式实现。

第4步：绘制完整的故事板。使用简短的注释对图片进行补充说明，不要平铺直叙。不要一成不变地绘制每张故事图，表达要有层次。

提示与注意

漫画和电影的表现技巧可以应用在产品设计的场景表达和故事板上。

仔细考虑绘制故事板的角度，就像摄影时需要细细琢磨摄像机的位置（例如，是使用特写还是使用广角）一样。还需要思考故事板的顺序和视觉表现手法。

故事板可以与其他方法（旅程图、场景描述等）结合使用，参见“可视化交互”。

“开场镜头”表现故事发生的地点和时间，之后在此基础上放大和表现其余细节。

赋予每个故事板一个清晰的标题（尤其是要制作多个故事板时），用来总结关键信息。

故事板也可以用来制作视频短片，用来突出设计独特的品质和卖点。

运用故事板能帮助设计师与项目的利益相关者进行有效的沟通。

局限和限制

视觉表达太潦草会导致信息表达不清晰，但是细节过多又会让人无所适从，从而影响交流和讨论。

参考资料及拓展阅读： Wormgoor, R. & Desmet, P.M.A., 2018. Collage for designers: invent, involve, inspire. Delft, Delft University of Technology. / Bruens, G., 2007. Form/Color Anatomy. Utrecht: Lemma. / Muller, W., 2001. Order and Meaning in Design. Utrecht: Lemma.

Jacques Tati是一名法国编剧、导演和演员。他作品中的角色经常与公共设施、现代建筑、产品以及其他摩登元素发生戏剧性的冲突。在影片《节日》(Jour de Fête)中，邮差François受到一部关于邮政空运的美国电影的启发，试图用他的自行车以相同的速度为村民送信，他堂吉诃德式的天真在实践过程中闹出不少笑话。当然最后他的计划也未能实现。当时，急速发展的商业和科技以及错误的消费观念让人类的物质生活高速发展，也给人类带来了不协调的生活。而Jacques Tati的影片向世人揭示了现代社会给人类带来的负面影响。

（摄影师：Robert Doisneau，摄于1949年）

设计方法：定义

场景描述

场景描述法，也称为情境故事法或使用情景法。场景描述以故事的形式讲述了目标用户在特定环境中的情形。根据不同的设计目的，故事的内容可以是用户与现有产品之间的交互方式，也可以是未来场景中不同的交互可能。

内涵及原因

用户体验是个综合性概念，各种不同的因素都会唤起人们的体验，而场景描述非常适合传达综合信息。通过对未来使用情境的故事性的描述，设计师可以将设计和目标用户带入一个更生动具体的环境中。例如，你可以就一位母亲与你设计的运动健身产品（或其他产品）之间的各种交互可能性拟写一篇场景描述，内容包含这位母亲从起床到离开家的整个过程。场景描述既可以描绘当下最真实的场景，也可以描绘未知的、想象中的情境。

思维方式：场景描述需要同时运用分析思维和创造性思维，反复迭代修改。相对而言，它更注重时间、速度、节奏、时长、线性、循环模式，以及是否需要开头和结尾。

何时应用

与故事板相似，场景描述法可以在设计流程的早期用于制定用户与产品（或服务）的交互方式的标准，也可以在之后的流程中用于催生新的创意。设计师也可运用场景描述的内容反思已开发的产品概念；向其他利益相关者展示并交流创意想法和设计概念；评估概念并验证其在特定情境中的可用性。另外，设计师还能使用该方法构思未来的使用场景，从而描绘出想像中的未来使用环境与新的交互方式。

如何应用

在开始之前，需要对目标用户及其在特定的（想象的或现实的）使用情境中的交互行为有基本的了解。场景描述的内容可以从情境访谈（contextual inquiry）中获取，然后运用简单的语言描述会发生的交互行为。可以咨询其他利益相关者，检查该场景描述是否能反映真实的生活场景或他们所认可的想象中的未来生活场景。

第1步：确定场景描述的目的，明确场景描述的数量及篇幅（长度）。收集洞察信息并定义交互发生的情境。

第2步：选定特定人物角色（或目标用户），以及他们需要达成的主要目标。每个人物在场景描述中都扮演一个特定的角色，如果选定了多个人物角色，则需要为每个人物角色都设定相关的场景描述。为场景描述设定一个起始点：触发该场景的起因或事件。

第3步：构思场景描述的写作风格。例如，对使用步骤是采取平铺直叙，还是动态的戏剧化的描述方式。开始写草稿。

第4步：为每篇场景描述拟定一个有启发性的标题。巧妙利用角色之间的对话，使场景描述内容更加栩栩如生。

第5步：创作一篇场景描述。通过客户或预期用户等利益相关者进行测试。

第6步：反复迭代修改场景描述，直到目标达成为止。

提示与注意

书籍、漫画、影视、广告都是讲故事的手段，它们表现技巧是创作场景描述的极好参考。

在场景描述中添加一些场景的变化有时能起到锦上添花的作用，但切勿试图在故事中包含所有信息，否则，想表达的最重要的信息可能会含糊不清。

局限和限制

不要指望他人会自然而然地被你的场景吸引。要展示一个令人信服的故事是一件困难的事。

场景描述不能包含所有可能发生的现实情况。

参考资料及拓展阅读： Carroll, J.M., 2000. Five reasons for scenario-based design. Interacting with Computers, September, 13(1), pp. 43-60. / Jacko, J.A. and Sears, A., 2002. The Human-Computer Interaction Handbook: Fundamentals, Evolving Technologies and Emerging Applications. New York, NY: Erlbaum and Associates.

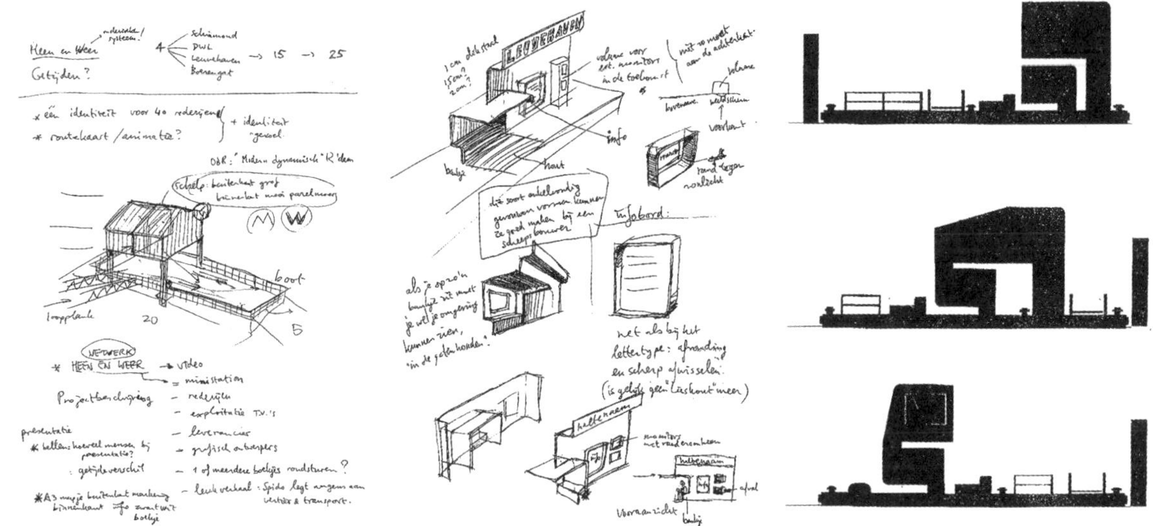

Waternet项目的设计图。这是一个为水上出租车网络准备的浮动登机站。在探索了一些关于船库创意的初始概念后，发展形成了这个航运建筑概念。该研究的一个重点方面是定义建筑轮廓，这也是这个漂浮在水上物体的主要特征。

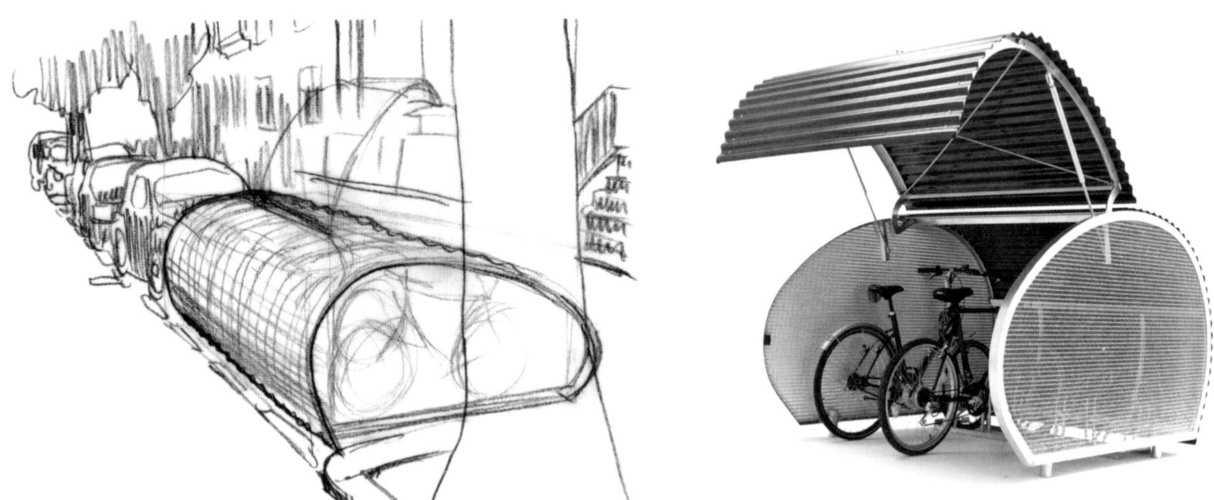

通过设计手绘来定义自行车停放空间。在城市的公共领域，人们不得不将自行车停放在室外。在汽车停车位之间绘制不同的解决方案可以更好地定义和调整Fietshangar这个可以上锁的自行车停车棚概念。它可以由邻居共享，能同时存放5辆自行车。

下图：记录设计元素。

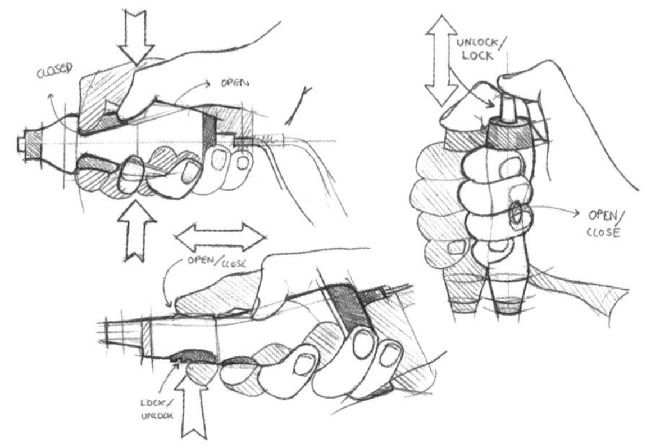

设计绘图定义

在定义阶段，前一阶段的所有相关结论都将成为新的任务简介的内容。这个阶段的草图和其他视觉化表现往往都包含旅程图、拼贴画或初步草图等，所有这些都可以作为下一个阶段设计的起点。

内涵及原因

项目定义主要是“冻结”一些起点并定义其边界。要求清单及流程协议（如预算、计划或项目目标等）表达了项目任务的正式内容。还有些非正式的起点可以通过视觉化的方式表现，主要关注项目的内容。这些起点可以通过预想的使用场景、患者旅程或拼贴画等方法将认可的元素用视觉化的方式表现出来。

它也可以是对结构、美学、交互、比例、尺寸或使用的设想方向的视觉描述。抽象的手绘设计愿景和设计策略可以与严谨的设计简介形成互补，比如流程图或视觉化叙事画布。可视化信息图表和数据在此阶段有助于传达设计目标或潜在机会。

设计手绘和其他形式的视觉表达有助于设计师与利益相关者沟通交流，让公司各部门和成员、客户、各级管理层保持同步。

思维方式：重点是获取设计的空间。定义阶段的视觉表达和手绘主要用于记录和利益相关者达成一致的设计元素，这些内容都可以视为合同内容。这个阶段处在项目的早期，将明确的信息确认并具体化十分重要，更重要的是它还为设计保留了开放的空间：不涉及解决方案和细节。

何时应用

项目定义主要是“冻结”一些起点并定义其边界。这是在为开发阶段做准备。

如何应用

这份包含所有确定元素的设计简介需要有足够的表现力，以便和所有的利益相关者分享。因此，这个阶段的手绘应该相对正式，需要达到可以对外呈现的标准。这些图纸通常用纸笔绘制，通过数字化的手绘板进行完善。要考虑颜色和其他绘图方面的因素，例如背景、框架、构图等。

参考资料及拓展阅读：Eissen, J. J., & Steur, R., 2009. Sketching. Amsterdam: Bis Publishers. / Olofsson, E., & Sjölén, K., 2006. Design Sketching. KEEOS Design Books. / Robertson, S., & Bertling, T., 2013. How to Draw. Design Studio Press. / Hoftijzer, J. W., Sypesteyn, M., et al., 2019. The Visionary Purpose of Visualization; A study of the ‘Quinny Hubb’ Design Case. Paper presented at the E&PDE, Glasgow. / http://www.delftdesigndrawing.com/basics.html

提示与注意

管理期望。在早期沟通阶段，重点是要在以下提示和关注点之间找到平衡。

替客户畅想未来的可能，启发他们，请他们信任你的创意和职业精神，让他们相信你可以找到新方向。

不要试图马上解决问题。

不要承诺不能交付的东西。

局限和限制

设计手绘不能定义设计简介的所有内容，但它确实对与不同的利益相关者交流有很大的帮助。

“运用双手非常重要。那是你与母牛以及计算机操作员的不同之处。”

保罗·兰德

设计方法：开发和交付

本章提及的方法可以帮助设计师开发创意和概念，并交付给利益相关方。例如，头脑风暴是一种众所周知的产生创意概念并通过目标衡量选择的方法。本章也包含一些设计方案评估方法，例如PrEmo可以帮助设计师评估设计的情绪效果。

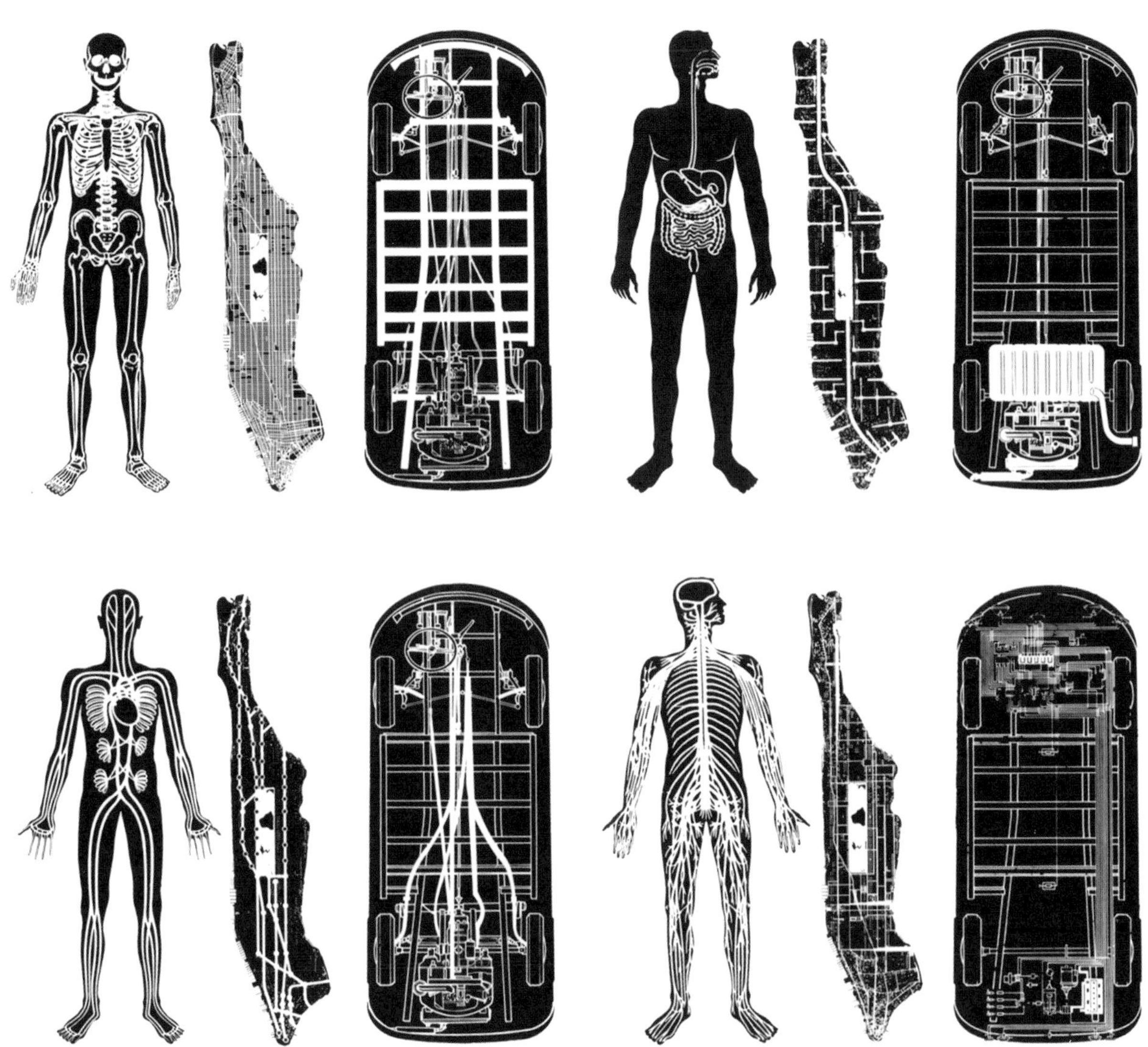

德国建筑师Oswald Mathias Ungers在1982年出版的《城市隐喻》（City Metaphors）一书中运用自然科学中的动物和植物图像隐喻了100多种历史上不同时期的城市地图。Ungers运用不同的描述性的单词（英语和德语）为每幅地图命名。在Ungers眼中，威尼斯分区图就像是一次握手，而1809年的圣加仑仿佛一个子宫。在序言中，Ungers这样写道："若没有全面的视野，现实只是一团毫无关联的现象与毫无意义的事实，完全乱了套。生活在这样的世界就如同生活在真空中，一切皆同等重要，没有任何事物能引起我们的关注，自然也完全没有运用我们思想的可能。"

《城市隐喻》不但是一部创意绘图和视觉思维的经典之作，更是一次建立意识视野的伟大实验。

类比和隐喻

类比和隐喻可以帮助设计师找到开发和交流设计方向的灵感。在灵感源通往目标领域（即待解决的问题）的过程中，设计师可以运用类比和隐喻得到诸多启发，衍生出新的解决方案。

内涵及原因

使用类比方法时，灵感源与现有问题的相关性可近可远。比如，与办公室空调系统相关性较近的类比产品可以是汽车、宾馆或飞机空调系统；而与其相关性较远的类比产品则可能是具备自我冷却功能的白蚁窝。隐喻方法有助于与用户交流特定的信息，该方法并不能直接解决实际问题，但能形象地表达产品的意义。例如，你可以赋予某个概念个性化的特征（如新奇的、女性的或值得信赖的等），从而激发用户特定的情感。使用隐喻方法时，应该选择与目标领域相关性较远的灵感源。

思维方式：类比法需要设计师具备分析能力理解比较不同的事物。类比和隐喻都需要设计师保持开放性和创造性思维，找出能激发自身灵感的东西。对以技术为导向的人而言，隐喻可能会显得过于模糊和混乱。

何时应用

隐喻通常用于构建问题和定义设计目标，而类比通常用于构思创意和概念。类比法通常用在设计的概念生成阶段，该方法通常以一个明确定义的设计问题为起点。隐喻法则常用于早期的问题表达和分析阶段。

提示与注意

类比：与现有问题的相关性较近和较远的灵感源都需要探索，这一点十分重要。如果只选择相近领域，则很可能得出显而易见的、非原创的解决方案。运用该方法能否取得成功在一定程度上取决于如何将这些灵感抽象转化为创新的解决方案。

隐喻：使用该方法时，较有成效的做法是先找到需要在设计概念中强调的特质，然后找到包含这些特质的象征物。运用隐喻时，试着与本体建立含蓄但又能明显辨别的联系。无论如何都要避免直白的运用本体，否则很可能得出一个很“俗”的产品。

局限和限制

在不能确保得到有效搜索结果时，不要把时间浪费在尝试寻找灵感源上。

如果某灵感源也无法帮助你找到解决方案，就不要再浪费时间了。深入了解正在探索的领域，能更早识别这种情况。

如何应用

首先，收集相关的灵感源。要想得出更有创意的想法，要从与目标领域相关性较远的领域进行搜寻。找到灵感源后，问一问自己为什么要将此灵感源联系到你的设计中。然后思考你应该如何将其运用到新设计方案中，并决定是否需要运用类比或隐喻。使用类比法时，切勿仅将灵感源的物理特征简单地照搬到你所面对的问题中，而应该先了解灵感源与目标领域的相关性，并将所需特征抽象化后应用到潜在的解决方案中。设计师对观察结果抽象化的能力，决定了可能获得的启发的程度。

第1步：框定
类比：清晰框定需要解决的设计问题。
隐喻：明确框定想通过新的设计方案为用户带来的用户体验的性质。

步骤2：搜寻
类比：搜寻该问题被成功解决的各种情况。
隐喻：搜寻一个与产品明显不同的实体，该实体需具备你想要传达的性质特征。

步骤3：应用
类比：提取已有元素之间的相互关系。抓住这些关系的精髓，并将观察到的内容抽象化。最后将抽象出的关系变形或转化以适应要解决的设计问题。
隐喻：提取灵感源中的物理属性，并抽象出这些属性的本质。将其转化运用，匹配到手头的产品或服务上。

参考资料及拓展阅读： Casakin, H. & Goldschmidt, G., 1999. Expertise and the use of visual analogy: Implications for design education. Design Studies, 1 March, 20(2), pp. 153–175. / Hey, J., Linsey, J., Agogino, A.M. & Wood, K.L., 2008. Analogies and metaphors in creative design. International Journal of Engineering Education, March, 24(2), pp. 283–294. / Madsen, K.H., 1994. A Guide to Metaphorical Design. Communications of the ACM, December, 37 (12), pp. 57–62. / Van Rompay, T.J.L., 2008. Product expression: Bridging the gap between the symbolic and the concrete. In H.N.J. Schifferstein & P. Hekkert (eds.), Product experience, pp. 333–352. Amsterdam: Elsevier.

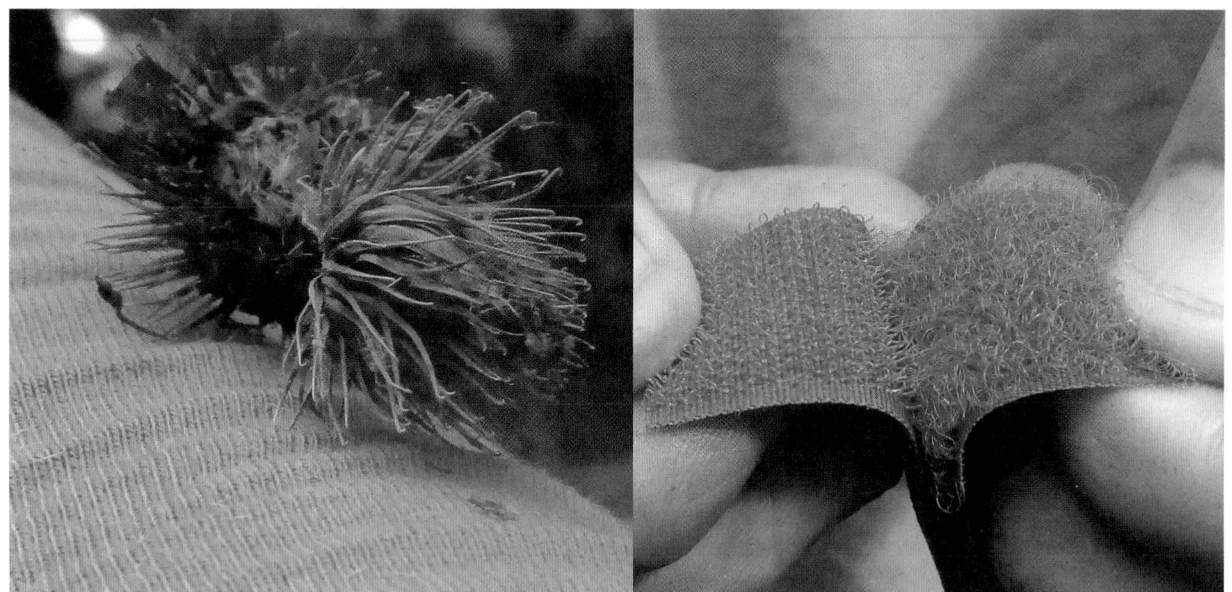

1941年，瑞士工程师George de Mestral发明了魔术贴。这个想法来自他在阿尔卑斯山一次带狗打猎的经历。他仔细观察粘在衣服和狗毛上的牛蒡刺，得到了灵感。但是将这个想法变成实际可行的产品却花费了数十年时间。

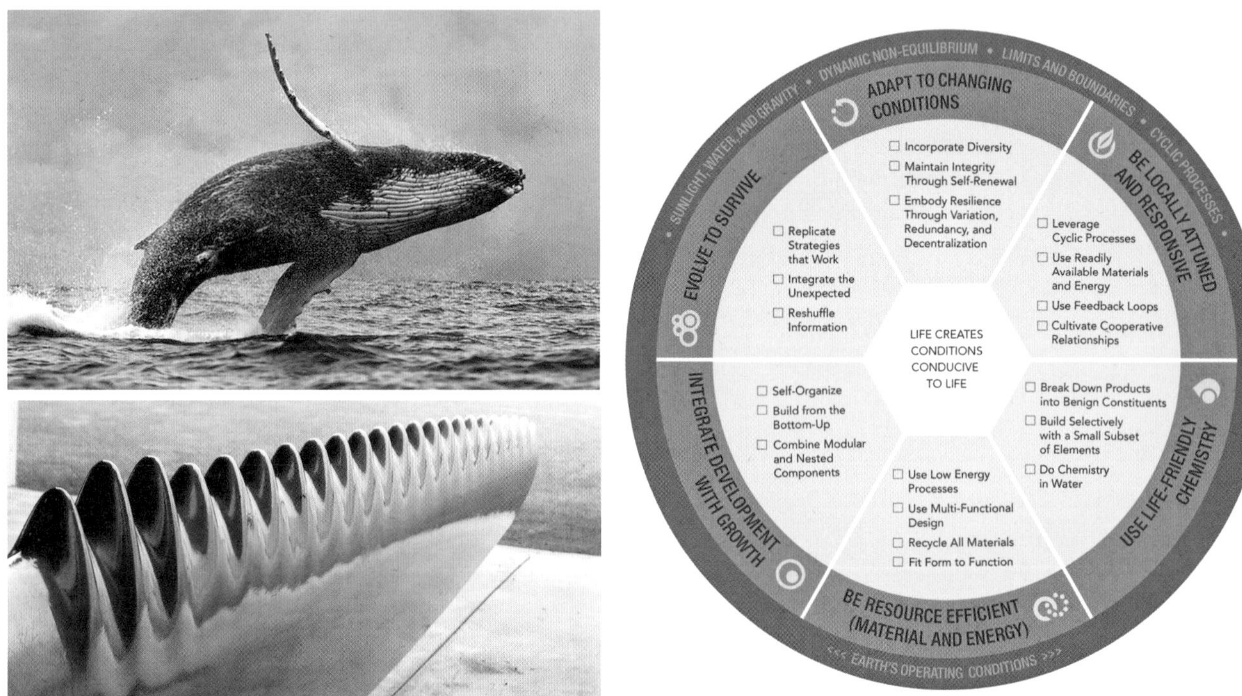

加拿大多伦多的Whale Power公司主要生产用于风力涡轮机的仿生叶片。该公司生产的叶片以16公里/小时的速度产生的电量与传统涡轮机叶片以27公里/小时的速度产生的电量相同。这些仿生叶片将阻力降低了近三分之一，提升了8%的效率。（图表：Biomimicry.net/AskNature.org）

仿生学

仿生学是一种从大自然中寻找灵感的可持续创新方法。大自然为我们提供了丰富有效且对生态环境友好的解决方案知识。设计师和工程师可以从生物学中学习并整合知识以应对设计挑战。

内涵及原因

仿生学从不同的角度看待自然，将自然作为可持续设计的知识和灵感的来源。当没有简单的解决方案或需要创造性思考时，运用仿生学非常有效。很多我们熟悉的产品都是模仿自然设计的，例如魔术贴。仿生学的范围很广，包括自然现象知识和自然系统知识。系统层面的仿生学是解决可持续设计和循环经济问题的有效方法。

在过去38亿年的进化过程中，大自然为了利于生态系统发展，在面对挑战时产生了许多有效的解决方案。这是仿生学的重要前提。它的基本原理是，生物的长期繁荣生长需要可靠的生态系统，如果栖息地遭到破坏，物种可能面临灭绝的风险。

思维方式：仿生学的核心概念是设计师可以应用生物学的知识和灵感来开发解决方案。使用该方法需要好奇心、开放的心态以及批判性思维，还需要足够的毅力来真正理解并整合系统性的生物学知识。

何时应用

仿生学可以用于设计的多个阶段，例如创意阶段、概念开发阶段、细化设计阶段。设计师可以运用仿生学来寻找设计原理方面的灵感和洞察，也可以获取特定生物和生态系统功能的详细知识。

如何应用

仿生学设计周期与基本设计周期非常相似，也可以迭代进行。但相比之下，要将更多重点放在将设计挑战“翻译”成生物学语言，并整合生物学知识。

以下是仿生学设计的基本步骤：

· 评估：使用生态系统原理分析当前所面对的系统。

· 界定：定义背景、识别功能并将其“翻译”成生物学语言。

· 发现：搜索案例和模型。

· 评估：使用生态系统原理评估新的设计解决方案。

仿生学的核心工具是生态系统原理，这些原理描述了任何规模的生物系统的普遍规律：从单细胞细菌到整个雨林。有关生物学、生态学和仿生设计的书籍提供了各种案例。

提示与注意

可持续设计需要从系统层面与生态系统原理结合。

让生物学家或生态学家共同参与。当然，你也可以在没有他们的情况下运用仿生学，但是他们的见解往往非常有价值。

可以从asknature.org和eol.org这两个网站上查找相关的生物信息。

要懂得适可而止。如果花太多时间研究生物体都没能理解解决方案，就有可能造成项目延期。

局限和限制

尽管仿生学已经被用于社会活动的设计中，但是仍然缺乏能将社会可持续性整合到设计流程中的具体方法和工具。

迄今为止，仿生学方法只有定性的评估工具。

该方法不适用于追求短期经济效益且时间非常有限的项目。它对战略性、创新性的项目会更有用。

参考资料及拓展阅读： Benyus, J., 1997. Biomimicry: innovation inspired by nature. New York, William Morrow & Co. / Baumeister, D., R. Tocke, J. Dwyer, S. Ritter & J. Benyus, 2013. Biomimicry Resource Handbook: A Seed Bank of Best Practices. Missoula, Biomimicry 3.8. / Tempelman, E., B. van der Grinten, E.J. Mul & I. de Pauw, 2015. Nature inspired design: a practical guide towards positive impact products. Boekengilde, Enschede, the Netherlands.

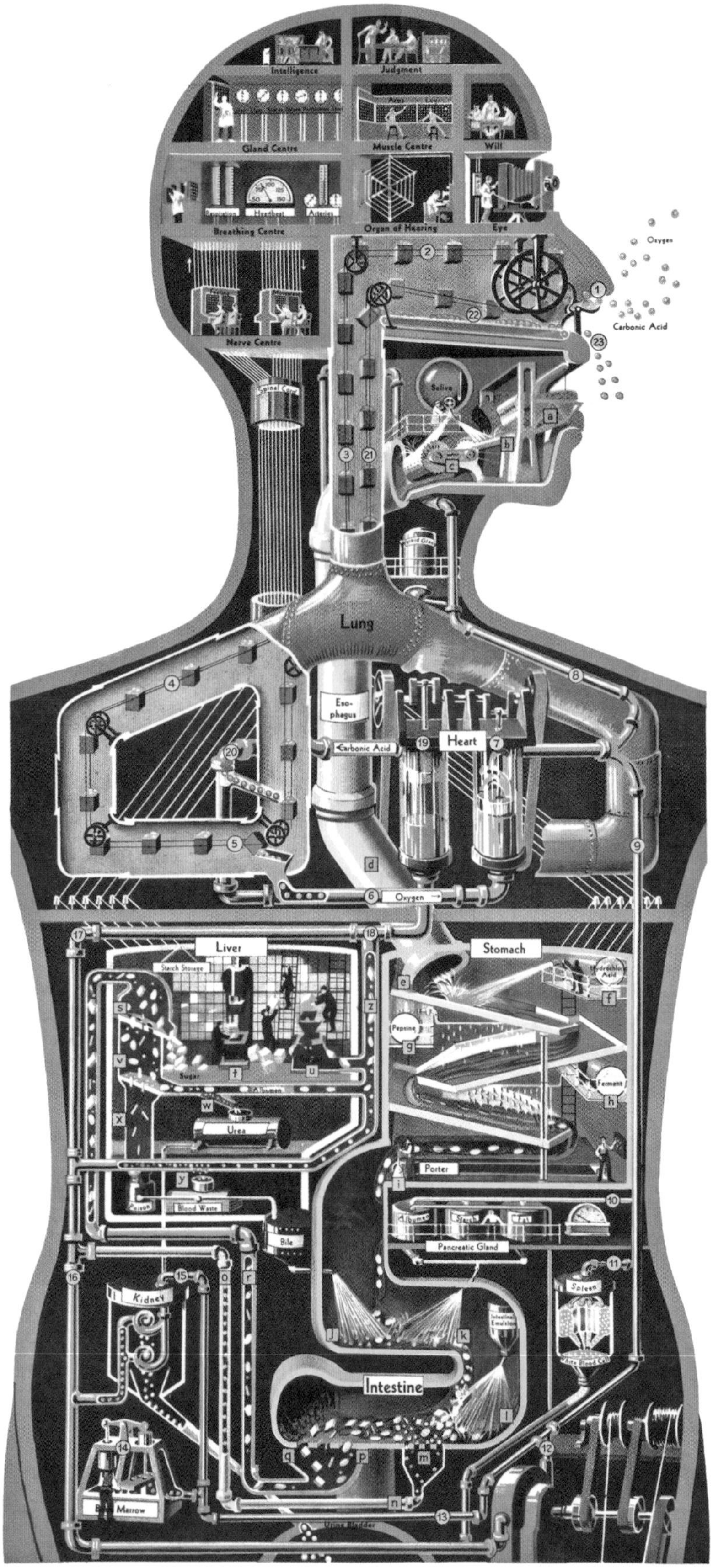

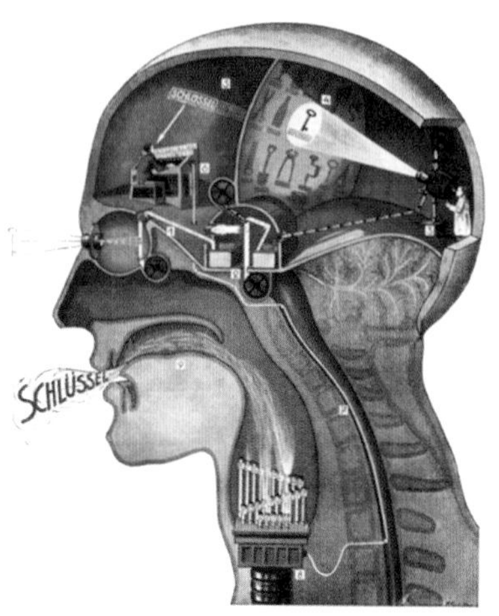

Fritz Kahn的作品《工业化人体》（The Man as Industrial Body）。Frits Kahn（1888—1968）被许多人视为概念医疗插画的奠基人。20世纪20年代，Kahn在他出版的一系列著作中运用现代工业比喻人体内部结构的运行原理。当时的德国，工业和科技正如火如荼地发展，他极富现代主义色彩的视觉表达能很好地融入那个时代。

提喻法

提喻法是一种结合类比法以及明显不相关的元素来创造性解决问题的综合性方法。该方法通常能辅助设计师生成有限的、高质量的初步创意。

内涵及原因

提喻法在使用过程中需要结合类比法产生设计创意。在类比中，通过强行将各种类比情况匹配于初步的问题说明中，可以将设计师的思维从最初的问题说明和现有的解决方案中解放出来，让设计师在各种类比情况的基础上自由发挥。

思维方式：提喻法认为现有世界中丰富多彩的想法可以用来作为新的解决方案。与其他创造性方法类似，它也需要分析思维和创造性思维。

何时应用

提喻法可以在进行初步的设计问题说明时使用。提喻法因其系统性，最适合用于错综复杂的设计问题，但需要投入大量的时间和精力。该方法既能由团队使用，也能由设计师独自使用。它可以指导设计师进行问题分析、创意生成、方案选择。

提示与注意

视听提喻法是普通提喻法的一种变体。

在视听提喻法的“孵化”阶段需要运用平静优雅的图片和舒缓的音乐，以保证参与者能在一个平静的氛围中“白日做梦”。

一段时间后，可以更换更有活力的图片和音乐，以刺激参与者生成更多创意。

局限和限制

如果在未经培训的群体中使用该方法，主持人需要控制节奏。主持人必须具备丰富的经验，能够启发参与者。

提喻法对没有经验的参与者要求极为苛刻。

如何应用

提喻法可以分为几个阶段：问题发现和清除、抽离思考（脱离正常或传统的做事方式）、强行匹配（提喻法的核心）以及聚合思考。

从问题描述或简介开始，广泛分析问题，在此过程中尽可能让所有参与者相互讨论。从分析中可以得出一个具体的目标，这可以视为对问题的理解。收集并记录已知的或即将产生的创意，并将其清除，这个过程也称为“打碎已知”。然后，运用类比将最初的问题说明陌生化，从而得出新的解决方案（或灵感与启发）。Gordon（1962）建议按以下顺序使用四种类比：

个人：想象自己就是产品。

直接：使用自然的东西。

象征：使用艺术形式（如诗歌、小说和电影）探索事物的特征是如何产生的，如“自行车的幽默”。

幻想：使用想象中但在现实生活中还不存在的东西。

在聚合思考阶段，可以使用逐条反馈法（Itemised Response）和vALUe等多种方法。

第1步：以最初问题说明为起点。邀请问题方简要地展示并讨论该设计问题。

第2步：分析问题。重新表述问题，将问题确切地表述为一个具体的目标。

第3步：生成、收集并记录脑中最初的创意，“打碎已知”。

第4步：找到一个相关的类比或隐喻。

第5步：通过自问的方式探索类比情形。在类比情形中，出现了哪方面的问题？有哪些方面已经找到了解决方案？

第6步：将不同的解决方案强行匹配在重新表述的问题说明中，收集和记录该过程中产生的创意。

第7步：测试并评估现有的创意。运用逐项反应法或其他选择方法对上述各种创意进行选择。

参考资料及拓展阅读： Gordon, W., 1976. Synectics, the Development of Creative Capacity. New York, NY: Collier. / Heijne, K.G & J.D. van der Meer, 2019. Road map for creative problem solving techniques. Organizing and facilitating group sessions. Amsterdam: Boom. / Tassoul, M., 2006. Creative Facilitation: a Delft Approach. Delft: VSSD. / Wallas, G., 1926. The art of thought. In P.E. Vernon (eds.), Creativity. Penguin.

头脑风暴与脑力写作

头脑风暴与脑力写作是激发参与者产生大量创意的特别方法，参与者必须遵守活动的规则与程序。它是众多创造性思考方法中的一种。该方法的基本前提是“从量变到质变”。

内涵及原因

头脑风暴主要是口头交换想法，而脑力写作是从每个人先在纸上写下自己的想法开始。两者的理念相同，都是通过大量产出想法并相互分享启发找到更好的解决方案。脑力写作能加快创意的产生，比头脑风暴更容易促进产生创意。

思维方式：两种方法基于相同的信念：人与人之间分享想法有助于产生更多创意，从而得出高质量的概念。与其他发散思维工具一样，设计师在实践中不要过早否定创意。

何时应用

头脑风暴与脑力写作可用于设计过程中的每个阶段，在确立了设计问题和设计要求之后的概念创意阶段最为适用。因为要追求创意想法的产出速度，所以这两种方法更适用于已经明确定义的问题，而不是复杂和不明确的问题。

提示与注意

脑力绘画可以作为另一种替代方法。

组合使用头脑风暴与脑力写作时，所有参与者都可以大声说出他们的想法。这样做可能激发更多想法，也可能会阻碍一些人产生想法。

虽然头脑风暴一词广为人知，但很少有人可以有效进行。

局限和限制

性格外向的人可能会主导大声说出想法的氛围。

复杂问题需要拆分成若干子问题，并且不能忽视整体问题。

头脑风暴不适用于需要高度专业知识才能解决的问题。

如何应用

参与人数控制在4~15人为宜。整个过程严格遵循以下四条原则：

· 不要过早否定创意。在进行头脑风暴时，所有成员先不考虑实用性、重要性、可行性之类的因素，尽量不要对想法提出异议或批评。

· 鼓励“随心所欲”。你可以提出任何你能想到的想法——“内容越广越好”。营造一个让参与者感到舒服与安全的氛围。

· 1+1=3。鼓励参与者对他人提出的想法进行补充与改进，尽力以其他参与者的想法为基础，提出更好的想法。

· 追求数量。头脑风暴的基本前提是“从量变到质变”。在头脑风暴中，由于参与者以极快的节奏抛出大量想法，参与者很少有机会挑剔他人的想法。

第1步：任务评估。从一个具体的任务入手，用How-to（如何）的形式针对任务提问（参考How-to）。写下明确的问题陈述，让问题方对任务进行解释，并允许他们提问澄清误解。解释发散思维的四条原则，让团队保持正确的心态进行热身练习。

第2步：发散思维。头脑风暴：让小组成员大声说出脑海中出现的所有想法。提名一位主持人，在白板（或活动挂图）上记录所有想法。脑力写作：要求小组成员在便签纸上写下所有想法，然后交给主持人，由主持人张贴在白板（或活动挂图）上。

无论采用哪种方法，如果产生想法的速度变慢了，可以重复陈述一遍问题，鼓励团队继续联想，或者提出一些更出格的问题鼓励成员在已有想法上继续联想。继续进行，直到想法的数量达到预期为止。

第3步：反向思维。用盘点和归类的方式重新浏览一遍所有想法。当整体框架形成后，团队可以决定是否要重复第2步（发散思维）,还是进入第4步（聚合思维）。反向思维可以用C-BOX方法进行。

第4步：聚合思维。形成了足够多的想法后，团队便可以选择最有希望和最有趣的想法，作为设计流程下一阶段的输入内容。在这个选择过程中同时定义将要使用的评判标准。聚合思维可以运用IR（逐条反馈）和PMI等方法。

第5步：回顾。回顾整个过程，检查是否得到了预期的结果。

参考资料及拓展阅读： Gordon, W., 1976. Synectics, the Development of Creative Capacity. New York, NY: Collier. / Heijne, K.G & J.D. van der Meer, 2019. Road map for creative problem solving techniques. Organizing and facilitating group sessions. Amsterdam: Boom. / Tassoul, M., 2006. Creative Facilitation: a Delft Approach. Delft: VSSD. / Wallas, G., 1926. The art of thought. In P.E. Vernon (eds.), Creativity. Penguin.

什么是便携？上世纪80年代，磁带录音机变小变轻的同时，也变得更易于随身携带。那时的社会衍生出一种风靡一时的亚文化：年轻人扛着笨重的手提录音机在街上转悠，与周围的人分享他们喜欢的音乐、展示他们的舞技。当时广为流行的还有JVC、日立、松下等公司的内置扬声器产品。这种亚文化在上世纪90年代逐渐淡出了历史舞台。

脑力绘画

脑力绘画是传统头脑风暴的衍生方法，参与者将自己的想法画在纸上，并传递给其他参与者，往复进行几次。每位参与者都可以在别人的想法上进行补充和拓展。脑力绘画产出想法的数量远低于脑力写作，但是想法草图会更丰富生动。

内涵及原因

将想法画出来对交流技术问题而言非常有用。此外，抽象的想法通常很难用语言表达，画图比口头讨论更容易获取这类想法。当大家共同参与绘图时，就能更容易地进行思想交流，这对主题的讨论和建立思想共识都是有利的。

思维方式：脑力绘画是一种普遍应用的方法，应用该方法的前提是参与者在探索想法时可以在彼此想法的基础上互相启发。

何时应用

一旦产生了一些初步想法（例如通过头脑风暴产生的想法），就可以使用脑力绘图对选定的想法进行详细说明。参与者可以用多种不同的视觉方式来解释文字想法。例如，三轮车可以是儿童自行车，也可以是高速运动自行车；有些三轮车后面有两个轮子，而有些前面有两个轮子。一旦将三轮车的想法画在纸上，其他人就可以在此基础上添加他们的想法。

提示与注意

为每幅草图添加一个醒目的标题，让想法和概念更容易被人记住。

脑力绘图可以从头脑风暴产出的想法开始。

使用A3纸而不是A4纸，这对表达想法更有利。

使用深色笔进行标记，这样更清晰易读。

不要把图画得太过精细。最重要的是绘图的内容，而不是手绘本身的质量。

局限和限制

有些人不愿意画画，所以需要做一些练习让他们适应。

如何应用

手绘是设计师表达的天性，通常用来组织、交流想法，或者直接用草图代表设计师“说话”。本章所描述的脑力绘图通常在一个4~8人小组中进行。在会议期间，必须遵循与头脑风暴与脑力写作相同的四条原则（参见“头脑风暴与脑力写作”）。

第1步：任务评估。从一个具体的任务入手，例如“如何让某个东西便携？”。写下明确的问题陈述，让问题方对任务进行解释，并允许他们提问澄清误解。解释发散思维的四条原则，让团队保持正确的心态进行热身练习。

第2步：发散思维。每个参与者在一张A3纸上画一个想法。几分钟后，让每个人将手里的纸传递给下一位参与者。接到纸的参与者可以对纸上的想法进行补充，也可以在一张新纸上绘制新的想法。这些想法可以是在他人想法基础上的变体，也可以是全新的想法。将该过程重复几次。

第3步：反向思维。重新审视所有想法。可以对每个想法进行简单的说明并添加一个有吸引力的标题。通过这个过程，参与者可以就所有想法建立共识，这个过程对下一阶段的聚合思维非常有用。

第4步：聚合思维。团队成员可以选择最有希望和最有趣的想法，作为设计流程下一阶段的输入内容。在这个选择过程中同时定义将要使用的评判标准。最多可以选择10个草图想法。聚合思维可以运用IR（逐条反馈）和PMI等方法。

参考资料及拓展阅读： Heijne, K.G. & van der Meer, J.D., 2019. Road map for creative problem solving techniques. Organizing and facilitating group sessions.Amsterdam: Boom. / Roozenburg, N.F.M. & Eekels, J., 1995. Product Design: Fundamentals and Methods. Chichester: John Wiley & Sons. / Van der Lugt, R., 2001. Sketching in design idea generation meetings. Doctoral dissertation, Delft University of Technology.

形态学主要研究生物形态的演化。形态学起源于对动物及其功能组织的生物学研究。在设计过程中，形态学分析可用来将整体功能结构解构成多个子功能，并重组产生新的创意。

子功能							
支撑车身	4轮 A	4轮 B	3轮 A	3轮 B	3轮 C		
提供动力	直接驱动	链条传动	皮带传动	传动轴	曲轴		
停车	碟式制动	轮缘制动	轮胎刹车	脚踩地	降落伞	抛锚刹车	
控制方向	中轴线	阿克曼转向					
支撑司机身体	自行车坐凳	椅子	木板	布料			

踏板卡丁车的形态分析图示例。左栏中列出了主要功能，在每个功能的右侧列出了所有可能的解决方案。通过强行匹配的方式，选择最具潜力的组合方式作为进一步开发的起点。

形态分析

形态分析旨在运用系统的分析方法激发设计师创作出原理性解决方案。运用该方法的前提：将一个产品的整体功能解构成多个不同的子功能。

内涵及原因

产品子功能是纵坐标，每个子功能的解决方案是横坐标，绘制成一张矩阵图。这两个坐标轴也称为参数和元件。功能往往是抽象的，而解决方法却是具体的（此时无须定义形状和尺寸）。将该矩阵中的每个子功能对应的不同解决方案强行组合，可以得出大量可能的原理性解决方案。

思维方式：与问题定义等方法类似，这种方法具有相当的分析性，因为解构需要设计师掌握系统化思维和分析性的工作方式。 提出子功能的解决方案需要创意，因此设计师还需要有创造性和自由的头脑。

何时应用

设计师在概念设计阶段绘制概念草图的过程中，可以考虑使用形态分析。在使用该方法之前，需要对产品进行一次功能分析，将整体功能拆解成多个不同的子功能。许多子功能的解决方案是显而易见，有一些则需要设计师去创造。

如何应用

运用形态分析之前，首先要准确定义产品的主要功能，并对产品进行一次功能分析。然后用“功能”和“子功能”的方式描述产品。所谓子功能，即能够实现产品整体功能的各种产品特征。通常用一个行为动词+可量化名词进行表述。例如，茶壶包含以下几个不同的子功能：盛茶（容器）、装水（顶部有开口）、倒茶（茶壶嘴）、操作茶壶（把手）。在形态分析表格中，功能与子功能都是相对独立的，且都不考虑材料特征。分别从每个子功能的多个解决方案中选出一个进行组合得到一个“原理性解决方案”。将不同子功能的解决方案进行组合的过程就是创造解决方案的过程。

第1步：准确表达产品的主要功能。

第2步：明确最终解决方案必须具备的所有功能及子功能。

第3步：将所有子功能按序排列，并以此为坐标轴绘制一张矩阵图。例如，要设计一辆踏板卡丁车，那么它的子功能为：提供动力、停车、控制方向、支撑司机身体。

第4步：针对每个子功能在矩阵图中依次填入相对应的多种解决方案。这些方案可以通过分析类似产品或创造新的实现原理得出。运用评估策略筛选出有限数量的原理性解决方案。

第5步：分别从每行挑选一个子功能解决方案组合成一个整体的“原理性解决方案”。

第6步：根据设计要求谨慎分析得出所有“原理性解决方案”，并至少选择三个方案进一步开发。
第7步：为每个“原理性解决方案”绘制若干设计草图。
第8步：从所有设计草图中选取若干个有前景的创意进一步细化成设计提案。针对服务设计项目，可以使用旅程图及场景描述对最佳服务设计创意进行细化展示。

提示与注意

通过组合能快速得出大量解决方案，10x10的矩阵可以得出一百亿种不同的解决方案。因此需要严格地评估每一行的子功能解决方法并归类，然后进行有效组合，得出有限数量的“原理性解决方案”。

在分析每一行子功能解决方案时，可以对照设计要求，将它们按照与子功能的相关性排序，这样有助于选出最合适的几个方案。

按照重要程度将所有子功能组合排序。初始阶段，只需评估最重要的子功能组合。选定一两个备选解决方案组合进行评估，选出最佳解决方案，并将其发展成一个较完整的“原理性解决方案”，再进一步细化成更为成熟的设计提案。

通过强行组合的方式挑战自己的思维局限，可以得出一些“反直觉”的解决方案组合。

局限和限制

形态分析最初在设计领域主要用于解决工程设计相关的设计问题。当然，设计师也可以将此方法应用于解决其他设计问题。

在服务设计项目中，设计师需要掌握清晰的目标和服务系统的主要功能。否则，请选用系统性较弱的其他方法。

参考资料及拓展阅读： Heijne, K.G. & van der Meer, J.D., 2019. Road map for creative problem solving techniques. Organizing and facilitating group sessions.Amsterdam: Boom / Roozenburg, N.F.M. & Eekels, J., 1995. Product Design: Fundamentals and Methods. Utrecht: Lemma. / Cross, N., 1989. Engineering Design Methods. Chichester: Wiley. / Steen, M. Manschot, M. & Koning, N. (2011) Benefits of co-design in service design projects, International Journal of Design, Vol. 5(2) August 2011

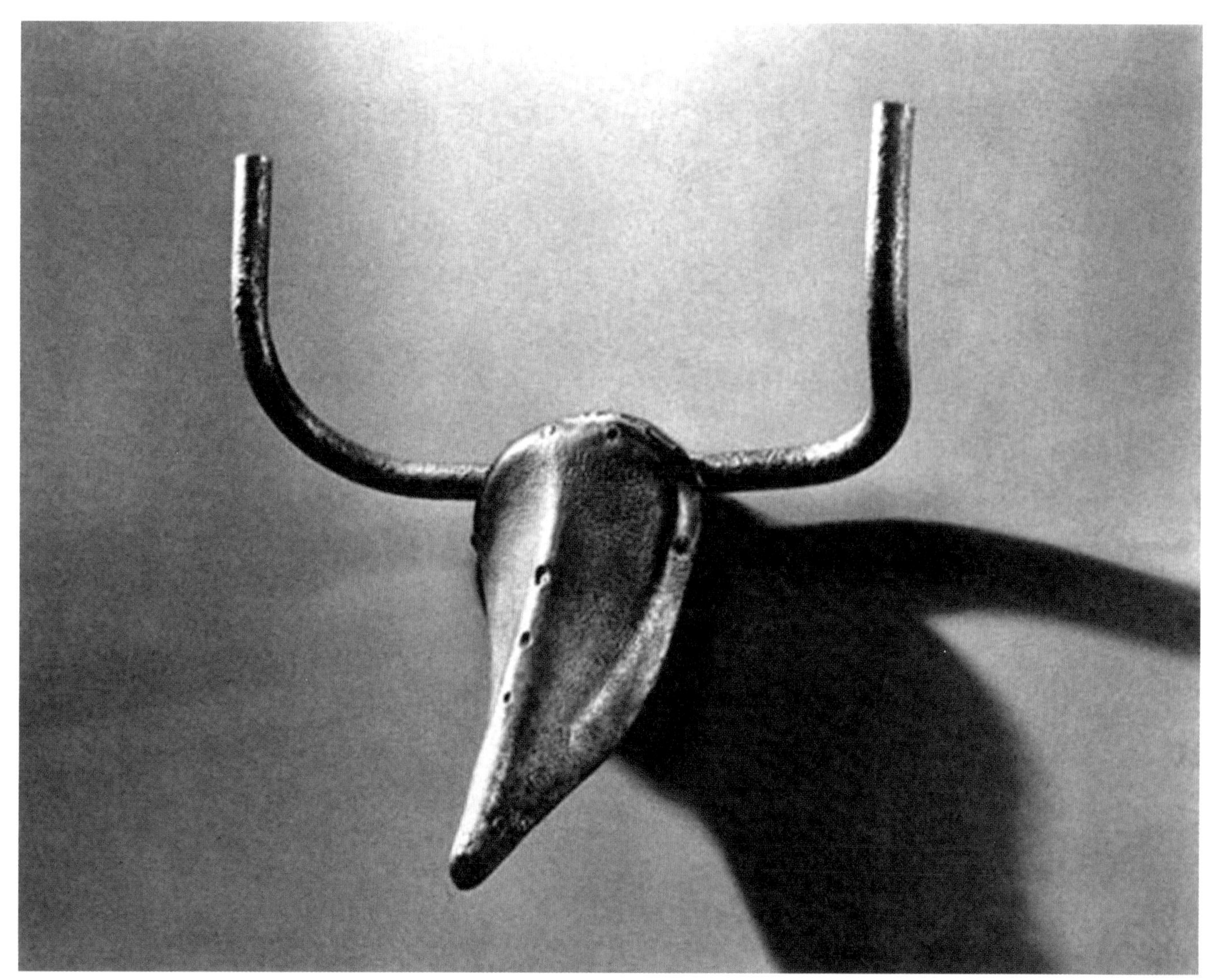

毕加索作品：公牛头，1942年

奔驰法

奔驰法（SCAMPER）是一种辅助创新思维的方法，主要通过以下7种思维启发方式在实际中辅助创新：替代（substitute）、结合（combine）、调适（adapt）、修改（modify）、其他用途（put to another use）、消除（eliminate）和反向（reverse）。

内涵及原因

借助奔驰法，设计师可以暂时忽略概念的可行性和相关性，创造出一些不可预期的创意或创新概念的“垫脚石”。奔驰法英文名SCAMPER中的每个字母代表一个主题，每个主题都包含要回答的相关问题。

思维方式：奔驰法中的某些问题看似很难应用在某个想法或概念上，有时候看起来甚至有些荒谬，因此应用奔驰法的关键在于具备延迟批判的心态。

何时应用

奔驰法适用于创意构思的后期，尤其是在产生初始概念后陷入“黔驴技穷”的困境时。在创意会议中也常常用到此方法，参与者可以在这些创意的基础上通过奔驰法进一步拓展思路，甚至可以在竞争对手的产品基础上发展创意。

如何应用

一般情况下，设计师可以运用上述7种启发方式针对现有的每一个想法或概念提问思考。通过该方法产生更多的灵感或概念之后（发散思维），对所有的创意进行分类（逆向思维），并选出最具前景的创意想法进一步细化（聚合思维）。

第1步 替代。

· 创意或概念中哪些内容可以被替代以便改进产品？
· 哪些材料或资源可以被替换或相互置换？
· 运用哪些其他产品或流程可以达到相同的结果？

第2步 结合。

· 哪些元素需要结合在一起以便进一步改善该创意或概念？
· 试想一下，如果将该产品与其他产品结合，会得到怎样的新产物？
· 如果将不同的设计目的或目标结合在一起，会产生怎样的新思路？

第3步 调适。

· 创意或概念中的哪些元素可以进行调整改良？
· 如何将此产品进行调整以满足另一个目的或应用？
· 还有什么和你的产品类似的东西可以进行调整？

第4步 修改。

· 如何修改你的创意或概念以便进一步完善？
· 如何修改现阶段概念的形状、外观或给用户的感受等？
· 试想一下，如果将产品的尺寸放大或缩小会有怎样的效果？

第5步 其他用途。

· 该创意或概念能怎样运用到其他用途中？
· 是否能将该创意或概念用到其他场合，或其他行业？
· 在另一个不同的情境中，产品的行为方式会如何？
· 是否能将产品的废料回收利用，创造一些新的东西？

第6步 消除。

· 已有创意或概念中的哪些方面可以去除？
· 如何能简化现有的创意或概念？
· 哪些特征、部件或规范可以省略？

第7步 反向。

· 试想一下，与你的创意或概念完全相反的情况是怎样的？
· 如果将产品的使用顺序颠倒过来，或改变其中的顺序会得出怎样的结果？
· 试想一下，如果你做一个与现阶段创意或概念完全相反的设计会怎样？

提示与注意

奔驰法中所涉及的7种思维启发方式是创新思维的核心所在。上述这些问题应该反复在设计师脑海中徘徊。换言之，要有效地使用该方法，设计师需要不断地反问自己各种挑战性问题或根本性问题。如果你想最大化地从该方法中汲取优势，就必须学会如何挑战自己的创造力。也许有时需要提出一些近乎疯狂的问题，如“假如我是一只苍蝇，这个想法在我眼里会是怎样的？”

像其他创新过程一样，要避免过早地摒弃一些看似不切实际的想法。所有的评估应该在评估归类阶段进行，此时，可以去除一些明显不可行或并不相关的想法。并将选出的创意或概念进一步细化，推进设计。有时，需要经过几轮奔驰法问答，才能得到令人满意的结果。

局限和限制

创意的质量很大程度上取决于设计师如何应用奔驰法的7种思维启发方式。因此，该方法对未受过专业训练的设计师而言效果并不理想。

参考资料及拓展阅读： Eberle, B., 1996. Scamper On: More Creative Games and Activities for Imagination Development. Waco: Prufrock Press Inc. / Heijne, K.G & J.D. van der Meer, 2019. Road map for creative problem solving techniques. Organizing and facilitating group sessions. Amsterdam: Boom. / Osborn, A., 2007. Your Creative Power. Meyers Press.

哥伦布竖鸡蛋的故事在得知结果后看起来非常简单容易，但第一个提出这个创意想法却是个了不起的事。当哥伦布发现新大陆回国后，质疑者认为只要出海就能发现这条贸易线，并没有什么了不起的。针对这些讥笑时，哥伦布拿起一个鸡蛋向所有挑战者提出了一个问题：谁能把鸡蛋竖起来？当所有嘲讽他的人都放弃的时候，哥伦布拿起鸡蛋把顶端敲碎，就让鸡蛋稳稳地竖在桌上了。真正的发明不仅包含抓住某个可能性的能力，还应该具备塑造他的能力以及提出塑造思想的力量。

如何拓展你的思维？冰岛籍艺术家Olafur Eliasson（1967）以其雕塑作品和大型装置作品闻名于世，他的作品结合了各种基本自然现象（如光、水、气温等），从而丰富了观众的体验。摄影：行人环境研究（2004）。

How-to

How-to（如何）方法以提问的方式陈述设计问题，辅助设计师生成创意。每个How-to问题都与未来产品的生命周期以及利益相关者息息相关。

内涵及原因

设计师可以借助How-to方法将着手解决的设计问题通过不同的方式进行表述，并以此激发自身及团队的创造力。换言之，How-to的问题是关于“如何做某事”的问题，其中的行为动词是问题表述的关键所在。例如，可以这样提问：“如何在家庭中节约能源？”也可以这样提问：“如何使恒温器对每个家庭成员（无论老少）都有吸引力？”

思维方式：How-to方法通常用于头脑风暴会议，因此设计师需要具备自由开放的态度。为此，需要推迟对How-to问题可能产生的结果进行评判。然而，How-to问题的确切表述却需要更具分析性的思维方式。

何时应用

How-to在概念创意的初始阶段对设计项目最有帮助。How-to的造句方法灵活多变，很适合作为团队设计的工具。它的目的在于多角度发散说明设计问题，让每位小组成员都从不同角度清晰地、全面地了解设计问题。值得注意的是，在使用How-to方法的过程中需要遵循一系列原则：不要过早持否定态度。这是一种能够迅速激发创造力的开放式提问方法。通过一系列广泛多元的提问，设计师会对设计问题有一个全方位的了解。

如何应用

在运用How-to方法之前需要先起草一份问题说明，该说明通常可从问题分析中得出。这是一段描述设计问题的简短文字。然后，用How-to的形式尽可能多地提出一系列问题，这些问题能刺激设计师快速思考大量的创意。每个How-to问题都与未来产品的生命周期以及利益相关者息息相关。例如，你觉得某一产品的运输过程在其生命周期中至关重要，就可以这样提问：“如何尽可能多地将产品装进一个标准的集装箱里？”

第1步：任务评估。简短地描述设计问题并邀请组员共同讨论该问题所涉及的利益相关者和与未来产品有关的各方面因素。此时，可以运用思维导图。

第2步：发散思维。邀请小组成员从不同利益相关者的立场和产品的不同生命阶段出发，尽可能多地用How-to的形式提出问题。此时，可以运用便利贴或白板等工具进行记录。

第3步：逆向思维。运用如归类法回顾所得到How-to问题，并识别这些问题的普遍元素。

第4步：聚合思维。从所得问题中筛选出能涵盖主要设计问题各方面的问题，即能涵盖不同的利益相关者和未来产品不同生命阶段的问题。

第5步：发散思维。全组成员一起思考创意。试着从一个How-to问题入手，直至不能再想出新的想法为止。然后着手下一个问题，直到回答完所有问题。

提示与注意

当遇到创意瓶颈时，可以尝试调整How-to问题的表达方式，可以更准确也可以更抽象。

如果要将问题表达得更准确，可以将设计问题拆分成更具体的子问题。

如果需要得到整体性或整合性更强的创意，则可以尝试以更抽象的方式表达问题。

与其使用不同的How-to来提出设计理念（第5步），不如使用选定的How-to将这些想法整合到一个具体的目标中。

局限和限制

How-to方法适用于概念设计的初始阶段。因为此时设计问题相对开放，设计的空间也较大。

How-to方法需要参与人员熟悉手头的设计问题，最好对问题所涉及的利益相关者以及未来产品的各个生命阶段都有所了解。

参考资料及拓展阅读： Heijne, K.G. & van der Meer, J.D., 2019. Road map for creative problem solving techniques. Organizing and facilitating group sessions.Amsterdam: Boom / Tassoul, M., 2006. Creative Facilitation: a Delft Approach. Delft: VSSD.

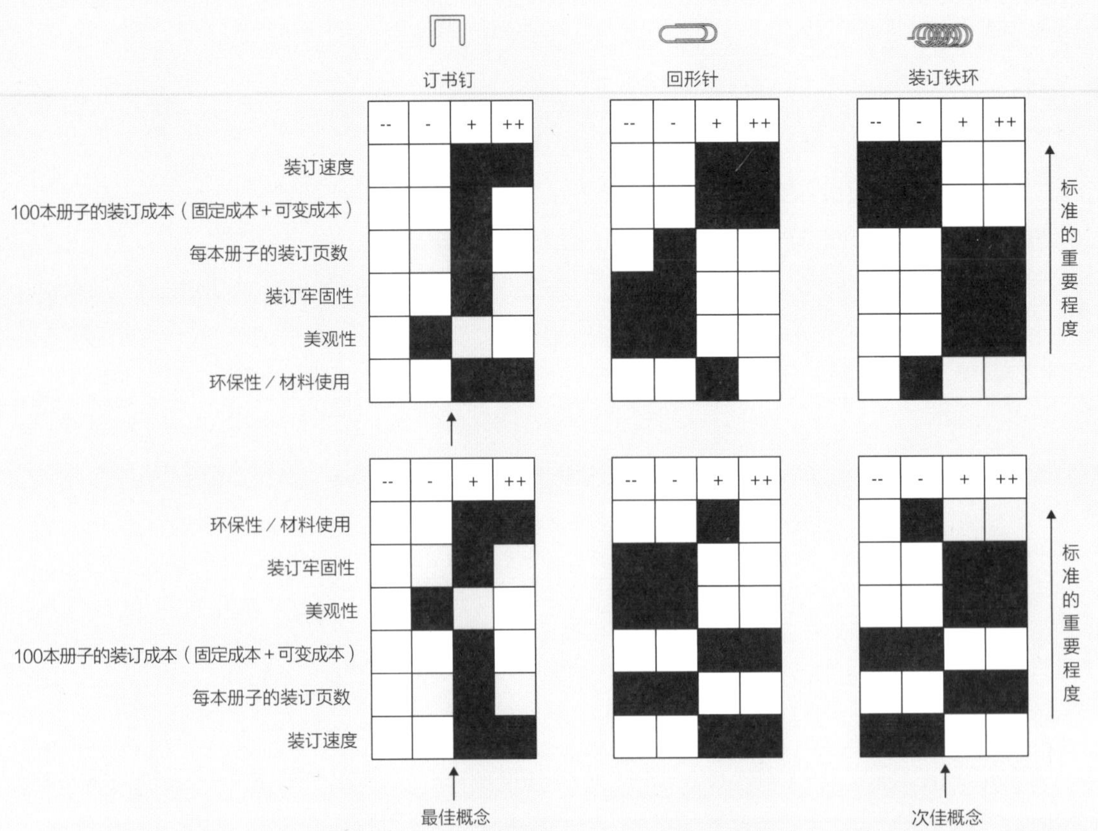

在哈里斯图表中，主要的设计要求按照重要程度依次排列，排在最上方的为最重要的设计要求。评分设定为偶数个（4个）等级，这样做可以预防出现中立选项。在创意和设计概念未经细化的初始阶段，该方法十分有效：把涂黑的方块想象成搭建一座高塔所需的砖块，通过图表可以分辨出“哪座高塔容易倒塌”，这样就很容易对方案的价值做出判断了。避免在图表中使用彩色，也不要将不同的分数相加。归根结底，所有的决策方法都是为了激发团队在选择方案过程中进行充分讨论。本页案例的上下两个哈里斯图表中评估的项目一致，但所得出的结果并不相同。这是因为设计要求的重要程度排序在两次评估中不同。从中也能看出，不同的团队所关注的角度和重点也不同。

哈里斯图表

哈里斯图表能根据预定的设计要求分析并呈现设计概念的优势与劣势，主要用于评估设计概念并帮助设计师选择具有开发前景的设计概念。

内涵及原因

John S. Harris于1961年创建了这种可视化方法，以实现产品开发中的快速决策。 这种方法允许开发团队快速评估多个设计方案并选出“最佳”方案或将“高分”产品属性重新组合形成新的创意。

哈里斯图表在预先定义的设计要求上对设计概念进行评估。当设计师需要对产出的一系列产品设计概念进行比较时，哈里斯图表可以为设计师或设计团队提供细致的评估帮助。设计师往往凭直觉和经验评估设计概念，哈里斯图表则帮助设计师将这些主观的评估过程通过图表的方式呈现出来，以便与利益相关者进行详细的讨论。

思维方式：哈里斯图表是一种直观的视觉方法，并不是非常精确的评估方法，不涉及详细的计算。这对设计项目十分有利，因为设计项目往往包含许多迭代过程，且设计方案的确切属性可能尚未定义。

何时应用

设计流程的每个阶段均可使用哈里斯图表。但该方法尤其适用于概念设计的后期。此时，设计师需要对所有概念想法进行筛选。

如何应用

在使用该方法的过程中，有必要为每个设计概念创建一张哈里斯图表，并针对设计要求中的标准逐条进行评估。在评估过程中，需联系所有的概念相互对照评比，而不是对每个概念孤立评估。通常情况下，每项标准均需设定四个评估等级，据此对每个概念进行评分，设计师需要对这些评分标准做出说明，例如：－2表示很差，－1表示中等，以此类推。视觉化的表现方法有助于决策者快速浏览每个概念在不同标准下的整体得分，有利于作出正确的决策。

哈里斯图表最重要的功能是通过浅显易懂的方式展示设计概念的评估过程，有助于在设计的早期阶段促进设计师与利益相关者讨论设计创意。当设计概念逐步得到修改时，设计要求也需要随之改变，设计师可以利用哈里斯图表与组员就设计问题达成共识。

第1步：尽可能全面地列出所有的设计要求并按照重要程度进行排序。

第2步：将四个评分等级作为横坐标，每个设计要求作为纵坐标，绘制一张矩阵图。四个评分等级可用－2、－1、＋1、＋2表示。

第3步：为每个设计概念绘制一张哈里斯图表，并依据设计要求相互对照评分。

第4步：参照所有设计要求细则为每个项目打分，并填入哈里斯图表。

第5步：将所有填好的哈里斯图表放在一起，与利益相关者共同讨论并选出最有开发潜力的设计概念。

提示与注意

请使用绘制图表的方式呈现结果，这有利于提高沟通效率。

如有必要，首先将设计要求细则归类。

设计不是线性过程，如果在评估过程中发现新的设计要求，可以将其加入到哈里斯图表中，提高评估的准确性。

在为“－2”或“＋2”评分的时候，需要在“－1和－2”或“＋1和＋2”两个方块内都涂上颜色。这样做能使所得结果看上去更一目了然。

哈里斯图表的主要功能是将详细的讨论评估结果通过浅显易懂的方式与外界沟通。如果有必要也可以就具体的设计要求或设计概念进行公开讨论并改进。

局限和限制

不同设计要求的等级标准应有所不同，它们之间无需进行对比。

设计师很容易将哈里斯图表误解为一种“绝对正确”的评估方法。值得注意的是，这种评估方式是建立在设计师的主观直觉和预测的基础上的，因此，它并不是一种绝对可靠的评估方法。

参考资料及拓展阅读： Harris, J.S., 1961. New Product Profile Chart. Chemical and Engineering News, 17 April, 39(16), pp.110–118.
Roozenburg, N.F.M. & Eekels, J., 1995. Product Design: Fundamentals and Methods. Utrecht: Lemma.

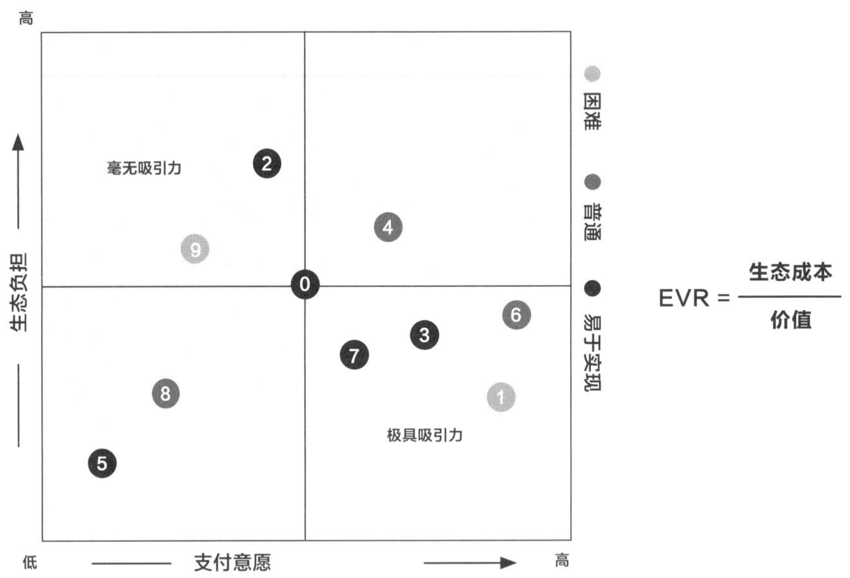

70年前，法国设计师Jean Prouvé将工业设计引入到建筑设计行业，发明了预制房屋（运用预制材料可在1天内进行组装和拆卸的房屋）。与传统的建筑方法相比，预制结构的建造成本更低、速度更快。Prouvé当时使用的正交胶合木（CLT）结构树立了新的行业标准，因为该材质不仅不会造成碳排放，反而能储存二氧化碳。即便是高层建筑也能用CLT结构建造。Prouvé极具开创性的作品即使放在当今的小型预制房屋潮流中也不过时，他的作品节能环保、造价实惠且方便移动。

EVR决策矩阵

EVR（Eco Cost-Value Ratio）是生态成本价值指数。EVR决策矩阵根据生态成本以及预期市场价值辅助设计师挑选出最具可持续发展前景的设计概念。设计师可以利用它快速讨论并选择最具开发前景的设计。

内涵及原因

EVR决策矩阵旨在引导设计师考虑设计的生态影响。简言之，消费者的每块钱都不能花费在给地球带来负担的事情上。在循环设计中，最好的情况是产品、材料、资源都可以进行升级再造，因为这样可以赋予它们比原来更高的价值。例如，用旧衣服制成的复古时装，以及用废弃的卡车防水布制成的高端PVC袋子（Freitag品牌）。

思维方式：用最少的物质和能源创造最大的价值对地球是有益的。具备这样的思维，就可以根据生态成本价值指数对设计方案进行评估。

何时应用

EVR决策矩阵通常用于设计概念开发的模糊前端（fuzzy front end），尤其是在需要对材料进行选择时。在设计的其他阶段也可能会用到EVR决策矩阵，其主要作用在于帮助团队制定决策。

如何应用

EVR决策矩阵以系列产品组合图为基础，主要用于为不同的设计概念进行生态成本价值定位：

· Y轴代表生态负担，即生态成本、产品碳排放量等。

· X轴代表价值，即用户的支付意愿。

该图表包含四个象限以及一个居中的参考产品。参考产品可以是竞争对手的上市产品。此类设计项目的设计目标是实现高价值、低生态负担的产品。所有设计团队成员皆可参与价值评估，而生态负担需要大胆地凭主观直觉和经验评估。但也有必要对照市场上现有的产品，对其材料使用、加工过程以及可循环利用的程度进行一次初步、快速的测评。

第1步：按照产品的相关价值（即用户支付意愿等），对产品设计方案进行排序。

第2步：按照产品的相关环境负担（如生态成本等），对产品设计方案进行排序。

第3步：依据产品设计方案的某一重要因素（如预期市场份额、实施难度、成本等），赋予产品设计方案特定的属性。

第4步：在白纸或白板上绘制EVR决策矩阵，用不同的颜色在该表格中标注不同设计方案所处的位置，并写上文字说明。

第5步：讨论所得结果并选出最有吸引力的设计方案。

提示与注意

可以使用http://www.eco-costsvalue.com网站上的LCA（生命周期测评）数据库或Idemat数据库。

每个设计方案都处在该图表中的不同位置。因此，需要在图表中进一步说明该设计方案的特征，并运用不同色彩标明该方案实现的难易程度。

局限和限制

EVR决策矩阵不适用于以下两种情况：

评估获利最大的设计方案，因为在“模糊前端”，大部分产品的成本都不可预估。

按标准衡量产品在使用阶段的主要能源需求量。

参考资料及拓展阅读： Vogtländer, J.G., 2011. A quick reference guide to LCA DATA and eco-based materials selection. Delft: VSSD. / Vogtländer, J.G., Baetens, B., Bijma, A., Brandjes, E., Lindeijer, E., Segers, M., Witte, F., Brezet, J.C. & Hendriks, Ch.F., 2010. LCA-based assessment of sustainability: The Eco-costs/Value Ratio: EVR. Delft: VSSD. / Vogtländer, J.G., Mestre, A., Van der Helm, R., Scheepens, A. & Wever, R., 2013. Eco-efficient Value Creation for sustainable design and business strategies. Delft: VSSD.

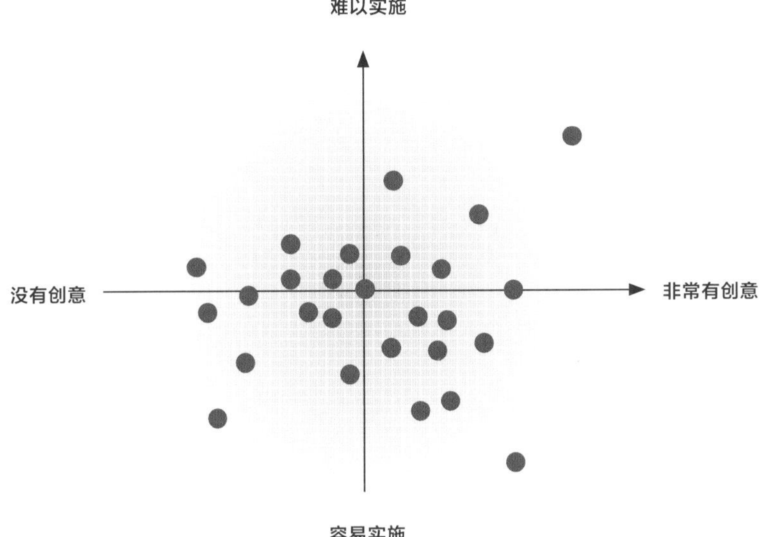

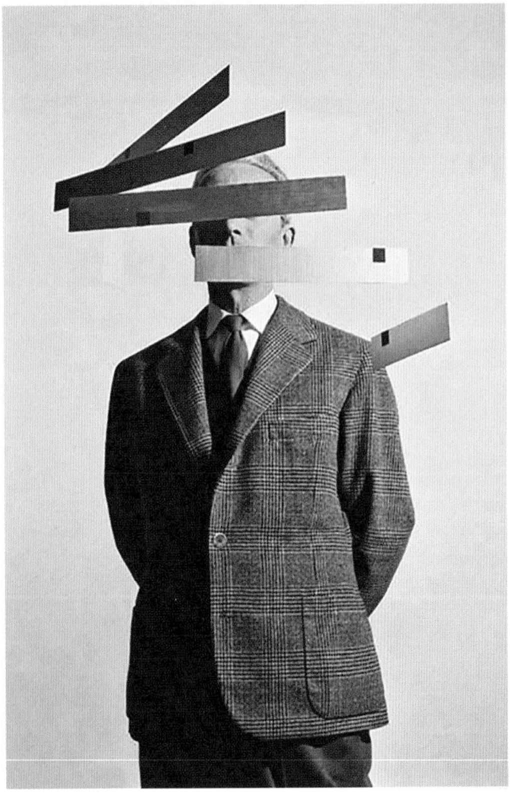

艺术家Bruno Munari（1907—1998）的闹钟Ora X可以说是一台“无用的机器”。这是一个“本质主义”闹钟，表盘没有数字，两根指针通过弹簧机制旋转。这个设计可以归类到规则与偶然相冲突的设计品类中。Munari本人为“规则”和“偶然”这两个元素写了一首诗，结尾是这么写的：“规则本身是单调的/偶然会让我们焦躁不安/规则与偶然的结合/成了生活、成了艺术、成了想象/这就是平衡。”

C-BOX

C-BOX是一种归纳评估大量设计概念的矩阵图。该方法将所有被评估的设计概念按“创新性”和“可行性”的高低程度排布在一个坐标系中。其他参数也可以根据实际情况酌情加入坐标系中。

内涵及原因

C代表创造力。创造力悖论（也称为Creadox）是指人们在创意流程的发散思维阶段专注于跳出框架思考，但一旦进入创意筛选阶段（聚合思维）就会立刻丢弃大量创新想法，因为这些想法实施起来难度极大。为了确保设计的创新性，可以使用C-BOX方法来评估每个创意的创新性和可行性。将所有想法放入坐标系中，便可以得出整体概况。

思维方式：无论是脆弱还是新颖，所有想法都应该在筛选阶段具备同等机会。C-BOX方法可以将每个创意展示给所有参与者，让每个人对这些创意进行思考和选择。在此阶段，需要具备积极的心态，保持好奇心和专注力，盘点并理解每个创意。

何时应用

C-BOX往往用于概念创意的早期阶段，尤其是在头脑风暴后获得了大量创意时。制作一张C-BOX图表能帮助开发团队对所有概念创意展开讨论，从而加强对解决方案的理解。同时，也能使所有组员就设计流程的主要方向达成共识。

C-BOX可以作为聚合思维的起点，例如平等考虑所有创意并进行选择。也可以作为发散思维的起点，例如将创意转移到不同的象限激发新的联想。这个过程可以通过回答诸如“我们该怎样才能让创意X更容易实施？”之类的问题进行。

提示与注意

有些创新的想法可能非常有趣但不太可行。我们可以选择找出让这些想法更可行的方法，而不是过早地抛弃它们。

矩阵中排列相近的创意通常并不相似，也不相关。不要将它们视为是相似的或相关的。

可以考虑使用其他参数，例如，潜在的影响力和品牌的可用性等。

局限和限制

C-BOX仅仅用了“创新性”和“可行性”两个标签。

如何应用

首先，需要收集大量的早期创意（10~60个）。然后，设定纵横坐标轴，并将所有的创意想法标注在对应的坐标位置上并进行归类，C-BOX将通过图表中的四个象限全面展示所有的创意。基本上所有的概念创意将在坐标系的四个象限中被区分开来。

第1步：在一张大纸上绘制一个坐标系，形成一个2x2的C-BOX矩阵。

· X轴代表创新性：下端代表创新性不高的创意，上端代表令人耳目一新的创新。

· Y轴代表可行性：左端代表可以立即实现的创意想法，右端代表不可行的想法。

第2步：将所有创意写（画）在纸上，可以利用便利贴或A5大小的纸。

第3步：所有组员参加创意讨论，对照坐标轴上的参数，将创意粘贴到C-BOX对应的位置上。选定一个最符合设计要求的象限。

第4步：将所有的创意都填入C-BOX后，就具备了可以进行反思的初步条件。尝试用类似以下的问题进行提问：C-BOX中是否存在盲点？C-BOX中的哪个区域还需要进行进一步的探索？

第5步：根据第4步的反思结果，选择下列步骤中的一个推进。

· 发散思考1：尝试将“难以实施”象限的创意转移到“容易实施”象限，进一步展开创意探索。

· 发散思考2：在空白区域展开更多创意探索。

· 聚合思考：识别C-BOX中的创意“甜点”区域（通常在坐标轴的交叉区域），“甜点”位置的创意往往具备一定的创新性又不会过于超前。

参考资料及拓展阅读：Heijne, K.G. & van der Meer, J.D., 2019. Road map for creative problem solving techniques. Organizing and facilitating group sessions. Amsterdam: Boom. / Tassoul, M., 2006. Creative Facilitation - a Delft Approach, Delft: VSSD. / The C-Box is designed by Mark Raison (1997) and further developed and published in: Byttebier, I., Vulling, R., & Spaas, G., 2007. Creativity Today. Tools for a creative attitude. Amsterdam: BIS Publishers.

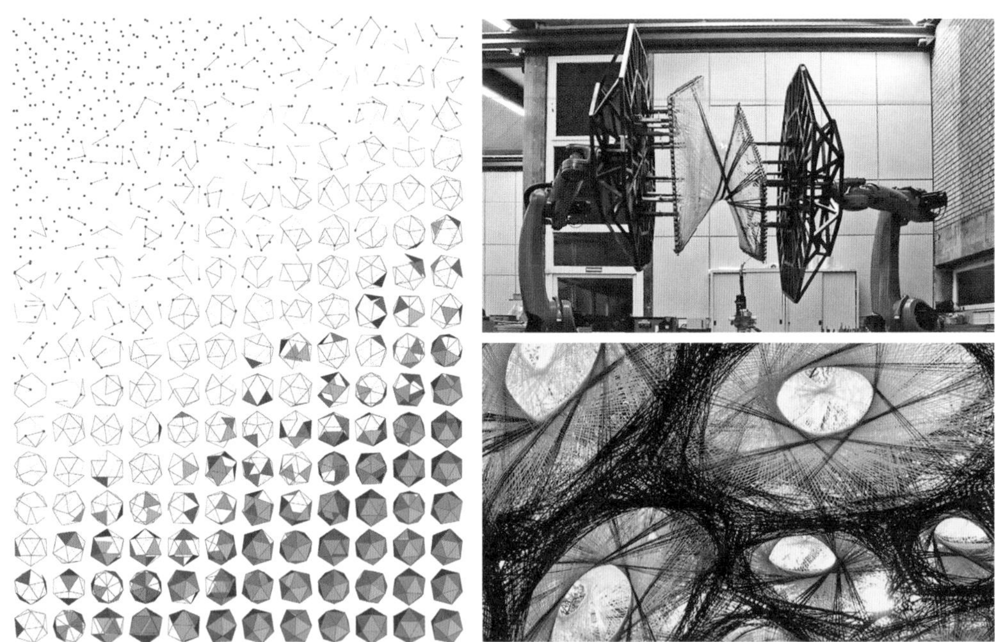

计算设计是一种在设计和工程上同时具有高度复杂性的处理问题的思路。它能让用户同时管理和协调多个参数，并保持一些特定限制稳定不变。它通过提供无限的选择优化设计流程。设计团队可以使用大量因素评估产品生命周期性能，并通过反馈数据进一步改进设计。（左：定值设计工作流程；右：碳纤维机器人构造，计算设计研究所Achim Menges）

现代和起亚全新的VR设计评估系统可以允许20个人同时参与设计过程。该技术运用多款开发应用程序进行车辆设计质量评估和开发验证。曾经无法通过物理方式进行评估的大量设计概念通过这样的技术得以实现。这也为开发安全技术释放了巨大的潜力，参与者可以在各种模拟环境和情景中对车辆进行虚拟测试。（现代汽车欧洲有限公司）

vALUe，IR和PMI

vALUe、IR和PMI是对早期设计创意进行简单基础而系统评估的方法。vALUe的三个大写字母代表优势（advantage）、局限（limitation）和独特因素（unique elements）；IR代表逐条反馈（itemized response）；PMI代表正面-负面-兴趣点（plus-minus-interesting）。

内涵及原因

在构思创意的初始阶段，通常想找出什么样的创意更具有潜力。许多创新想法在此阶段非常脆弱，通常会因为“太贵”“不可行”“不合适我们的业务”等理由而被否决。因此，为了达成一致的“肯定判断”，产生了一组可以用于评估早期创意的结构化方法。通过这些方法可以找到使创意变得更好的原因。此外，通过列出创意的优缺点，可以为设计方案的空间提出新的见解（例如新的标准或关键参数）。

思维方式：聚合思考的核心思维原则是“肯定判断”。这需要批判性和分析性的思维方式和态度，并提出“是什么造就了……？”及“为什么……？”之类的问题。

何时应用

这些方法通常用于早期创意阶段，例如头脑风暴之后，此时需要梳理并筛选出可控数量的创意。vALUe（也称为UALo）、IR和PMI通过一些通用术语对这些创意进行描述，能有效帮助设计师从大量创意中选择5~10个创意。当然，这组方法也可以用于评估更详细的概念设计。

提示与注意

vALUe并不是一种最终的选择工具，因为它不具备独立于创意之外的一套完整的设计要求。

正负面评估时需要设计师敢于做出决策，但又不能轻易草率地下决定。它的最大作用是在决定摒弃哪些创意之前，全面了解所有可能的创意。

PMI应该在最初版本的要求清单设定之前使用。

一旦在创意阶段有了更明确的选择，也会为整体的设计方案选择提供更有力且更有条理的决策基础。

局限和限制

不同想法的优势可能体现在不同的领域。例如：创意1的优势是轻便，而创意2的优势是制造成本低廉，此时，如果不知道重量和成本哪个属性更重要，就很难比较这两个想法并做出选择。

如何应用

vALUe、IR和PMI是清单型方法，可以帮助设计师审查和验证创意。根据优点、缺点、独特点或有意思的点将创意明确列举出来，设计师可以将这些通用词汇匹配到每个创意中，从而使选择变得更容易。

第1步：从一组5~10个早期创意或原理性解决方案入手。

第2步：针对每个创意，列举积极（优势或正面）的特征，可以通过以下问题形式进行列举：这个创意的好处是什么？这个创意的优势有哪些？

第3步：针对每个创意，列举消极（限制或负面）的特征，可以通过以下问题形式进行列举：哪些方面需要改进？哪些方面可能无法以现有形式发挥作用？

第4步：针对每个创意，列举独特因素（vALUe）或兴趣点（IR或PMI），可以通过以下问题形式进行列举：是什么让这个创意变得有趣？是什么让这个创意显得独特？这个创意有什么是其他创意不具备的？

第5步：对于每个想法，此时已经拥有以下三种信息。

· 优点（正面因素）：在进一步的概念开发中应用这些积极的方面。

· 局限（负面因素）：评估这些消极方面，并尝试克服，从而将这些消极因素转变成机会。

· 有意思的点：将这些有意思的点整理出来，并探索是否有可能将它们发展成为新的创意。

第6步：根据你的行动方针做出决策。是否需要将好的创意想法发展成设计概念？如果是，需要设计多少个概念？是不是可以将某些想法结合在一起？是否还需要想更多的创意？是否需要将有意思的点和好点子结合起来？是否需要进一步探索这些有意思的点？

参考资料及拓展阅读： Heijne, K.G. & van der Meer, J.D., 2019. Road map for creative problem solving techniques. Organizing and facilitating group sessions. Amsterdam: Boom. / Isaksen, S.G. & Treffinger, D.J., 1985. Creative problem solving: The basic course. Buffalo, NY: Bearly Limited. / Gordon, W.J., 1961. Synectics: The development of creative capacity. New York: Harper & Row. / Tassoul, M., 2006. Creative Facilitation: a Delft Approach. Delft: VSSD.

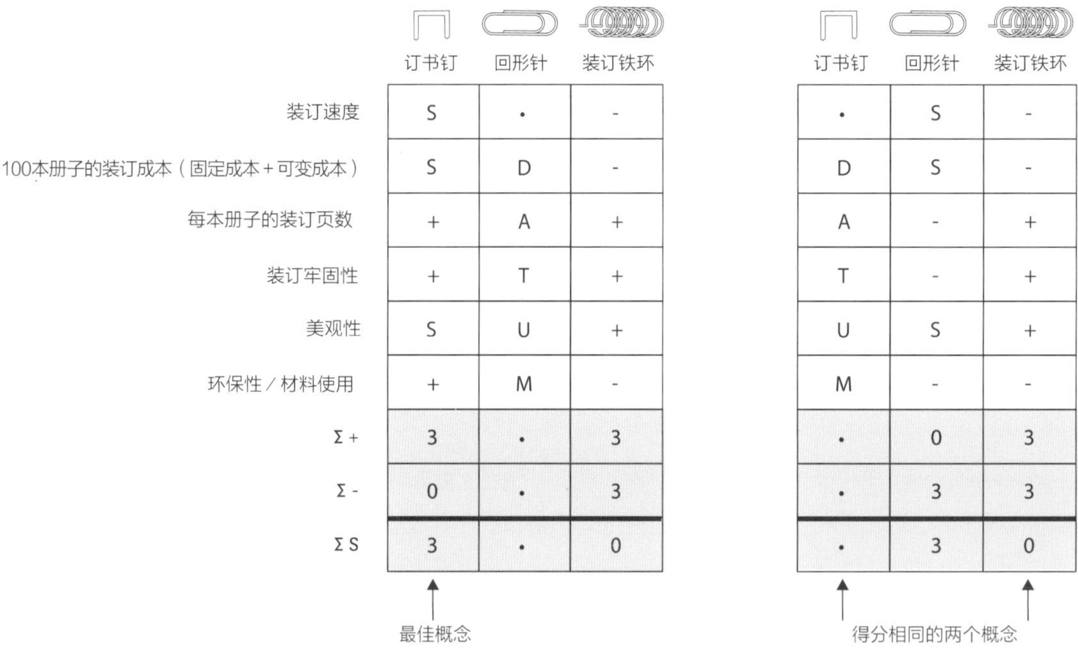

	订书钉	回形针	装订铁环
装订速度	S	•	-
100本册子的装订成本（固定成本+可变成本）	S	D	-
每本册子的装订页数	+	A	+
装订牢固性	+	T	+
美观性	S	U	+
环保性／材料使用	+	M	-
Σ +	3	•	3
Σ -	0	•	3
Σ S	3	•	0

	订书钉	回形针	装订铁环
装订速度	•	S	-
100本册子的装订成本（固定成本+可变成本）	D	S	-
每本册子的装订页数	A	-	+
装订牢固性	T	-	+
美观性	U	S	+
环保性／材料使用	M	-	-
Σ +	•	0	3
Σ -	•	3	3
Σ S	•	3	0

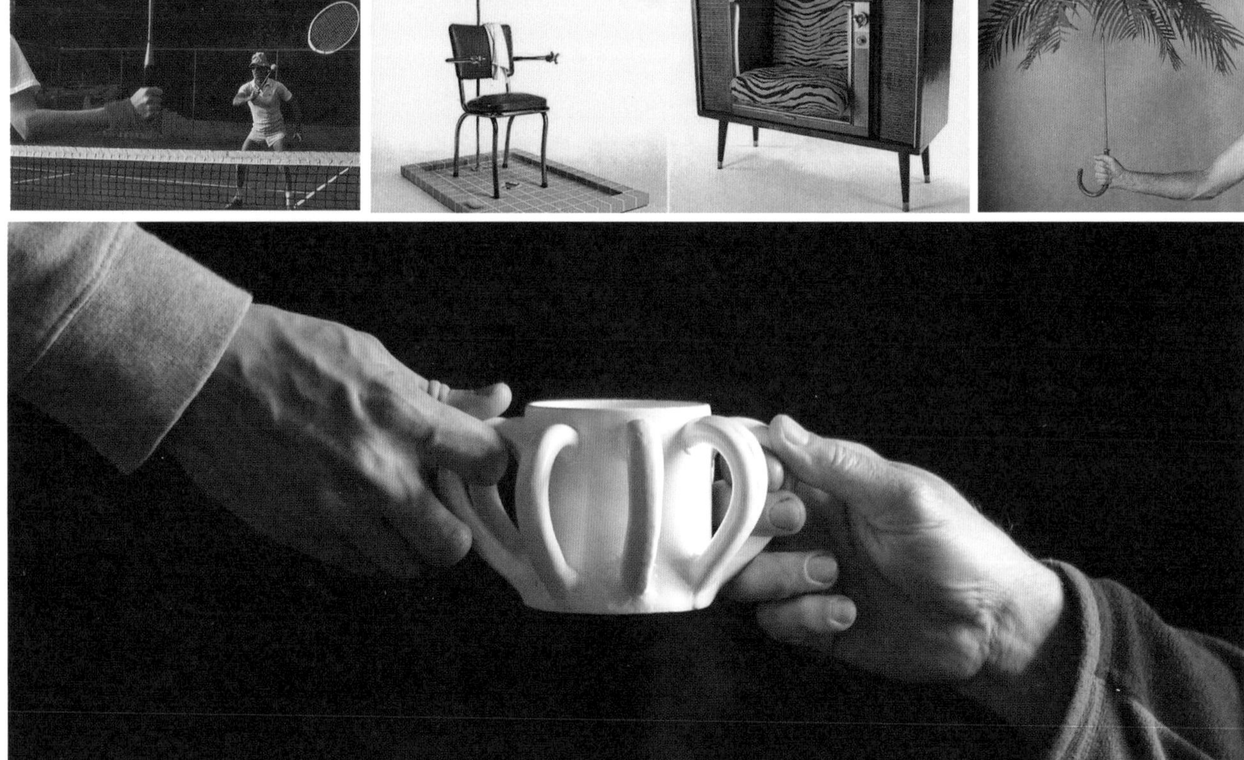

日语中有个名词叫“chindogu”（珍道具），用于形容并无实际用途但又并非完全无用（un-useless）的产品。这些产品的设计往往在解决了某个问题的同时，又带来了新的问题。如图所示，这个名为Mug-a-Tron 8000的咖啡杯可以有效地解决一个困扰人类已久的问题，即如何将一杯烫手的茶端给客人而不会烫伤任何一方？但这八个柄也着实让喝茶变得十分费劲。
（Rosanna Martlew，2013）

基准比较法

基准比较法能帮助设计师利用设计标准评估设计概念。随机抽取一个设计方案作为基准方案，该基准方案客观地定义了中庸设计的每项标准。设计师可以参照该基准方案，比较其余设计方案，所得结果无非是高于或低于基准方案或与基准方案的表现相当。

内涵及原因

人类的大脑很容易凭直觉比较方案。设计师更是喜欢不断地将想法相互比较，有时觉得第一个创意是最好的，有时又觉得最后一个创意是最好的。你可能会变得迷茫，无法决定哪个方案更好。在此情形下，可以尝试使用基准比较法。基准比较法是可以快速评估一组方案的方法。它并不是随机地将创意进行比较，而是通过系统的方法，完整评估创意并促进有效交流。

思维方式：设计方案的价值是在快速评判的基础上决定的。在这种情况下，应该具备整体性思维方式，而非分析性思维方式。在评判决策之后，需要再次结合分析性思维来确定如何将不同设计方案的积极属性进行整合。

何时应用

需要对几项设计提案进行对比并得出共识时，可以使用基准比较法。通常情况下，该方法更多用于设计流程中的概念设计阶段。其目的在于通过对设计标准的系统讨论，比较不同设计提案的优缺点，从而增强设计师的信心。

如何应用

在比较中，可以参照以下三种评判标准："高于""相当于"以及"低于"，可以分别用"+""s"和"－"三种符号表示。设计师可以根据这三个方面的总得分进行决策。

基准比较法以不同的产品设计概念为起点，在比较过程中按照相同的设计标准在同一层面上比较不同概念的同类特征。同时，也应合理利用不同设计进度中产生的不同设计标准。

第1步：将设计标准与需要进行比较的不同设计方案制作成表格。

第2步：选择参照基准，如一个已经存在的产品。

第3步：对照基准产品，比较其余设计方案各方面特点。

"－"表示设计方案在此设计标准项中的表现低于参照基准；

"+"表示设计方案在此设计标准项中的表现高于参照基准；

"s"表示设计方案在此设计标准项中的表现与参照基准相当。

第4步：比较结果。"+"越多、"－"越少说明设计方案的表现越好。如果"+""－"和"s"数量相当，则有可能是因为设计标准设置得太抽象或太模糊。

第5步：选择一个新的参照基准，并重复第3步与第4步，查看在上一步中表现最好的设计是否依然具备优势。

第6步：重复第3、4、5步（即选择多个参照标准与设计提案进行比较）直至在最佳设计方案上达成共识。

第7步：为节约时间，每次比较都可以直接淘汰掉最差设计方案。

提示与注意

所有设计方案应处于设计流程中的同一进度，并且尽量将概念表达得更真实。

"成本不超过15欧元"或"重量不超过800克"，这类设计标准在设计的前期难以进行评估。但你依然要对每个方案的成本有所了解。

当通用设计标准的数量较多时，需尽量将它们控制在10项以内。

若第4步效果不明显，可以对设计标准进行修改以确保得到更清晰的结果。

局限和限制

基准比较法不是精确的数学证明，而是一种辅助决策的快捷方法。

设计师不能仅看某一单项的评分，而需要对设计方案的整体评分进行比较。这意味着一个"－"可抵消一个"+"。

拥有两个"+"，一个"s"以及两个"－"的设计总得分为0。虽然结果一目了然，但需要注意的是，这种抵消方式并不一定十分有效，也可能不利于讨论设计概念或设计标准。

参考资料及拓展阅读： Pugh, S., 1981. Concept selection: a method that works. In: Hubka, V. (ed.), Review of Design Methodology, pp. 497－506. Zürich: Heurista. / Roozenburg, N.F.M. & Eekels, J., 1995. Product Design: Fundamentals and Methods. Utrecht: Lemma.

	权重	订书钉		回形针		装订铁环	
		评分	总计	评分	总计	评分	总计
装订速度	30	9	270	9	270	3	90
100本册子的装订成本（固定成本+可变成本）	25	7	175	8	200	2	50
每本册子的装订页数	20	6	120	2	40	10	200
装订牢固性	10	6	60	3	30	10	100
美观性	10	4	40	3	30	9	90
环保性／材料使用	5	9	45	7	35	4	20
总分	100		710		605		550
			↑ 最佳概念				

	权重	订书钉		回形针		装订铁环	
		评分	总计	评分	总计	评分	总计
环保性／材料使用	30	9	270	7	210	4	120
装订牢固性	25	6	150	3	75	10	250
美观性	25	4	100	3	60	9	225
100本册子的装订成本（固定成本+可变成本）	10	7	70	8	80	2	20
每本册子的装订页数	5	6	30	2	10	10	50
装订速度	5	9	45	9	45	3	15
总分	100		665		480		680
			↑ 次佳概念				↑ 最佳概念

引入设计要求权重系数可以提高选择设计概念的准确性。被评估的设计概念应该尽量详细，这样才能更精确地进行评分。与其他评估方法一样，该方法的主要目的是促进设计团队在选择的过程中互相讨论交流。当然，得分最高的方案也不一定就是最终赢家。通过分析得分，也可以将不同设计方案中的优势特征整合成一个新的设计概念。

美国艺术家Sol LeWitt的许多作品都在探索立方体基本结构中可能存在的变化。他把立方体称为整个作品的“语法”和“句法”。这个基础元素可以构建出无限的变体。严格排布的阵列从设计、形状、网格、颜色等方面展示了一个无止尽的生产过程，不难看出，该作品在执行过程中需严格遵循图表指示。

目标权重

目标权重根据每个设计概念的整体价值来比较、评估不同的设计概念。

内涵及原因

设计决策对许多设计师而言都不容易，尤其是在面对复杂情况或备选方案之间差异甚微时。如果设计师已经获取大量明确详细的信息，目标权重可以帮助设计师组织决策讨论。与其他促进设计概念决策的方法类似，目标权重法背后的理念是，决策的重点不仅仅在于产出结果，更重要的是组织讨论的过程。当决策过程变得复杂时，该方法可以提供参数化的整体概况。在讨论的过程中，可能还会产生新的想法或新的设计属性组合方式。

思维方式：顾名思义，目标权重法需要具备系统性和分析性思维，因为这个过程需要依赖假设和计算。

何时应用

当设计师必须在筛选出的几个设计概念（或原理性解决方案）中做出选择时，可以采用目标权重法。该方法通常用于评估不同的设计概念，并选出一个适合进一步细化发展的最佳方案。目标权重法会分别赋予不同的设计标准一个权重系数，然后针对每个标准对不同的设计概念进行打分，最后得出一个加权总分。据此选择最佳的设计方案。

提示与注意

对照所有的设计标准，回顾设计标准的权重系数以及对应的设计概念的评分。

在决定设计标准的权重系数时，建议将设计标准两两之间进行比较。例如，环境成本和生产成本，生产成本和审美享受。

局限和限制

数据结果看似精确，但如果分数差异微小，那么对决策而言没有太大的意义。

当得分相近时，需要通过团队讨论做出选择。

得分较低的概念仍然可能被选择，因为它可能在后期具备更大的改进潜力。

如何应用

目标权重法依据不同的设计标准分别对每个设计概念进行评分。然而，这些用于评估的设计标准的重要程度也不相同。例如，对于某个设计而言，其成本的重要性要低于外观美感的重要性。目标权重法能将这些设计标准的重要程度也纳入考量，从而使评估结果的可信度更高。你可以将权重系数按照重要程度分为1~5等，或者依据选定的权重系数总分按比例分配给不同设计标准，比如，可以将权重系数总分设定为100分，环境影响的分数是20分，生产成本的分数为10分。

第1步：选定方案决策需要参照的设计标准。

第2步：选择3~5个设计概念进行评估。

第3步：比较设计标准的重要性，分别赋予其相对的权重系数。

第4步：建立矩阵图标，纵坐标为不同的设计标准，横坐标为不同的设计概念。

第5步：根据设计要求的完成程度，分别对每个设计概念打分，可以按照1~10的梯度打分。

第6步：计算每个设计概念所得的总分（权重系数x设计要求评分）。

第7步：建议选择总分最高设计概念。

参考资料及拓展阅读： Roozenburg, N.F.M. & Eekels, J., 1995. Product Design: Fundamentals and Methods. Utrecht: Lemma. / Roozenburg, N.F.M. & Eekels, J., 1998. Product Ontwerpen: Structuur en Methoden. 2nd ed. Utrecht: Lemma.

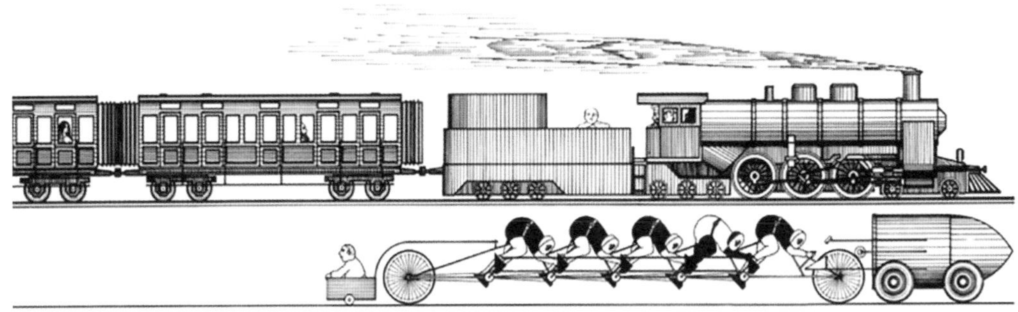

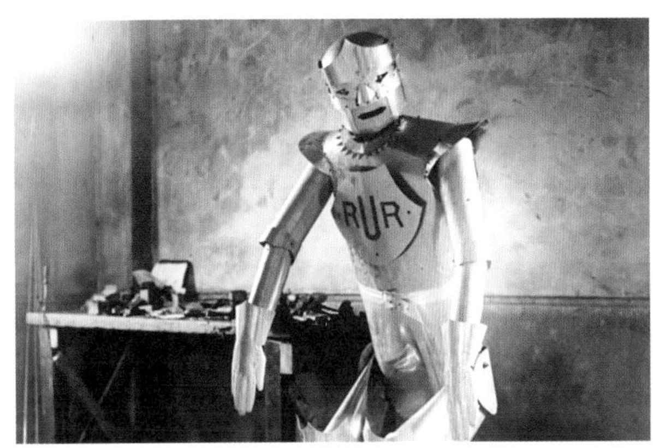

科幻小说（也称为“创意文学”）经常探索科学、社会和技术创新带来的影响。200年前Mary Shelley创作的《科学怪人》（Frankenstein）被认为是第一部真正意义上的科幻小说。小说中的怪物角色极为生动。《超级男性》（Supermale）是法国作家Alfred Jarry于1902年创作的小说，故事围绕火车和自行车队伍之间的一场竞赛展开，故事中的超人以永动机燃料为食，具有超强的耐力和性运动能力。1921年，机器人（robot）一词通过捷克剧作家Karel Čapek的戏剧作品《罗梭的全能机器人》（Rossum's Universal Robots）正式进入世界文学。Netflix出品的英国独立单元剧《黑镜》（Black Mirror）也是通过讲故事的方式进一步探索新的科技世界。

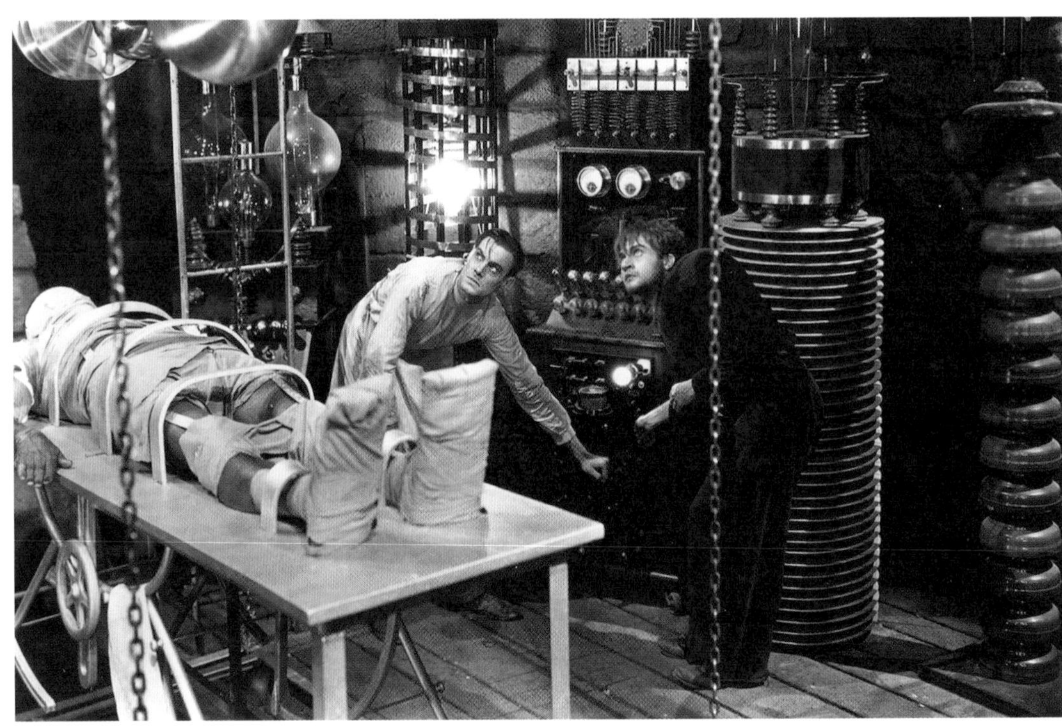

讲故事

讲故事是设计师在设计流程早期针对自己的创意向消费者和用户征求意见的一种方法。将设计概念用故事表现出来，可以让消费者沉浸在设计师创造的新世界或全新的使用场景中。

内涵及原因

将早期创意用故事的形式呈现出来，更容易让保守的听众接受。这种方式可以帮助设计师验证自己的创意是否满足消费者当下或未来的需求，是否为消费者创造了新的价值。只有当消费者很好地理解设计师的创意时，他们的反馈才有价值。

故事能引发特殊的想象，这种效应被称为叙事传输理论（narrative transportation）。看电影或读小说时，我们会忘记周围的世界，沉浸在故事世界里。我们的脑海中会勾勒出故事世界清晰的画面，甚至对主人公的感受和想法产生共鸣，就像是真实的体验一样。我们可以通过故事的方式探索一些与普世态度、可信度、易用性感知、利益点、缺陷等相关的研究问题。也可以通过故事探索用户的认知，甚至了解用户对当前或未来的新需求及其预期意义的评价。通过讲故事的方式获取用户反馈有助于设计师优化创意，在这个过程中也可能会产生与创意有关的新故事。故事可以帮助设计师与利益相关方进行有效的讨论，让他们体验创意的使用方式和利益点；这样做可以让利益相关者更清晰地了解设计师的想法，并对消费者日常行为可能产生的影响作出更客观的评估。故事的表达可以结合视觉化的手段，比如文本或视频等。

思维方式：故事创作的艺术在于明确的主题以及故事情节发展过程的变化。在创作过程中容易掉入一个误区，即用不必要的细节过度地构建情节。

何时应用

要创造颠覆性产品时，在设计的早期阶段可将故事作为有效的原型制作工具。

如何应用

向同一个参与者展示多个故事（单一测试或比较测试）。视觉化手段有助于区分不同的故事。参与者往往倾向于根据描绘的内容进行评估，因此故事要避免使用主观情绪及过多不必要的细节。用简单的草图表达就足够了。避免出现面部表情，并使用统一的风格进行表达。

第1步：明确想要获得反馈的创意数量、反馈内容、反馈对象。并确定表达方式（如图像、文本、视频等）。

第2步：创作故事，并将所需获得的反馈内容转化为问题清单。

第3步：筛选并邀请参与者。

第4步：让参与者阅读或观看故事，鼓励他们认真阅读。

第5步：采访参与者或让参与者完成调查问卷。鼓励他们分享自己的观点，并强调答案没有明确的对错标准。

第6步：分析反馈数据，优化创意。

第7步：创作新的故事。

第8步：与其他利益相关者讨论获得的反馈内容和创意优化方案。

提示与注意

通过阅读培养自己的写作技巧。

使用简洁的语言，避免过度使用形容词。

避免出现强烈的情绪波动，否则会在获取消费者反馈的过程中出现相应的情绪波动。

故事中首先设置场景，并在其中创造一个可以想象的情节，情节包含相应的事件和结果，并以中性的方式结尾。

避免使用明显的“大团圆”式结局，这会让设计师的意图变得不明确。我们想要得到的是消费者对创意的反馈，而不是对故事本身的反馈。

局限和限制

只有当消费者理解设计师的创意时，他们的反馈才有可能产生价值。

通过讨论解决理解偏差问题，这对优化创意和故事有着重要价值。

仅仅用文字解释产品细节不足以让消费者理解设计意图，这时就更适合用各种原型制作方法来呈现。

参考资料及拓展阅读： Van Laer, T., Edson Escalas, J., Ludwig, S., & Van Den Hende, E.A. (2018). What happens in Vegas stays on TripAdvisor? A theory and technique to understand narrativity in consumer reviews. Journal of Consumer Research. / Schweitzer, F., & Van den Hende, E.A. (2017). Drivers and consequences of narrative transportation: understanding the role of stories and domain - specific skills in improving radically new products. Journal of Product Innovation Management, 34(1), 101–118. / Van den Hende, E.A., & Schoormans, J.P.L. (2012). The story is as good as the real thing: Early customer input on product applications of radically new technologies. Journal of Product Innovation Management, 29(4), 655–666.

物联网（IoT）的定义为：互联的设备（如工具、传感器等）网络，这些设备构成了为我们提供大数据的现代互联网。智慧城市是指通过这些传感器收集数据的城市区域，所收集的数据被用于交通运输系统管理、水电网络管理、犯罪侦查及其他社区服务。人工直觉（artificial intuition）是这类系统的核心组成部分。例如在自动驾驶汽车设计中，强化学习和深度学习网络运用大数据来实现预测避障、路径弯曲等汽车驾驶自主决策功能。

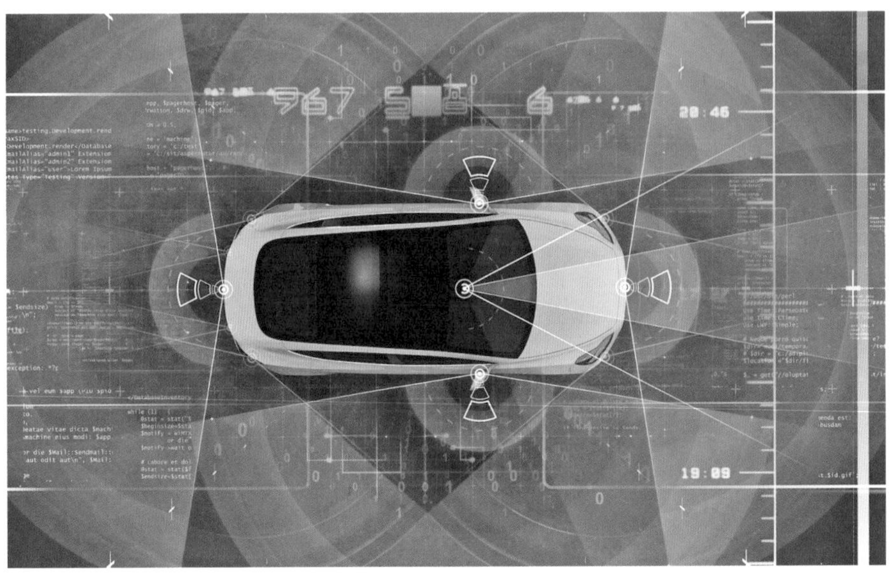

使用分析

使用分析是一组帮助设计师、用户、利益相关者获取可操作知识（actionable knowledge）的方法。这些信息来自产品、服务在其生命周期内的使用阶段所产生的定量数据。

内涵及原因

产品和服务在实际使用中并不总是符合设计师设的期望。深入了解产品、服务在实际使用中的情况可以启发设计（或再设计）和工程设计（或工程再设计）过程，从而更好地满足用户需求。使用分析包含获取、分析、解释不同来源定量数据的实践应用、方法和工具。这个过程可以通过问卷调查、观察、维护报告等形式完成。得益于互联网和物联网的发展，如今我们可以从网络日志和嵌入式传感器收集大规模的详细数据。我们可以依此获取个人交互行为和体验的深入洞察信息（如用户处理实体产品的方式、点击网站的行为等）以及用户群体的聚合行为（如所有用户对产品功能的平均使用等）。

思维方式：设计师应该明白产品或服务在实际使用过程中的使用形式很可能是在初始设计时无法预料的。因此，设计师需要具备开放的心态运用“使用分析”的结果来改进产品或服务，并且要认识到这些结果可以带来新的机会。

提示与注意

使用描述性统计数据，例如平均持续使用时间或用户最常用选项等。传统的电子表格软件通常可以实现这项工作。

可以使用现有的数据分析及可视化工具和软件库（支持多种编程语言）来完成更高级的数据分析。

原始数据通常难以直接用于分析，因此需要对原始数据进行一些额外的预处理，例如数据清洗和数据重新排序等。

收集数据涉及隐私，必须遵守通用数据保护法规。

局限和限制

没有一种神奇的算法可以提供正好可用的数据，也不可能在没有人为干预的情况下直接找到有趣的使用模式。

何时应用

使用分析是一种评估性的设计方法，它适用于所有迭代的敏捷或精益设计过程的中间原型阶段，也适用于评估在售的完整产品或服务。当需要理解有关产品或服务在使用阶段产生的现象时也可以运用它。典型案例包括：

· 用户操作和交互过程中的重复模式：通过预测的方式，利用从前未知的使用模式为产品的再设计或软件更新提供灵感，从而让使用方式变得更简洁、易用、舒适、高效。用户也可能会对新的使用方式感兴趣，因此可以在产品或关联的应用程序中进行展示。

· 产品性能趋势：产品性能下降可能意味着产品需要进行维护（这是可以预测的），从而减少不必要的死机（或停机）风险。

如何应用

要有效利用使用数据，需要尝试使用人量的数学分析及数据可视化技术（包括且不仅限于：描述性统计、预测性或诊断性统计、机器学习和模拟等）。设计师可以使用一些较为复杂的数据分析工具，例如开源的Orange和KNIME等。

第1步：确定可能的知识需求。

第2步：确定有助于满足上述知识需求的数据项。

第3步：确定收集和记录数据的手段（如传感器、报告、数据储存等）并实施。

第4步：确定数据处理技术，应用它制作数据原型并进行数据评估。在处理输入数据以获得洞察信息的同时，实际的分析过程已经形成。这个步骤是迭代式的，可能需要返回到第2步和第3步重复进行。通常在第一次迭代时需要进行数据可视化，以便发现潜在有趣的使用模式及特征。在最后一步中，定义如何从原始数据中提取行为模式特征，以及这些使用模式的意义所在。

第5步：将上述步骤整合处理后，选择集中实施（如在服务器或云端实施）或分布式实施（如在产品单元内进行边缘运算）。

第6步：持续反复地进行产品分析，获取支持信息或用于决策。

参考资料及拓展阅读： Klein, P., Van der Vegte, W.F., Hribernik, K., & Thoben, K.-D., 2019. Towards an approach integrating various levels of data analytics to exploit product-usage information in product development. Proceedings of the Design Society: International Conference on Engineering Design, Vol. 1, Issue 1, pp. 2627-2636 / Porter, M. E. & Heppelmann, J. E., 2015. How smart, connected products are transforming companies, Harvard Business. Review, 93(10), pp. 96-114, 2015.

美国精神航空（Spirit Airlines）公司推出了全新的空间最大的经济舱座椅，灵感来自乘客的反馈。这批座椅采用复合骨架，并用超轻质泡沫填充。每把座椅比以前减轻1.2公斤，有助于提高飞机的燃油效率。这批座椅还配备了带升降功能的文件袋，且增加了50毫米的可用腿部空间以及座椅倾斜度。

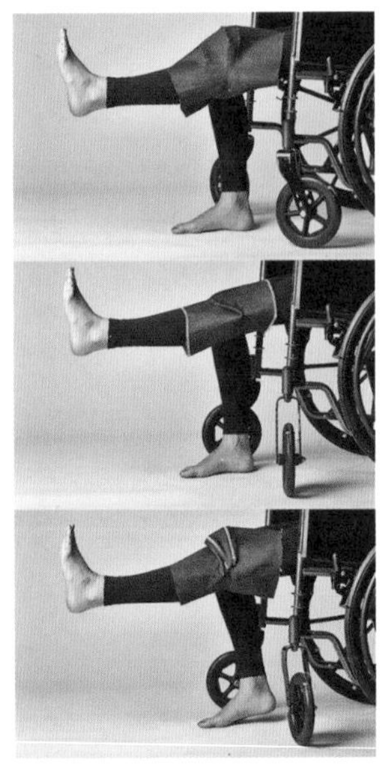

“久坐设计”（Seated Design）分析现有轮椅的基础结构，为长期坐着的人士实现了集功能性、吸引力、舒适度为一体的轮椅解决方案（Luck Jones，纽约帕森斯设计学院）。“平等”（Equal）这件作品为使用轮椅的人提供了一种可独自操作的低排放交通方式。绝大多数人将自由地行走、跑步、驾驶视为理所当然的。普通汽车的设计并没有考虑残障人士，因此残障人士驾驶时一定缺乏所需的功能和舒适性。（Abusolute设计，克罗地亚）

舒适度评估

舒适度评估是一种评估现有产品或创新设计概念体验舒适度的方法。

内涵及原因

“舒适”一词通常用于床、座椅、汽车、服装、把手乃至机票等产品的营销。相反，“不舒适”一词通常用于许多科学研究中，主要用来表示肌肉骨骼不适的测量指标。研究舒适度（或不舒适度）的方法有助于设计舒适的产品或减少产品的不舒适度。关于舒适度的定义有多种，尽管一直存在争议，但有些是大家普遍认可的：

· 舒适度是一种主观定义的个人本性的构想。

· 它受身体、生理、心理等因素影响。

· 它是个人在环境中互动的反应。

思维方式：舒适度评估的基础在于舒适是一种人们渴望的品质。从这个角度来看，该方法是规范的，它假设不舒适是一种不受欢迎的情况。

何时应用

舒适度评估可以在设计流程的各个阶段进行。在设计的早期阶段，它可以用于评估现有情况下的舒适度或不舒适度，从而指明改进方向。当创新设计取得足够进展时，它也可以对产品原型或设计概念进行评估，或者通过不同版本的产品（或环境）的比较进行评估。

如何应用

设计师可以从物理交互（例如施力方式、特定姿势持续时间、身体部位压力等）的角度思考，设计预防肌肉骨骼疾病的健康产品。这些物理交互因素可以通过不舒适度问卷的方式进行评估。尽管如此，避免不舒适感并不等于产生舒适感，因为舒适度还与情绪和认知等主观体验相关，因此有必要进行“舒适度”和“不舒适度”两个维度的评估。

影响“舒适度”和“不舒适度”的潜在因素因产品而异。对椅子而言，可以通过舒适度和不舒适度的影响因素进行区分；但对于手动工具和飞机内饰等，这种区别并不一定存在。

第1步：明确舒适度评估的焦点。

第2步：决定是单独使用舒适度评估表（或不舒适度评估表），还是两者都用。

第3步：运用“局部姿势不舒适度”（Localized Postural Discomfort，LPD）评估方法。LPD方法的优势在于设计师可以通过它找到需要关注的区域，从而找到初步的改进方向。可以从使用情境、环境、社会、气候等方面进行舒适度评估。

第4步：值得注意的是LPD方法不适用于少于一个小时的评估环节。因为要注意到产品的不舒适度通常需要一定时间。

如果时间有限，LPD方法也可以用更简单的方式进行。在使用产品一段时间后，要求参与者在LPD的身体部位图上对感到不适的部位打上红叉，并在感到舒适的地方打上绿叉。舒适度的评估往往还受期望的影响，因此进行“使用前”评估也很重要。

提示与注意

人体感官无法评估出绝对的数值，因此需要让参与者比较两种以上的产品。

舒适度评估不能仅针对单个用户进行，需要有一定数量的用户样本，因为不同的人体验到的舒适度存在较大差异。

不同的行为活动的舒适度并不相同。因此，在测试环境中，需要不同的参与者执行相同的行为活动。

暂时的不适感有可能在短暂的不适感过后产生舒服的感觉；在不太愉快的环境中，较低的舒适度期望也会导致产生较高的舒适度评估结果。

确保（不）舒适度评估的持续时间尽可能接近真实情况。例如，专业人士使用钻孔机的时间通常长达一整天，而业余用户通常只用几分钟。

要意识到，当不舒适感存在时，舒适感就会在感知中变得次要。

局限和限制

该方法对特定情况下定量选择舒适度和不舒适度起不到作用。

参考资料及拓展阅读： Dianat I., Nedaei M., Mostashar Nezami M.A. 2015. The effects of tool handle shape on hand performance, usability and discomfort using masons’ trowels, International Journal of Industrial Ergonomics 45, pp.13-20. / Hiemstra-van Mastrigt, S. 2015. Comfortable passenger seats: Recommendations for design and research. Unpublished doctoral thesis, Delft University of Technology, The Netherlands. / Kuijt-Evers, L.F.M., Vink P., & Looze M.P. de, 2007. Comfort predictors for different kinds of hand tools: Differences and similarities. International Journal of Industrial Ergonomics, 37, pp. 73-84.

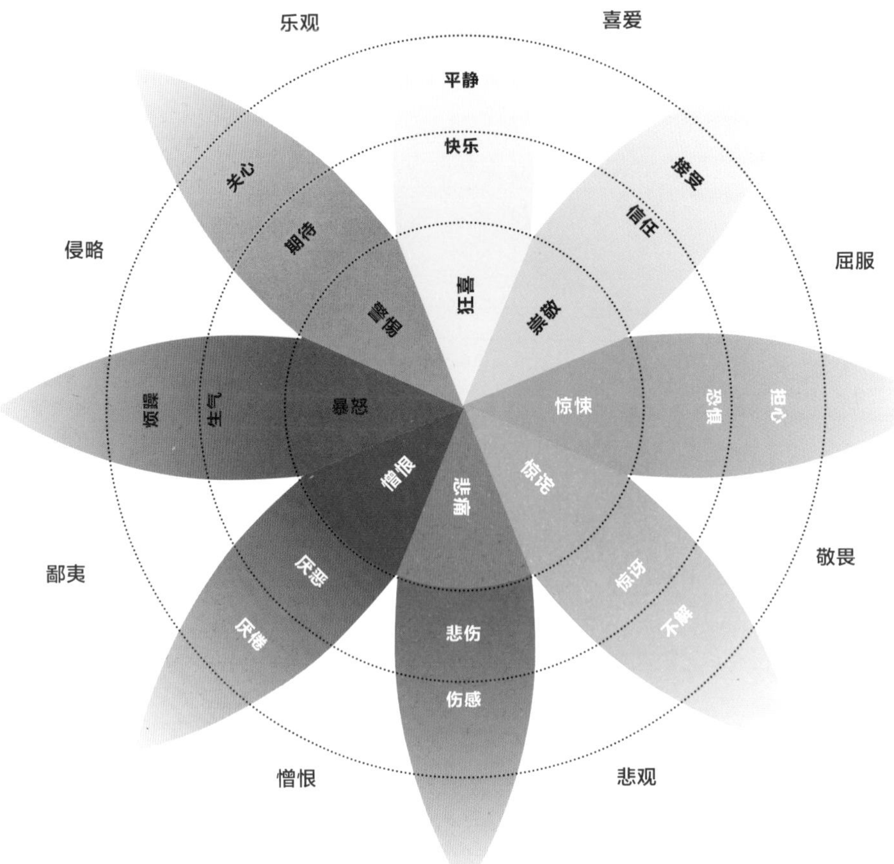

普拉奇克的情绪轮盘（the Plutchik's Wheel）展示了8种两两对立情绪之间的关系。
使用情绪进行设计分析的真正挑战在于人们会隐藏想法和感受，甚至经常表现得表里不一。

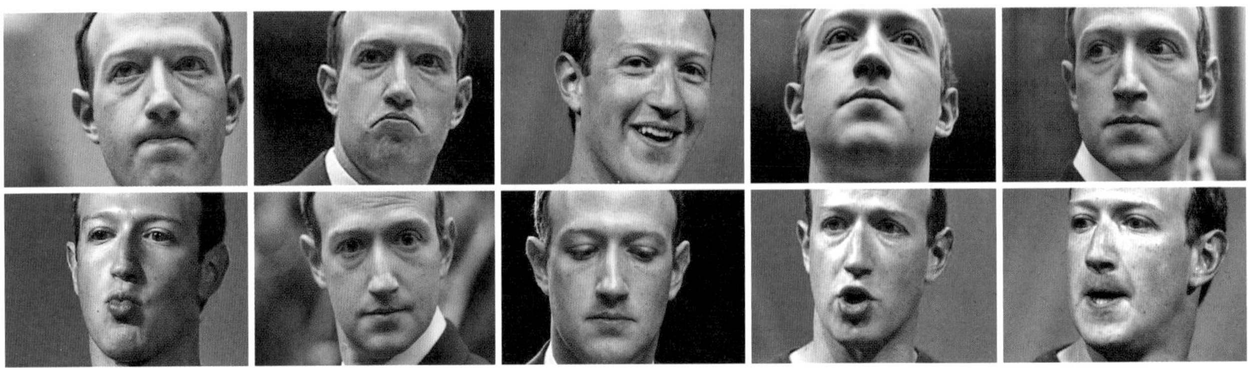

许多研究都投入到人工智能应用中，学习破译非语言线索（如声调、肢体语言、面部表情等）。然而，这些线索并不能有效读出我们的情绪状态，只是反映了我们的某种意图和社会目标。情绪与表情之间的关系是微妙复杂的，并不遵循某种普遍规律。一个标准的展示西方人恐惧情绪的表情，在特洛布里恩群岛人看来却是极具侵略性的。微笑有19种，但只有6种是幸福的微笑。

PrEmo和照片引谈法

产品情绪测量仪（PrEmo）是一种图形化情绪自我报告测量工具。照片引谈法（photo-elicitation）是一种访谈研究方法，使用视觉图像引出评论。尽管我们每天都会经历一系列的情绪变化，但通常很难用某种情绪来形容我们的感受。

内涵及原因

情绪与设计息息相关，因为它们会影响用户体验以及用户和产品/服务的关系。PrEmo工具的核心是一个插图角色，他使用脸、身体和声音表达出14种不同的肢体语言和面部表情，通过非口头表达的方式测量情绪。

照片引谈法的主要目的是记录受访者对设计或产品的反应，挖掘产品对他们的社会/个人意义和价值。通过图片引发的意义、情感可能与口头询问所得不同，两者可以相互补充。人类大脑处理视觉交流与口头交流的方式并不相同。当访谈人和受访者共同创建图像时，可以得到传统数据收集方式难以捕获的数据类型。在研究人类情绪和表达时，如果没有这些数据类型，即使是最重要的研究结论也可能是空洞的。

思维方式：PrEmo的出发点是相信由设计引发的细微的、复杂的情绪反应是可以测量的。照片引谈法则相信借助综合手段表达体验是理解情绪的最佳方式。

提示与注意

要保持好奇心，并且愿意倾听。如果你没有好奇心、不认真倾听、着急不耐烦或思绪缥缈，大部分人是能察觉到的。如果你真的渴望知道他们的故事，他们是能察觉到的，运气好的话他们也许会告诉你。

局限和限制

PrEmo工具只能用于测量情绪（如关心、着迷、厌倦、不满等），却无法测量其他与设计相关的用户信息（如动机、态度、行为等）。

何时应用

使用PrEmo可以加深人们对特定刺激因素（如产品设计、图像、气味、室内装饰、服务体验等）产生的感受的理解。同样，它也可以用来询问人们想要的感受，或是当下没有的感受，抑或是对过往事件的感受。视觉图像可以唤起人们对产品和设计体验的深刻理解。照片引谈法在儿童及边缘化社区参与式研究中最为常见。对于天生的视觉学习者而言，更是一种理想的定性研究方法。PrEmo或照片引谈法所得研究结果可以形成具体的印象，用于设计流程各个阶段评估设计方案或全新概念所产生的情绪影响。

如何应用

PrEmo适合没有测量产品（或产品概念）情绪反应经验的设计师使用。PrEmo方法通过卡片组的形式呈现，可以有效获取定性研究和定量研究数据。

照片引谈法运用照片、视频、插画、涂鸦、广告等形式结合其他方式引发人们谈论自己的感受。采访人和受访者都可以提供图像或用图像进行表达。

分析PrEmo测量所得数据需要具备一定的知识和经验。分析结果可用于不同的目的，例如为新产品设计提供情绪基准，为概念选择提供依据以便选出最能激发积极情绪的方案。

PrEmo也可以作为设计团队的交流工具，帮助团队就特定产品的情绪影响达成共识。

参考资料及拓展阅读： Desmet, P.M.A., 2018. Measuring Emotion: Development and Application of an Instrument to Measure Emotional Responses to Products. In M. Blythe & A. Monk (Eds). Funology 2: From Usability to Enjoyment, 2nd Edition (pp. 391–404). New York: Springer. / Desmet, P.M.A., & Schifferstein, N.J.H., 2012. Emotion research as input for product design. In J. Beckley, D., Paredes, & K. Lopetcharat (Eds.), Product Innovation Toolbox: A Field Guide to Consumer Understanding and Research, pp. 149–175. Hoboken, NJ: John Wiley & Sons. / Laurans, G. & Desmet, P.M.A., 2017. Developing 14 animated characters for non-verbal self-report of categorical emotions. Journal of Design Research, 15(3/4), 214 - 233. Raijmakers, B. and Miller, S. (2016) Viewfinders - Thoughts on Visual design research. London: STBY Ltd. Raijmakers, B. & Miller, S. (2016) Viewfinders - Thoughts on Visual design research. London: STBY Ltd.

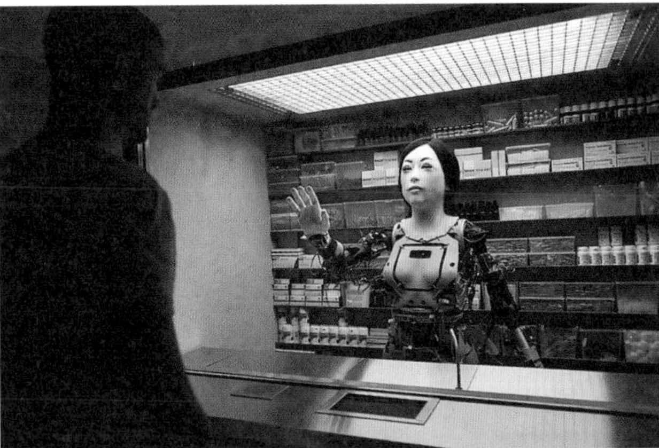

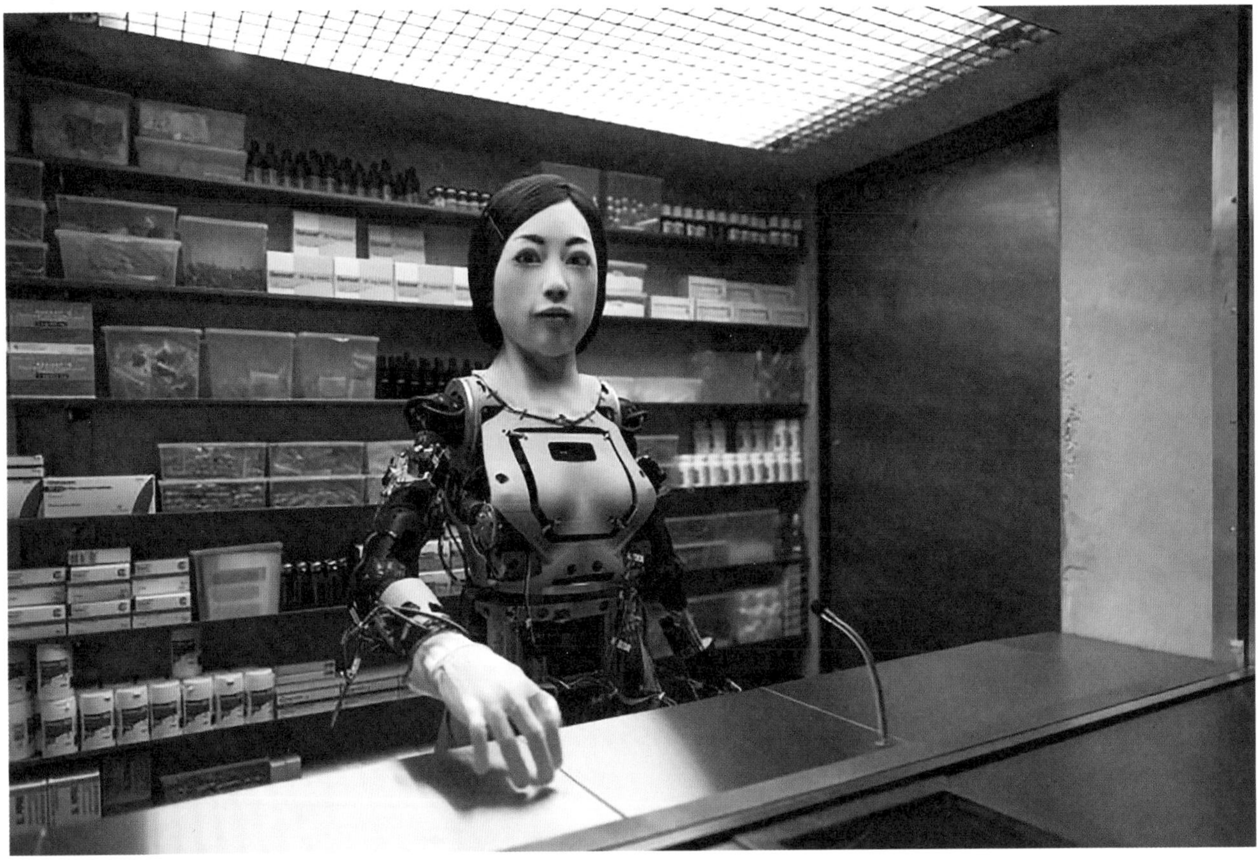

荷兰艺术家Dries Verhoeven为他的现场装置作品“幸福”（Happiness）创造了一个叫Amy的仿生机器人。Amy经营一家药店，人们可以参观药店，想象药物已经成为日常生活不可或缺的世界。Amy可以有条不紊地向参观者介绍调节大脑中血清素和多巴胺水平的各种自我药疗方案。在医疗领域，人工辅助很常见：可穿戴辅助、人造髋关节、激光视力手术等。如果我们开始干预我们的大脑、情绪平衡、个性会怎样？（摄影：WillemPopelier，Thorsten Alofs）

角色扮演

角色扮演是一种对交互形式的模拟，能帮助设计师改进、决定产品设计与潜在用户之间的交互行为。

内涵及原因

用户通过身体、感官、思想与产品进行交互。设计师可以将自己置于用户的角度，根据用户的体验评估自己的设计。这种做法可以帮助设计师摆脱先入为主的看法。角色扮演如同舞台剧演出：通过让潜在用户完成各项任务的表演，设计师可以进一步了解复杂的交互过程，从而从交互方式上改进设计。

思维方式：将自己想象成为用户，在多个场景中扮演用户的角色，可以帮助设计师直面设计的缺陷。尝试在设计提案中找出错误的假设及设计错误。角色扮演的体验可以帮助设计师挖掘新的洞察信息和创意，用以解决遇到的问题。

何时应用

在设计流程的整个过程中均可使用该方法，以帮助设计师从用户与产品互动的角度改进设计方案。你也可以在设计的末期运用该方法了解已开发产品的交互品质。如果你不属于潜在用户群，那么通过角色扮演的方式，你可以融入目标用户的使用情境，这对你的设计十分有帮助。例如，你可以戴上一副半透明的眼镜，将自己的关节用胶带绑住，感受视力不佳者或行动不便者的生活场景。

提示与注意

在进行数据分析时，要注意任务的顺序、用户动机以及可能对交互产生影响的一些因素。

尽量模拟真实的物理环境，这样参与者的表现也会更真实。

进行一次模拟测试，找出角色扮演方法遇到的障碍及必要条件；可以在模拟测试中邀请团队成员共同参与。

局限和限制

设计师无法用自己完全替代预期用户。

此方法需要和其他方法结合使用，这样才能了解用户以及他们与现有系统/产品/服务的交互方式。

如何应用

角色扮演的一个重要优势在于你需要运用全身上下所有部位，融入到某一特定的情境中。相对于其他诸如故事板或场景描述等方法，设计师更能身临其境地体验潜在用户的生活场景。该方法不仅能帮助设计师探索有形的交互行为，还能帮助设计师感受优雅行为的表现方式及其吸引力。此外，通过角色扮演，设计师可以逐步体会产品与人交互的所有过程。角色扮演的过程通常用照片或视频的方式记录下来。该方法以初步设想的交互方式为基础，选出优秀的交互体验方案，并完成该交互过程的视觉和文字描述。这些都可用于交流和评估设计。

第1步：确定演员及扮演的目的，或明确交互行为的方式。

第2步：明确你想要通过角色扮演表现的内容。确定前后扮演顺序。

第3步：确保在扮演过程中做了详细的记录。

第4步：将团队成员分成几种不同类型的角色。

第5步：扮演交互过程，期间也可以即兴发挥。敢于表达自己的行为，在扮演中鼓励自言自语，“大声”思考。

第6步：调整叙事内容及场景设置，重复扮演过程，直至不同的交互方式都已扮演完。

第7步：查看记录、转录数据并将其转化成洞察信息。

参考资料及拓展阅读： Jacko, J.A. & Sears, A., 2002. The Human-Computer Interaction Handbook: Fundamentals, Evolving Technologies and Emerging Applications. New York, NY: Erlbaum and Associates.

WENGER

产品可用性评估

产品可用性评估主要用于验证产品的可用性，该方法能帮助设计师了解在现实使用情境中设计（概念或创意）的质量，并在测试结果的基础上进行改进。

内涵及原因

设计师通常会提出许多假设问题：人们会如何使用设计的产品？用户理解使用方式的程度有多深？可用性评估是验证这些假设并获取优化产品可用性灵感的关键步骤。

思维方式：设计师可能会对用户理解产品或服务使用方式的能力过于乐观。产品可用性评估鼓励设计师挑战自己的假设，并通过评估获得用户对设计的体验和理解。这有利于设计师进一步优化产品。

何时应用

产品可用性评估通常适用于设计过程的几个特定的阶段。在不同阶段中，我们需要对不同的项目进行评估：在开始阶段你需要测试并分析类似产品的使用情况。在设计的初始阶段你可以运用草图、场景描述、故事板等方式模拟设计概念并进行评估。随后，通过3D模型对造型和功能进行模拟评估，评估中期或最终的设计概念。最后，对接近最终产品的功能模型进行评估。在评估结果的基础上，可以就设计的有效性、效率、满意度提出要求。同时，你可能会发现一些错误、分歧、解决问题的其他可能性，以及提高产品用户体验的新机会。

如何应用

通过有效的手段展示设计概念，并观察用户在现实中的使用情况。然后，观察用户的感知能力（使用中，用户是否能接收到或自己发现使用线索）、认知能力（他们如何理解这些线索），以及这些能力如何帮助用户达到使用目的。最终得出一份设计改进要求清单。

第1步：用故事板的形式表达预期的真实用户和使用情境。

第2步：确定评估内容（产品使用中的哪个部分）、评估方式以及在何种情境下评估。

第3步：详细说明提出的设计假设：在特定环境中，用户可以接受、理解并操作产品的哪些功能？（即使用方式和使用线索的特征。）

第4步：拟定开放性的研究问题，例如：“用户如何使用这件产品？”或“他们使用了哪些使用线索？”

第5步：研究准备。表达产品设计（故事板或实物模型等），确定研究环境，为参与者准备研究指南和研究问题。

第6步：确定研究参与者，让他们知悉研究的范围（如个人隐私问题等），进行研究并记录活动过程。观察有意或无意的使用情况。

第7步：对结果进行定性分析（相关问题及机会）和（或）定量分析（例如，计算发生的频率）。

第8步：交流所得成果，并根据结果改进设计。在评估过程中往往会出现许多设计灵感。

提示与注意

邀请未参与或极少参与此次设计的人员参与产品测评，熟悉项目的人容易受已知信息左右而影响评估结果。

有时需要说服某些领域的专家（如市场营销专家或管理人员）较小的样本也可能得出有效的评估结果。

评估结果的有效性会随着研究经验的积累而增加。

通常情况下，不需要通过招聘渠道寻找参与者，你完全可以发动自己的关系网。

一般一个简单的定性评估需要1~4个参与者。

任何形式的评估都强过无所作为。如果资金紧张，也可以进行“游击式测评”。

提前考虑参与者的个人隐私问题。

视频记录是非常有效的交流工具。

在评估最后阶段，可以提出少许定性的问题。不要因为这些问题干扰了评估过程。

局限和限制

如果使用产品模型或原型进行评估，评估结果的有效性会局限在被测试的功能上。

如果参与者不知道如何使用产品，可能会在被观察时产生挫败感。他们可能会比在真实环境中付出更多努力去尝试找到使用方式。

参考资料及拓展阅读： Boess, S.U., De Jong, A.M. & Kanis, H., 2004. Usage research in the Delft Design Project Ontwerpen 4. In P. Lloyd, N. Roozenburg, C. McMahon and L. Brodhurst (Eds.) Procs. EPDE, pp. 577-584. Delft: Fac IDE, TU Delft. / Boess, S.U. & Kanis, H., 2008. Meaning in product use: a design perspective. In H.N.J. Schifferstein and P.P.M. Hekkert (Eds.), Product experience, pp. 305-332. Amsterdam: Elsevier. / Kanis, H., 1998. Usage centred research for everyday product design. Applied Ergonomics, February, 29(1), pp. 75-82. / Kanis, H., Rooden, M.J. & Green, W.S., 2000. Usecues in the Delft Design course. Contemporary Ergonomics, 6 April, pp.75-82.

在设计具有“防熊”功能的容器时尝试了各种尺寸和形状：从几克重的背包客的食物容器到能装20多吨的废料箱。这些产品都需要在真实场景中通过熊的体验测试，经过多次的试验与改进，许多产品达到了“防熊”的标准。

产品概念评估

设计师可以运用产品概念评估了解目标用户和其他利益相关者对设计概念的评价，并依此决定设计方案中的哪些因素需要进一步优化，或对是否继续发展（Go/No-go）该设计概念做出决策（也称为概念筛选，concept screening）。

内涵及原因

在产品概念评估中，各种利益相关者会从不同的视角评估产品或服务设计提案背后的核心创意。这个过程主要作用是对不同的概念进行筛选并评估进一步开发的可能性。

思维方式：设计师通常会对某个概念情有独钟。在这种情况下，更需要对利益相关者的喜好保持开放的态度，并且要认真了解他们喜好背后的原因。

何时应用

产品概念评估可用于整个设计流程。概念优化则常被用于设计流程的末期，因为此时设计师需要对现有的概念进行改善。

如何应用

通常情况下，设计师只有控制评估环境，才能有效进行产品概念评估。评估者需引导参与者对照预先设定的评估因素清单对设计方案进行评判。因此，产品概念评估不仅需要预先产出大量的待评估的设计概念，还需要对评估的原因作出解释。概念筛选一般由产品经理、工程师、市场专员等专业性较强的专家而非用户群的代表来进行。概念优化的主要对象是产品创意和设计概念中所涉及的具体部件和元素。此处有一个假设前提：每种产品概念中的优秀元素可以挑选出来，整合成一个最优的设计概念。在经历初步筛选后，设计师需要进一步从2~3个已选方案中再次做出选择，并决定是否继续发展这些方案。在产品概念评估过程中，可以运用以下几种方法展示设计概念：

（1）文字概念：运用场景描述形容用户如何使用产品，或列举创意各方面的特点。

（2）图形概念：运用视觉表现方式呈现产品创意。在设计流程的不同阶段可以灵活运用不同的表现方式，如设计草图、详细的3D计算机辅助设计模型等。

（3）动画：运用动态视觉影像展示产品创意或使用场景。

（4）样板模型（草模）：运用三维的实体模型展示产品创意。

第1步：描述产品概念评估的目的。

第2步：选定进行产品概念评估的方式，例如个人访谈、焦点小组、讨论组等。

第3步：运用适当的方式表现设计概念。

第4步：制定一个包含下列内容的评估计划：评估的目的和方式、受访者的描述、需要向受访者提出的问题、产品概念需要被评估的各个方面、测试环境的描述、评估过程的记录方法、分析评估结果的计划等。

第5步：寻找并邀请受访者参与评估。

第6步：设定测试环境，并落实记录设备。

第7步：引导参与者进行概念评估。

第8步：分析评估结果，并准确呈现所得结果，例如，以报告或海报的形式展示结果。

提示与注意

邀请的受访者应该属于设计项目前期预定的目标用户群。可以依据社会文化特点或人口学统计特征合理选择受访者。

受访者对该类产品的了解程度也是一个非常重要的因素，你可以简单地询问受访者对相似产品的使用经验。

检查受访者对新的产品或新的使用场景的宽容度。

系统地组织该评估过程，并在评估中涵盖所有你想询问的问题。

不要忘了为受访者准备礼物。

局限和限制

在产品概念评估中通常会使用并未完全成型的产品，参与者必须通过想象得出成品在现实生活中各种场景中所发挥的作用。因此，设计师需要在进一步的开发过程中定期评估概念，确保设计开发的方向处在正确的轨道上。

参考资料及拓展阅读： Antonides, G., Oppedijk - Van Veen, W.M., Schoormans, J.P.L. & Van Raaij, W.F., 1999. Product en Consument. Utrecht: Lemma. / Roozenburg, N.F.M. & Eekels, J., 1995. Product Design: Fundamentals and Methods. Utrecht: Lemma. / Schoormans, J. & De Bont, C., 1995. Consumentenonderzoek in de productontwikkeling. Utrecht: Lemma.

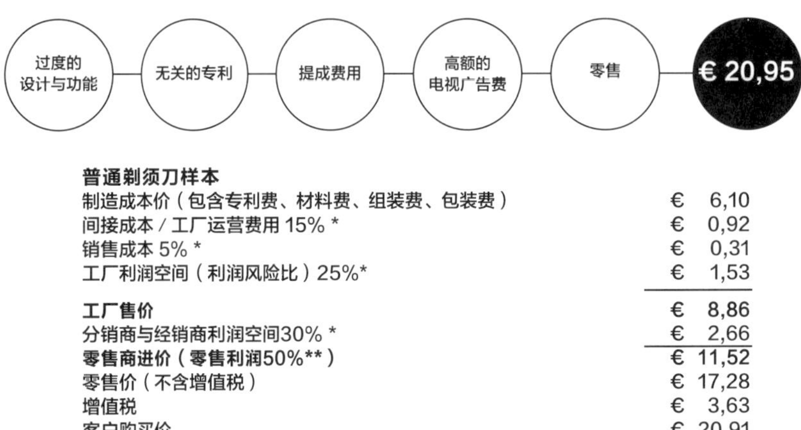

普通剃须刀样本

制造成本价（包含专利费、材料费、组装费、包装费）	€ 6,10
间接成本 / 工厂运营费用 15% *	€ 0,92
销售成本 5% *	€ 0,31
工厂利润空间（利润风险比）25%*	€ 1,53
工厂售价	€ 8,86
分销商与经销商利润空间30% *	€ 2,66
零售商进价（零售利润50%）**	€ 11,52
零售价（不含增值税）	€ 17,28
增值税	€ 3,63
客户购买价	€ 20,91
标价：	**€ 20,95**

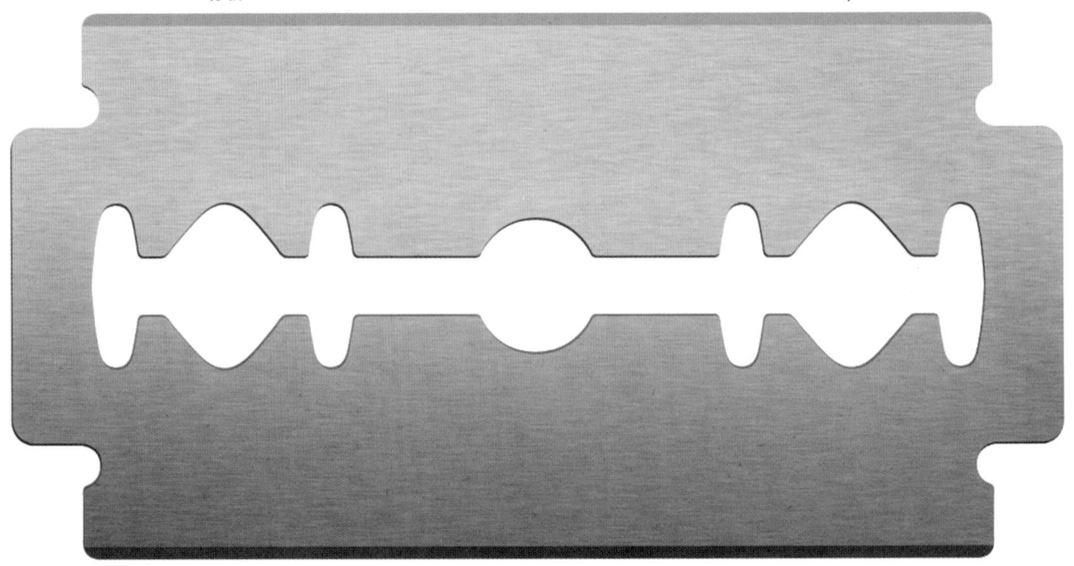

降低价格：剃须刀刀片的一般售价为每包21欧元。
如何在保证同等质量的情况下将售价降低50%？

没有多余的设计 — 直销给用户 — € 10,–

降成本后的剃须刀样本

制造成本价（没有多余的特征、不需额外专利费）	€ 4,40
间接成本 / 工厂运营费用 15% *	€ 0,66
销售成本 5% *	€ 0,22
工厂利润空间（利润风险比）25%*	€ 1,10
工厂售价	€ 6,38
分销商与经销商利润空间0%（没有中间商）	€ 0,00
进货价	€ 6,38
某网店销售利润30%**（网站、在线支付、利润风险比）	€ 1,91
零售价（不含增值税）	€ 8,29
增值税（荷兰为21%）	€ 1,74
客户购买价	€ 10,03
标价：	**€ 10,00**

*平均值，具体情况可能不同　　**不同的分公司、品牌和商店均不相同，大概在20%~300%之间

成本售价预估

成本售价预估法能帮助设计师在设计流程的初始阶段粗略估算设计方案的成本和售价。

内涵及原因

了解生产成本及零售价格的构成及相互关系十分重要。设计师要了解设计过程中的早期决策会极大地影响最终结果。成本价格是决定产品服务系统和租赁系统销售价格的基础。

思维方式：要意识到产品或服务在设计概念阶段的任何决策都有可能对最终售价产生重大影响。设计的重大挑战之一在于如何以与目标消费相同的方式去平衡功能品质与成本之间的关系。

何时应用

该方法不仅能预估设计的成本与售价，还能为设计师提供一份不可忽视的额外成本清单。为了达到这个目的，设计师需要收集大量的具体信息，如材料选择、产品尺寸、包装和序列号等。设计新人容易忽略隐藏在生产链和分销链中的隐性成本，简单地认为花费8.5欧元购买的材料，经过加工后得到的产品以10欧元的价格从商店卖出，这中间的1.5欧元差价就是自己作为设计师的赢利。但是实际上完全不是这样的。通过一些粗略的估计方法，设计师可以预估出一个相对实际的售价范围，也可以通过预估进一步了解运用何种部件、材料、细节或其他特征能够增加或减少设计方案的预算成本。

提示与注意

不要忽略产品成本和售价预估，在教学项目中结合此方法进行练习并获取这方面的经验对设计学生而言十分重要。

此方法还可以用于计算产品服务系统或租赁体系的成本与价格。人工时间成本是计算的核心。

局限和限制

该方法只能为售价提供粗略的范围。生产成本预算偏离100%，则最终的销售价格可能相差300%。

通过不断地积累经验，可以逐渐掌握其中更多的不可控因素。

如何应用

可以用定性和定量两种方式来预估成本和价格。定性的方式以现有产品为基础，将设计方案与现有产品比较得出一个定性的成本价格范围。定量的方式是通过将产品制造销售的各种成本因素和利润空间累加计算。

（1）定性预估

· 将设计方案与市场上现有的同类产品作比较。假如你要设计一款电动自行车，那么它的成本应该比普通自行车高，比踏板摩托车低。发动机的功率和电池的容量往往与成本成正比，增加额外的功能（如变速器和轻便轮胎）也会增加成本。

· 通常情况下，运用昂贵的材料也会导致产品的成本增加，例如，钛合金、碳纤维环氧树脂和表面贴片等。随着时间的推移，劳动力成本会逐渐成为决定产品成本高低的重要因素。劳动密集型零部件的成本往往相对较高，如焊接管道的成本比弯曲管道的成本要高。表面处理工艺也是开销较高的部分，例如消除模具痕迹或抛光等工艺都是成本不低的工艺。

· 工业设计通常涉及产品的产量，从几百个到上百万个产品。每个系列的产品都需要特定的生产方法和制造成本。因此，控制成本的关键在于找到固定成本（如模具）与可变成本（如每个产品所需的材料和人工成本等）之间的平衡。注塑成型的模具费用相对较高，但若是大规模生产，则每个产品的模具开销仅需几分钱，由此可见，聪明的设计能节约成本。

（2）定量预估

· 首先，估算出材料成本。你可以应用剑桥工程选择器（Cambridge Engineering Selector）程序（或者在互联网上搜索其他工具）进行估算。也可以将包装成本考虑在内。许多粗略的估算方法可以帮助设计师简单估算产品的成本价格：一般而言，产品的销售价格为材料成本的7~8倍。或者，更精确地说，产品的零售价是生产成本的3~4倍。产品的生产成本（即工厂售价）包含人工成本、包装费用和生产商利润等。

· 该清单能更准确地帮助设计师预估产品的成本和售价。经验不足的设计师往往容易忽略产品的包装、运输、分销和增值税等产生的成本。

参考资料及拓展阅读： Buiting-Csikós, C., Kals, H.J.J., Lutterveld, C.A., Moulijn, K.A. & Ponsen, J.M., 2012. Industriële Productie. Den Haag: Academic Service.

Ocean Cleanup是非政府环保工程组织，致力于用新技术从海洋中提取塑料污染物。经过多年测试，Ocean Cleanup终于部署了第一个全尺寸产品原型。2013年，该组织由出生于荷兰的代尔夫特理工大学学生、发明家、企业家Boyan Slat创立，主要目的是对海洋塑料污染物进行科学研究。（可以前往products.theoceancleanup.com支持该项目）

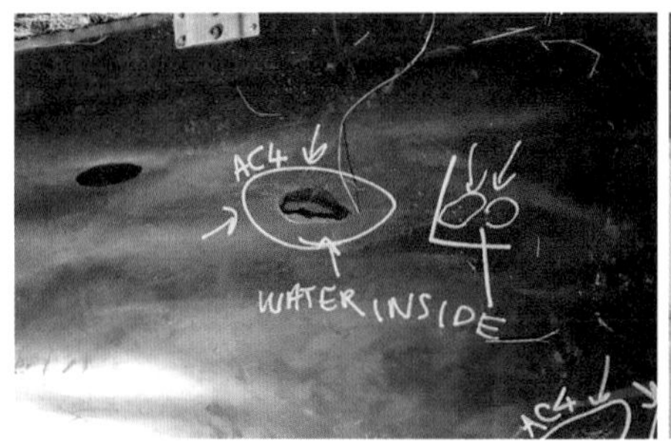

原型交互：

一个全新的海洋清理原型正在北海部署。这是在太平洋垃圾带部署第一个全尺寸清理系统的最后一步准备工作。

测试目的：

获得部署海上结构系统的经验，并最大限度地提高清理系统应对太平洋中最恶劣条件的能力。测试并不是通过整体系统的实施进行的，而是将整体分成较小的“切片”逐一进行。如果这些局部单元可以在海上持续运行，就是一个很好的迹象，意味着全长系统也能够在海上部署。

重要遗留问题：

如何将漂浮的管道与其下方的屏幕相连接？这种连接需要在刚性组件和柔性组件之间形成一个桥梁，并且能够承受高载荷的不规则且不稳定的运动冲击。

获得的相关技术知识：

传统漂浮围油栏阻断设计无法在海洋上长久持续运转。填充的气体会很快泄漏，吊杆和系泊设备之间的连接也无法承受高负荷。

获得的相关设计流程知识：

计划外的学习机会给时间安排带来了不小的压力，但我们很高兴去年在北海通过一小部分系统的测试（可行性更高）发现了规律，避免了在离岸2200公里的海上用600米长的屏幕做测试。

原型反思卡

原型反思卡本质是一种文档，可以帮助设计师清晰表达并追踪原型制作过程中获得的隐性知识。

内涵及原因

设计师可以通过多种方式从设计原型中学习。一方面，测试原型可以清晰地验证设计假设，回答研究问题；另一方面，设计师可以在原型制作过程中获取和积累各种实用知识，产生新的创意，并对设计所处的环境有更直观的了解。原型反思卡可以帮助设计师在制作原型的过程中记录并抓取所获得的各种知识。快速制作原型过程中产生的直觉预感可以通过该方法有效地进行表达、构建、跟进。该方法还可以帮助设计师发现思考盲点以及设计中隐含的假设。

思维方式：原型反思卡方法基于基本设计周期中所描述的思维方式。该方法要求设计师具备清晰的推理步骤。

何时应用

每当设计原型投入使用，可以随时填写原型反思卡。只要花费10~15分钟就可以将卡片填写完成，但它可以引导设计师反思是否要调整原型或原型测试方式，提醒设计师站在项目的宏观视角审视设计。反馈卡的形式可以根据设计反思的内容进行构建，例如个人影响相关因素、技术相关因素、组织转型相关因素。原型反思卡还将整个设计流程中需考虑的隐性知识分为三个类别：洞察信息、技术诀窍、创意想法。设计师可以将不同内容的原型反思卡组合使用，追踪记录整个项目中学到的东西，明确知识空白和隐性的假设，并依此计划下一个项目步骤。

提示与注意

将原型反思卡保存在一个单独的文件夹内，定期翻阅。

在卡片的背面，或使用单独的笔记本（或博客）添加其他注释。

不要使用原型反思卡来描述设计概念。

单独记录设计细节和设计演变过程。

在团队项目中，与所有成员共同填写卡片并就每个人所学到的内容进行交流讨论。

也可以单独填写原型反思卡，并与团队其他成员分享自己的反思内容。

局限和限制

原型反思卡不能为设计师就获取的知识提供详尽的文档。

如何应用

反馈卡可以由个人设计师或设计团队通过纸质或电子方式进行填写。反馈卡表格结构将引导设计师反思设计原型相关的测试活动，并思考从这些测试活动中所学到的知识或经验。将原型反思卡按时间顺序整理好，每次项目反馈时可以及时回顾前期反馈卡记录内容。

第1步：用文字对原型试用进行简短的描述，并通过照片或图稿的方式展示说明。

第2步：反思本次测试给设计概念相关的人、技术、组织带来了什么经验知识。

第3步：反思所获得的洞察信息（关于设计场景的新知识）、技术诀窍（新的做事方式方法）、创意想法（接下来想做的事情）。

第4步：从所有反馈记录中筛选并简要总结学到的最重要的三件事。

第5步：反思整个设计流程并记录笔记。

参考资料及拓展阅读： Jaskiewicz, T. & van der Helm, A., 2017. Progress Cards as a Tool for Supporting Reflection, Management and Analysis of Design Studio Processes. In proceedings of the conference: Engineering and Product Design Education, Norway. / Schön, D.A. & DeSanctis, V., 1986. The reflective practitioner: How professionals think in action.city: publisher?

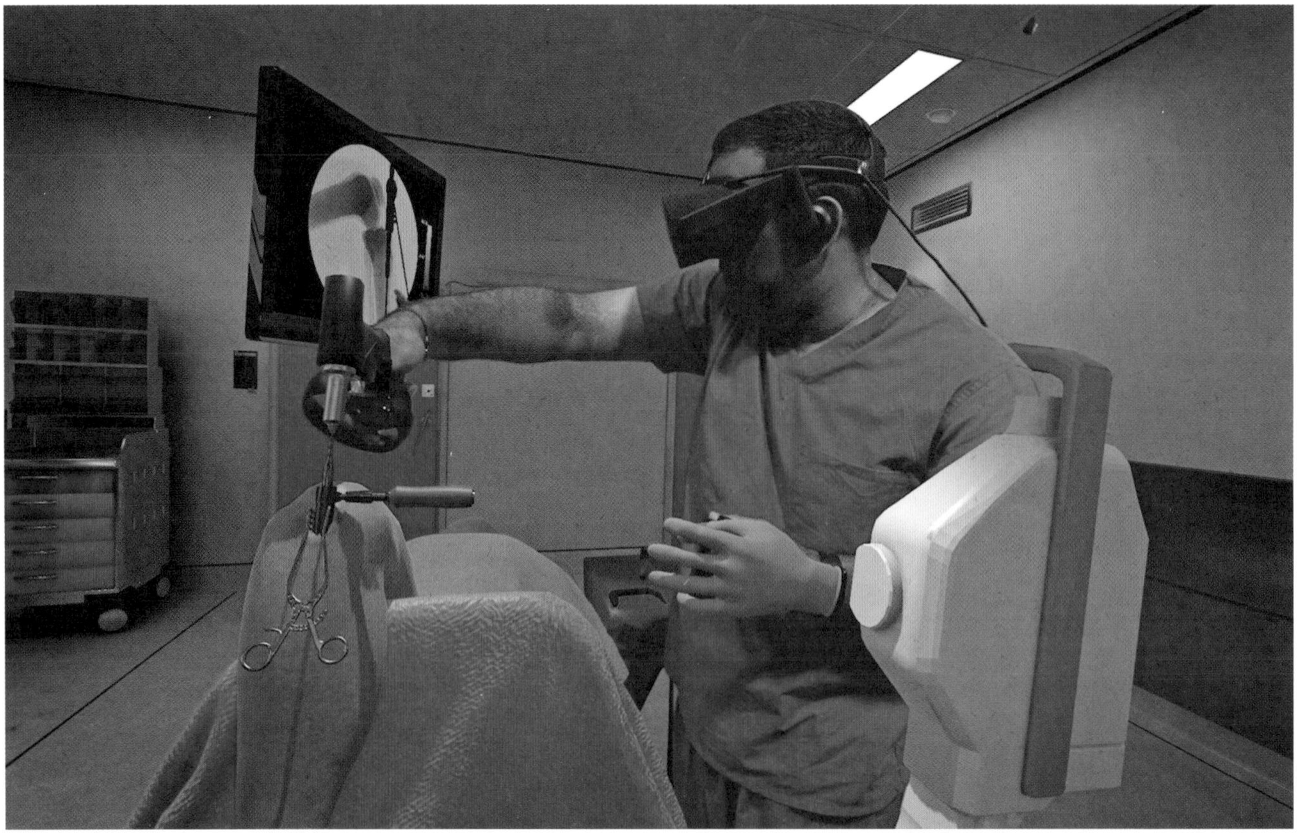

随着技术的进步，医疗设备人因测试可以在医务人员不必出差的情况下进行，并且可以快速迭代，并将视觉效果模拟原型和操作模拟原型进行终极整合。在可用性测试中使用VR技术，可以实现实时的设计迭代，以响应远距离的用户反馈。用户可以通过VR技术检查和把握有问题的设备，也可以和团队一起在各种场景中使用设备，以便更准确地分析用户界面的有效性及误用风险。
（图片由Osso VR提供）

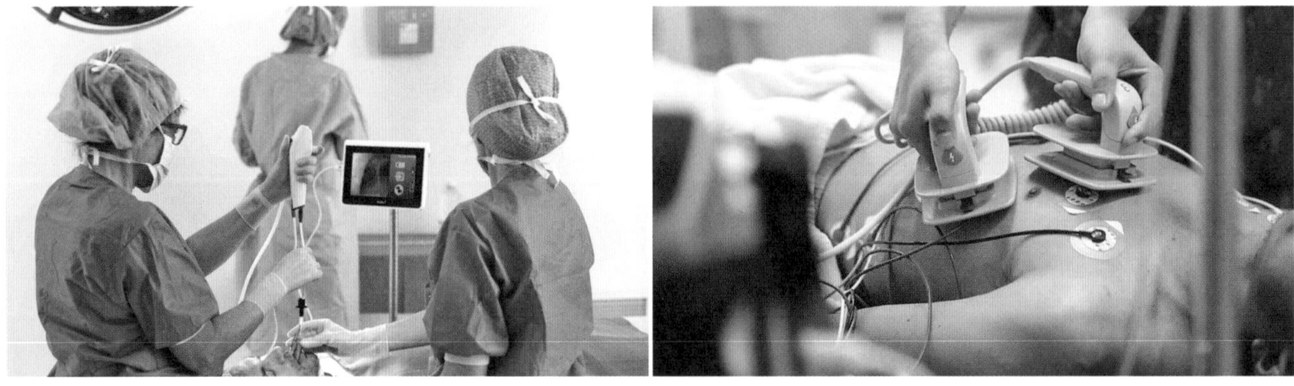

产品演示及设备模拟视频不仅可以更有效地对新医疗设备进行营销推广，还可以帮助使用者更好地了解相关的技术应用。

影像原型

影像原型是一种探索开发交互式产品、系统或服务交互方式的方法，它不受技术原型平台的限制。该方法的核心是影像制作代码技术、交互设计和声音设计。

内涵及原因

影像原型可以被视为设计假想的一种形式，它将设计作为一种工具引发人们对新技术、新产品、新服务的意识、关注、接纳。它的实现方式与讲故事类似。与使用传感器、执行器、Arduino板子制作原型的方式不同，影像原型更专注于在特定场景中与目标互动时更自由地探索和设计产品的美学、感官体验和意义。

思维方式：该方法运用戏剧形式及相关表现手段（如表演、动画、木偶戏等），为交互式产品设计提供了一种“低保真”的叙事方式。设计师可以使用泡沫、纸板、鱼线等普通材料制作并控制相关的事物（就如同故事场景中的“影视道具”），而不仅是制作一个单独的功能原型。

何时应用

影像原型特别适用于设计流程的早期阶段，尤其是研究开发新兴技术的应用时，因为这项工作通常由行业、学术、社会等方面的利益相关者组成团队完成。凭借丰富的视觉效果及内在的叙事结构，影像原型可以帮助设计师创造一个促进团队内成员相互间对话的共享空间，所有团队成员都可以在其中共同合作、同步目标并确定关键性问题。

提示与注意

将产品和服务视为故事的一部分。

选择好镜头的尺寸、构图、相机位置和角度，这些能大大降低模型所需的保真度。

要特别注意目标对象在使用时的声音效果并将其与动作同步，声音要尽可能真实、同步，这样才能确保可信度。

局限和限制

为了给潜在客户留下深刻印象，设计师可能陷入一个误区：在视频质量和技术上花费大量时间。然而，真正应该关注的重点是视频所展现的设计场景的价值。

如何应用

影像原型方法通常根据以下四个连续的阶段应用执行：

第一阶段：概念构思。首先，定义目标对象的功能，并通过状态变化图表进一步构建目标对象的规格。通过这种方式，可以充分挖掘产品感知和执行能力的各种细节。制作初始故事板，描述预期用户及使用场景，并在故事中描绘产品是如何影响用户及场景的。

第二阶段：概念细化。为目标对象制作简单的模型，探索其表现力、尺寸大小、整体形状和材料成分等。一定要通过材料属性及在线声音素材库探索听觉特性，从而确定目标对象可能产生的声音效果。

第三阶段：动效制作。通过人体运动（如木偶操作等）动态效果等方式进一步探索目标对象的行为。这个过程包含创建运动传递机制控制目标对象，并通过它体验目标对象在特定环境中是如何被人们理解和使用的。

第四阶段：影像制作。创建最终影像原型，即制作一部能够生动展示产品使用的短片。这个过程包含前期制作、影像制作和后期制作阶段。

· 创建详细的故事板。
· 在简单模型的基础上增加细节信息，将其转变成“影视道具”。
· 选择一个可触达的真实场景位置。
· 检查灯光效果，并确定镜头尺寸、相机角度、位置、运动。
· 彩排并呈现整体场景。
· 增加音效和后期特效，最终编辑成片。

参考资料及拓展阅读： Pasman, G., Rozendaal, M. van Ramshorst, A., Quaedvlieg, F., Osako, M. & Aguirre Broca, D., 2018. Cinematic Prototyping: Exploring Future Interactions without Prototyping Technology. In Extended Abstracts of the 2018 CHI Conference on Human Factors in Computing Systems (CHI EA ‘18). ACM, New York, USA. / Pasman, G. & Roosendaal, M., 2017. Designing Interactive Objects through Cinematic Prototyping. In proceedings of the 16th International Conference on Engineering and Product Design Education, Oslo, Norway. / Pasman, G. & Roosendaal, M., 2016. Exploring Interaction Styles using Video. In proceedings of the 15th International Conference on Engineering and Product Design Education, Aalborg, Denmark.

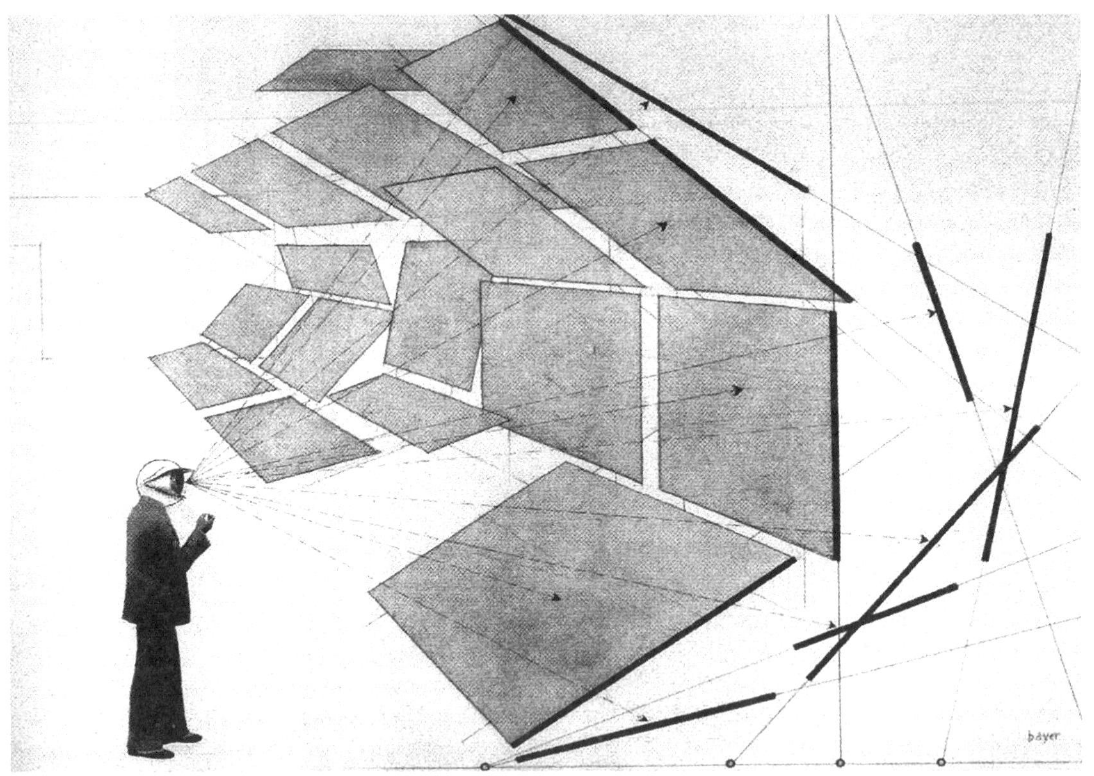

Eames Office为世界上第一个多媒体装饰绘制了概念交付图，并将其命名为“思考”（Think）。12部影片同时放映在一个由12个倾斜屏幕组成的系统上。该图展示的是一组精确计算的视角定位屏幕设计。Eames Office负责为IBM公司在1964年的纽约世界博览会上的展出提供展示、图形、标牌和影像设计。该设计方案主要集中在展示计算机对当代社会的影响，以及人和机器处理信息方式之间的相似性。下方图片展示了Ray和Charles Eames更多的设计图纸，他们主要在其中探索相关的形状、角色、轮廓、细节、材质和场景等。

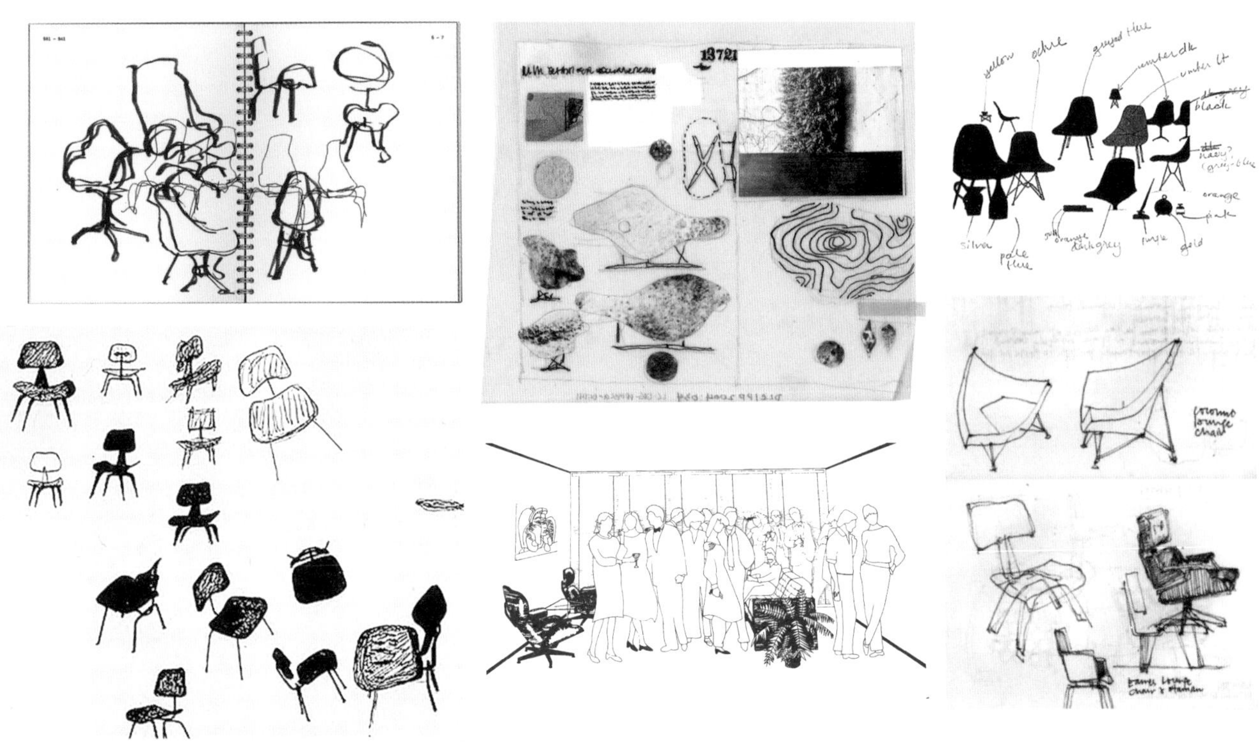

设计方法：开发和交付

设计绘图开发

在开发阶段，设计师需要阐明并主张自己的创造力。无论想法多么不成熟，设计师都应该将自己的想法通过草图表达出来。手绘可以帮助设计师进行视觉探索，这是一个思考、反思并进一步开发创意的过程。同时，手绘稿能够帮助设计师展示、评估、比较创意想法。

内涵及原因

设计绘图是用于探索和交流的视觉语言。出于这两个目的，开发阶段的手绘内容可以涵盖产品的形态、尺寸、交互（或使用）方式、系统、结构、工作原理、人机工程及其他任何与项目或场景相关的内容。

开发阶段包含多个步骤和活动。手绘可以用作发散性的头脑风暴或其他发散性的探索技术，也可以用于聚合性思考（展示、引导、选择等）以帮助利益相关者之间保持信息和思路同步。当设计进展逐步深入时，设计手绘也需要更加详细地传达设计提案的特征。

思维方式：开发阶段需要设计师具备创造力和想象力。设计绘图通过视觉的方式刺激思考，正好兼顾创造力和想象力，而且可以帮助设计师传达自己的想法。设计开发阶段是从创意想法到概念交付的过渡阶段，因此既需要发散性思考也需要聚合性思考。手绘图稿自始至终都具备强有力的可沟通性。在手绘过程中不要过于关注图稿的精美程度，而要关注表达的清晰度和说服力。

何时应用

设计开发阶段的手绘包含一系列不同的步骤：从自由粗糙的草图到具体详细的手绘图纸。这些图稿代表着从创意想法到概念方案过渡的轨迹。在开发阶段的最后，可以并行进行草图手绘、图形设计、模型制作和CAD建模。所有与设计相关的不同方面的草图手绘（如美学、装配、人机工程学等）都遵循上述过程。

提示与注意

在运用手绘进行探索和创意时，可以在纸上进行任何方向的自由表达、迭代和调整。

为了更好地进行创造和探索，你应该走出工作室，走向街头，观察、采访并尝试。

只要有想法，可以在任何场所使用任何工具进行手绘表达。同时要尊重自己的手绘作品，避免折叠，不要让污渍沾染纸张。

局限和限制

对人和产品的交互进行手绘表达可以更好地实践以用户为中心的设计思路。但扎实的人机工程学及产品使用测试和总结需要通过模型进行模拟和评估。根据得到的测试评估结果，又可以重新回到草图改善优化创意概念。

如何应用

灵感不会自己产生！从创意过程的开始阶段，就要拿起纸笔或平板电脑不断地画出自己的想法并迭代改进。如果不将脑子里的想法表现出来，大脑很快就会被塞满，这样就很难对想法进行反思和优化。

从简单的方式着手，不需要想出一个完美的创意才画在纸上。通过绘制简单的形状、想法和局部解决方案对双手和大脑进行热身。随着手绘的不断进行，这些想法和创意也会自然而然地变得更加详细完整。可以通过“奔驰法”（SCAMPER）丰富自己的创意想法。也可以通过团队协作来激发创造力，例如在小组中进行头脑风暴及其他协同创作。最重要的是：用视觉方式来执行这些协作方法和技术。将所有脑中的想法都记录在纸上，有必要的话可以结合简单的草模共同表达。保持随时随刻自由探索的习惯，并敢于分享自己的草图，即使你不认为是最好的内容。使用这些草图从同事或合作伙伴那里获得不同的见解和反馈。

参考资料及拓展阅读： Eissen, J. J., & Steur, R. (2009). Sketching: Bis. / Olofsson, E., & Sjölén, K. (2006). Design Sketching: KEEOS Design Books. / Robertson, S., & Bertling, T. (2013). How to Draw: Design Studio Press. http://www.delftdesigndrawing.com/basics.html

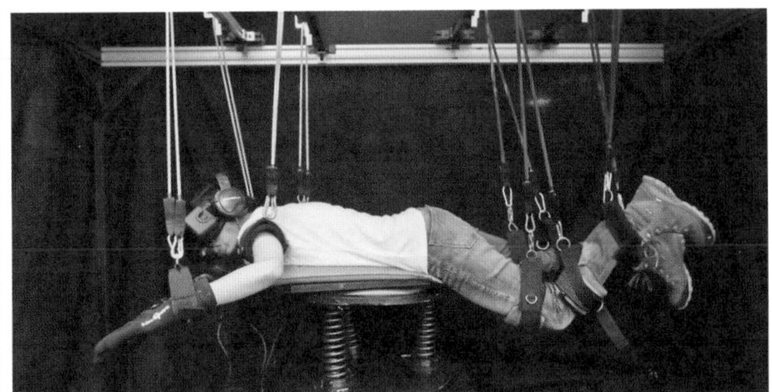

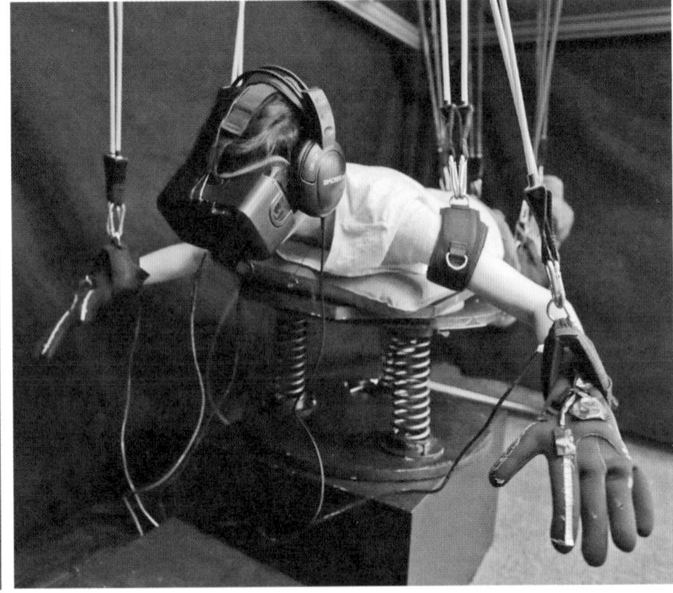

快速制作一个简单的纸板模型，可以帮助设计师了解设计的工作原理及用户与该产品的交互行为（左图）。
麻省理工学院的一个项目通过虚拟现实技术模拟水肺潜水，该项目的另一个目标是让用户体验耳聋的感觉（右图）。

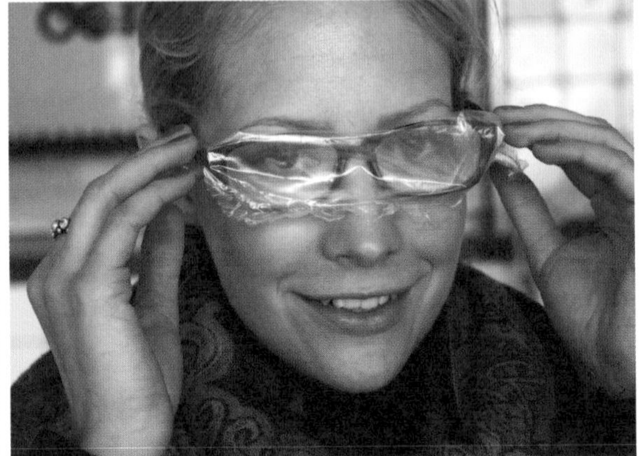

1976年，乔布斯和他的团队一共制作了200个苹果1代电脑的原型机。这些原型机在没有键盘、显示器、外壳的状态下就以666.66美元的价格在市场上销售。当时，有位客户在使用了原型机之后，要求添加一个保护性外壳。于是，乔布斯为他定制了一个木箱和一个键盘（左图）。代尔夫特理工大学的研究人员使用保鲜膜和眼镜，简单有效地模拟不同程度的视觉模糊（右图）。

体验原型

体验原型方法是将产品或服务的原型置于更广泛的使用环境中。这样的做法可以帮助设计师探讨用户是如何在复杂度更高、意外性更强的日常生活中参与影响所设计的产品或服务的。

内涵及原因

在创建体验原型时，重点并不在于该原型的工作性能，而在于用户与它之间互动所产生的体验品质。体验原型的制作通常会用到虚构道具或“伪造”技术。该方法主要分析的内容是：体验产品（或服务）的人是如何受到体验所发生的环境的影响的。例如，在飞机上打盹的体验不仅取决于机舱设计，还取决于他登机前的行为以及其他乘客（或空乘人员）的行为。体验原型可以将设计师的体验设计的诸多可能性变为现实。该方法需要将体验原型带到外部环境中。

思维方式：体验原型的目的并非测试设计的特定细节，而是一种掌握设计场景复杂性的最佳途径。因此，需要随时准备好被用户意想不到的使用方式惊讶到。设计师应该避免规定用户应该（或不应该）如何使用原型。

何时应用

体验原型不受设计流程中的任何特定阶段约束。在设计的前期，它可以帮助设计师探索现有的以及可能存在的用户体验；在设计流程后期，设计师可以通过它评估所设计的产品是否实现了提升用户体验的预期；在设计流程的所有阶段，设计师都可以使用体验原型向客户或合作方传达自己的设计意图。

提示与注意

可以从戏剧、电影或媒体艺术中寻找相关的模拟方法，例如角色扮演。

一定要亲自实践！

如果原型看起来和理想中的设计有差距也不要担心，因为该方法的重点是激发设计师追求的体验方式。

可以使用现有产品获得所需的体验特征。

模拟产品体验是一项可以随着时间积累的技能。

绿野仙踪（Wizard of Oz）原型是一种可以用来创造所需体验的技术。

精心组织并编写体验原型的介绍、使用和结论。

局限和限制

要模拟出影响体验的所有可能和变量是不可能的。因此要明确能代表设计理念的体验维度。

如何应用

体验原型方法的实现形式不限，既可以在现实生活中引入原型，也可以通过增强现实和虚拟现实等手段模拟现实生活中的场景。体验原型的目的是了解人们在场景中与原型的交互体验以及这些体验方式背后的原因。体验原型可以与大多数用户研究方法结合使用，主要的操作流程为：

第1步：明确设计场景。

· 了解设计场景并探索在其中引入原型的可能性，或者通过更简便的方式重现场景中的情形。

· 描述期望达到的用户体验。可以使用场景描述、交互愿景或故事板等方法。

· 列出实现该体验所需的核心内容，如材料、道具、设备和人员等。

第2步：探索如何实现目标体验。

· 将原型放置在即兴环境中并进行尝试，这个过程要与设计团队、潜在用户及客户共同完成。不断迭代以达到预期的体验。

· 尝试使用低保真原型，因为这样有助于设计师探索更多的原型变体。

第3步：研究用户如何体验原型。

· 根据设计的场景、挑战及研究设定，选择最合适的研究方法。

· 当设计原型被用户体验时，要拥抱所有挑战预期假设的可能性。

参考资料及拓展阅读： Buchenau, M. & Suri, J.F., 2000. Experience prototyping. In Proceedings of the 3rd conference on Designing interactive systems: processes, practices, methods, and techniques(pp. 424-433). ACM. / Law, E.L.C., Roto, V., Hassenzahl, M., Vermeeren, A.P. & Kort, J., 2009. Understanding, scoping and defining user experience: a survey approach. In Proceedings of the SIGCHI conference on human factors in computing systems (pp. 719-728). ACM. / Buxton, B., 2010.Sketching user experiences: getting the design right and the right design. Morgan Kaufmann. / Boess, S., Saakes, D. & Hummels, C., 2007. When is role playing really experiential?: case studies. In Proceedings of the 1st international conference on Tangible and embedded interaction (pp. 279-282). ACM.

发明在通常情况下与实际应用相关，直到19世界中叶，发明才与想象力更加密切相关。对于比利时艺术家Panaramenko而言，发明是探险和探索的过程。他在工作室建造的飞行器最终都变得不受控制。他声称：“我建造它们都是为了飞行、航行或驾驶。”然而他的所有作品都没有兑现初衷，“我的作品最终都太漂亮了，没法真正实现该有的功能。”根据Panamarenko的计算，上图展示的“ScotchGambit”飞机（1966—1999，展示于安特卫普当代艺术博物馆）使用两台风冷370马力Lycoming飞机引擎可以达到时速100公里。

视觉障碍导航系统的绿野仙踪原型支持用户在移动时使用音频输入来识别障碍物。给用户带上化学护目镜并贴上胶带模拟失明的效果。使用小型数码相机模拟导航，并将其通过线路与耳机和模拟电池相连。导航系统的反馈由向导（设计师）通过耳机传递，但“盲人用户”被告知导航反馈来自正在测试的人工智能导航。

绿野仙踪原型

绿野仙踪原型（Wizard of Oz Prototyping）是一种让用户体验设计的方法，该方法需要一名向导隐蔽地控制原型的行为。绿野仙踪原型可以帮助设计师以快速、廉价且技术要求不高的方式尝试设计理念。

内涵及原因

在童话《绿野仙踪》的故事中，邪恶的巫师原来是一位聪明的发明家，他在窗帘后面操纵者各种看似神奇的装置。绿野仙踪原型正是受此启发，需要一个用户看不到的人控制原型行为。

这种技术可以帮助设计师在短时间内使用有限资源，不必使用先进的技术来制作原型并测试自己的想法。它可以有效地在制作完整的原型和开发路径之前验证设计假设。绿野仙踪原型还可以用于探索各种设计方向，了解设计场景，并向他人传达创意想法。

思维方式：绿野仙踪原型的主要的构建思维是“快速尝试，看是否可行”。因此，在使用该方法时，要做好首次尝试失败的心理准备。并且要对失败的原因保持好奇心和批判的心态。

何时应用

绿野仙踪原型通常在设计的模糊前端使用。因为这类原型的制作时间短、成本低，设计师可以使用它们测试和验证某个特定用户体验的多种想法，并依此确定最终的设计方向。当然，该方法也可以在设计流程的后期使用，例如，当设计原型的基本特征在设计流程的后续阶段变得明朗时，操作向导（设计师）便可以开始控制更具体或更高级的设计特征。

如何应用

与其他设计原型方法不同的是，设计师在绿野仙踪原型方法中通常扮演的是一个隐蔽的（或不显眼的）操作员，通常要隐藏在用户的视线范围外。通过这种方式，虽然该原型很少（或根本不）涉及相关技术，却仍然可以通过精美的外观为用户提供完全可信的产品体验。要成功地使用绿野仙踪原型，需要为向导提供一个合适的场所进行有效控制，以便向导可以在不打断用户体验的情况下及时充分地响应用户的操作。向导需要针对可能出现的情况编写脚本，并事先进行排练。请记住，向导在此过程中所经历的困难一定是产品设计必须要解决的问题。

提示与注意

可以从科幻电影中寻找绿野仙踪原型的灵感，比如《星球大战》中Kenny Bakker扮演的机器人R2D2。

绿叶仙踪原型也可以结合高科技使用。MAX/MSP软件可以用于控制具有传感器和执行器的原型。

快速构建的绿野仙踪原型可以帮助设计师克服“分析麻痹症”（即设计师认为自己精心设计的研究仍然不足以完成特定的设计理念）。

局限和限制

任何向导无法观察到的东西都无法模拟。为了拓展向导的视野，可以考虑在原型装置上添加摄像头和监视器。

向导能够控制的用户触发因素和反馈数量是有限的。用户快节奏的行为和细微的动作对向导而言尤其难以响应。

设计师的偏执以及对模型的偏爱通常都会阻碍绿野仙踪原型的迭代改进。

参考资料及拓展阅读： Buxton, B., 2010. Sketching user experiences: getting the design right and the right design. San Francisco: Morgan Kaufmann. / Buxton’s Sketching user experiences (2010, p. 241)

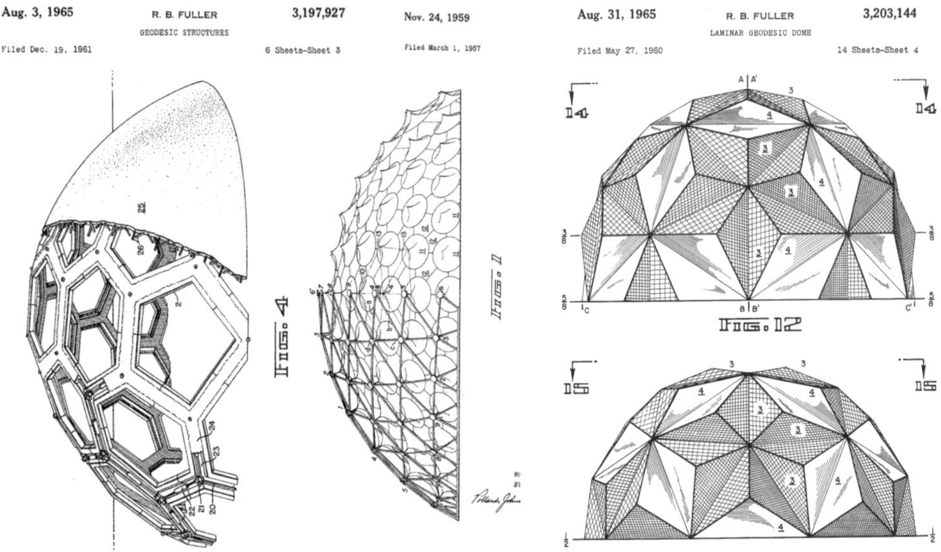

Buckminster Fuller于1965年绘制的两幅穹顶专利图纸表明，只需要使用传统建筑用料的五十分之一，就可以创造一个宜居的空间。三角形是一个自然的数学图形，通过不同的三角形相互结合，可以以最简单的结构发挥最大的效率。

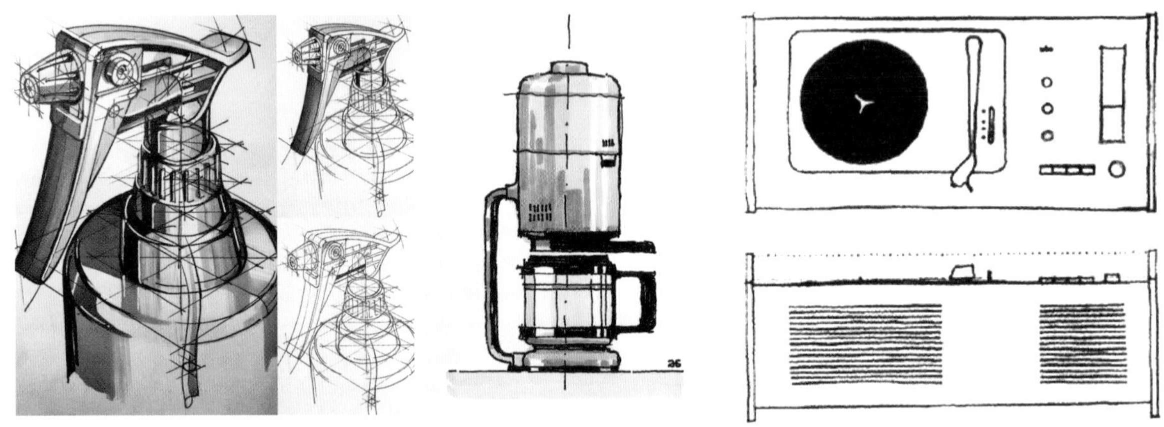

这些产品设计图样本主要用于交流和展示接近最终成品的设计方案。德国电器公司Braun以其出色的简约设计而闻名。这种极简的态度通过设计师Dieter Rames高效、准确、具有说服力的唱片机设计图纸得以体现（右图）。另一种实现该极简主义的相反方法是使用CAD建模软件进行逼真的3D计算机渲染。这些CAD模型还可以作为3D打印机的输入模型，并为最终生产提供可复制数据。

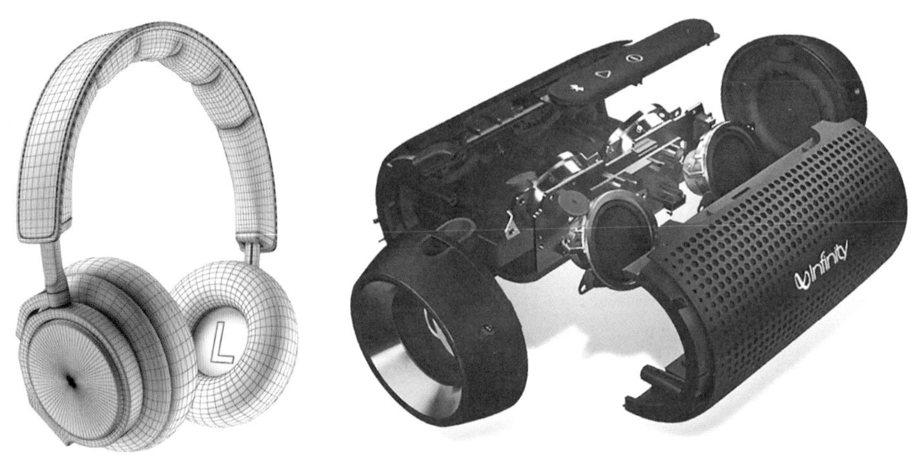

设计绘图交付

在设计交付阶段，视觉表达是设计概念交流的关键所在。设计图纸可以帮助设计师阐释自己的设计并说服他人。这对方案选择流程有着十分重要的促进作用。以此为目的制作的设计图纸往往具有丰富的信息和足够的吸引力，用通俗易懂的方式展现设计师的潜在思考。

内涵及原因

在交付阶段，草图和其他视觉表达的主要目的不再是探索创意，而是交流和传达设计概念。每一次方案展示和交付都是宏观开发流程的重要部分。每次展示都可能触发重要的决策：重做或是对流程中的某个阶段或某个部分进行迭代。

项目的性质决定了交付物的类型：战略路线图、系统结构、完整开发的产品或服务等。这些交付物既可能代表最终的决策结果，也可能作为某个方案与其他备选方案一同被评判。如果客户需要对不同的设计提案进行决策，或是决定项目是否继续，那么设计图纸应该尽可能详细、清晰且有说服力地展示设计特征，并且最好在相关场景中呈现。

思维方式：交付阶段的设计图纸主要用于定义和展示特定的设计特质。设计图纸作为交付媒介具备的优点是灵活性：混合的比例与视角以及不同的截面都可以根据需求进行展示。设计师还可以在图纸中营造并呈现某种特定的氛围，添加自己标志性的风格。始终要牢记展示目标和目标受众。展示设计图纸要达到什么目的？你的设计表达是如何达到该目的的？

何时应用

设计提案的详细视觉表达主要用于交付阶段。主要用于评估各设计提案针对主要设计标准的表现，并帮助相关方从中做出选择。

如何应用

因为每个项目的设计范畴都不相同，因此方案展示应该针对不同的项目突出不同方面的特征。根据项目的初始标准等各种因素，最终的交付图纸可能侧重于人与产品的交互体验或某个独特的工作原理，也可能需要突出某些重要的设计特征（例如可持续能源消耗、支撑系统、美学特征、装配计划、场景匹配度等）。要注意根据将要进行视觉表达的场景选择合适的视角和透视，以便更清晰地传达信息。例如，要评估用户在公交车站的体验，选择平视的角度表现更为清晰；为了便于建模或原型制作，选择鸟瞰图可以呈现更丰富的信息。

提示与注意

设计提案的媒介有多种形式，比如，数字演示、海报或设计手册。这些形式的媒介可以与实体模型和技术参数结合使用。此阶段的设计绘图通常会用数字化的方式进行，比如通过数字绘图板和电子笔在Photoshop或Sketchbook等软件中进行创作，还可以使用扫描的衬底辅助创作。根据所需传达的内容调整和改进构图方式。

设计图纸具备引导这个过程的能力。设计师可以通过视觉表达突出想要强调的主题，也可以将注意力从不相关的范围转移开。视觉表达可以影响设计提案的感知。

设计图纸的构图方式及强调手段有多种，这些技巧往往与提案媒介综合使用，以便为下一个开发步骤突出重点或做出决策。可以考虑应用图形设计的技巧，例如线条的粗细、背景效果、文字标注以及不同色调、饱和度和亮度。

局限和限制

人机交互相关的图纸在此阶段可以发挥作用。如果要获得与人机工程学和产品使用相关的可靠测试和结论，则需要构建3D模型并模拟使用情况。这个过程可能需要设计师重新回顾早期的草稿。

在这个接近完稿的阶段，设计师需要根据项目特征决定是否采用其他文档和表达媒介共同展示方案，例如物理模型、视频、CAD等。

参考资料及拓展阅读： Eissen, J. J., & Steur, R., 2009. Sketching. Bis Publishers. / Olofsson, E., & Sjölén, K., 2006. Design Sketching. KEEOS Design Books. / Robertson, S., & Bertling, T., 2013. How to Draw. Design Studio Press. / http://www.delftdesigndrawing.com/basics.html

设计原型通常分为两种类型：外观相似原型与功能相似原型。前者只需要外观看起来与预期成品相似，但并不一定具备具体的功能。后者在外观上不一定与预期成品相似，但功能可以达到预期效果。Layer设计公司的设计师Benjamin Hubert与Materialise公司合作创造了世界上第一台3D打印的消费市场轮椅“GO”的仿真模型。

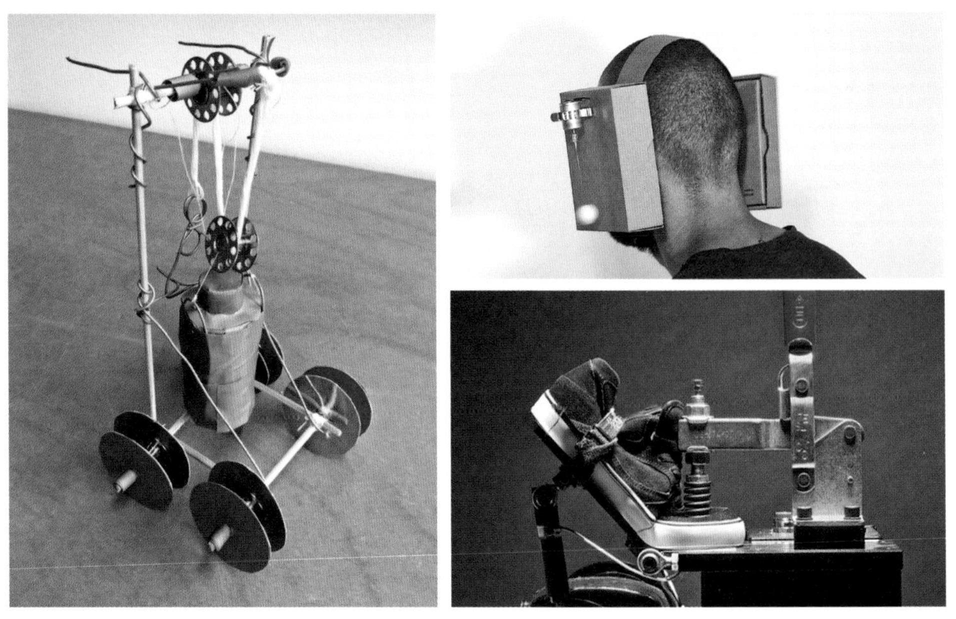

技术原型的目的是弄清楚最终成品的构建方式。设计师通过技术原型测试并验证自己的假设。技术原型并不追求美观，也不追求模拟完整的用户体验。它主要追求的是实现设计方案的工作原理。最终原型要尽可能地接近真实产品，并通过物理测试研究其相关性能。

三维实体模型

三维实体模型是一个表现产品创意的实体，它运用手工打造的模型展示产品方案。在设计流程中，三维实体模型通常用于从视觉上和材料上共同表达产品创意和设计概念。

内涵及原因

车间是设计师除笔之外最重要的工具。设计师可以在车间里探索无法绘制的形态，并测试设计用到的材料、形状、结构、连接和系统的属性。例如，3D打印机可以在很短的时间内多次迭代复杂的形态。

思维方式：在模型制作过程中，设计师的双手在一定程度上接管了思考过程。材料、形态、肌理、强度、硬度、柔软度的感知以及复杂机构的工作原理是无法在纸上进行计算或评估的。设计师还可以通过三维实体模型获得客观的测试结果。

何时应用

设计模型在设计实践过程中经常用到，它在产品研发过程中有着举足轻重的作用。设计的整个过程不光在设计师的脑海中进行，还应该在设计师的手中进行。在工业环境里，模型常用于测试产品的各方面特征，改变产品结构和细节，有时还用来帮助公司对某款产品的最终形态达成一致意见。在量产产品中，功能原型通常用于测试产品的功能和人机特征。如果在设定好生产线之后再进行改动，所需花费的成本和耗费的时间代价会非常大。因此，最终的设计原型可以辅助准备生产流程和制订生产计划。生产流程中的第一个阶段被称为“空系列”（Null Series）：这些产品从一定程度上讲仍是用于测试生产流程的产品原型。

提示与注意

从一些草模案例中寻找灵感。

在创意产生阶段，二维草图往往不足以表现想法，因此，纸张和胶带制作的简单草模对激发设计师的灵感有很大作用。

你可以在设计学校的橱窗或模型工作间看到展示模型。

巧妙利用车间工作人员的专业知识帮你制作模型。

熟能生巧：不断地练习制作模型的技能。

局限和限制

制作模型往往需要耗费大量的时间和成本。但在设计概念研发的过程中所花费的这些资源，将在很大程度上为之后的生产阶段降低错误发生的概率，若在生产中出现错误，则耗费的时间和成本远不止于此。

如何应用

三维模型在设计中的作用主要体现在以下三个方面：

（1）激发并拓展创意和设计概念。

在创意和概念的产生阶段经常会用到设计草模。这些草模可以用简单的材料制作，如白纸、硬纸板、泡沫、木头、胶带、胶水、铁丝和焊锡等。通过搭建草模，设计师可以快速呈现早期的创意，并将其改进为更好的创意或更详细的设计概念。这中间通常有一个迭代的过程，即画草图、制作草模、草图改进、制作第二个版本的草模……

（2）在设计团队中交流创意和设计概念。

在设计过程中会制作一个1:1的创意虚拟样板模型（dummy mock-up）。该模型仅具备创意概念中产品的外在特征，而不具备具体的技术工作原理。通常情况下，在创意概念产生的末期，设计师会制作虚拟样板模型以便呈现和展示最终的设计概念。该模型通常也被称为VIMO，即视觉模型（visual model）。在之后的概念发展阶段，需要用到一个更精细的模型，用于展示概念的细节。该细节模型和视觉模型十分相似，都是1:1大小的模型且主要展示设计产品外在特征。当然，此细节模型可以包含一些简单的产品功能。在设计流程中最终得出的三维模型是一个具备高质量视觉效果的外观模型。它通常由木头、金属或塑料加工而成，其表面分布了产品设计中的实际按钮等细节，表面也经过高质量的喷漆或特殊的处理工艺加工。这个最终模型最好也能具备主要的工作技术原理。

（3）测试并验证创意、设计概念和解决方案的原理。

概念测试原型的主要用途在于测试产品的特定技术原理在实际中是否依然可行。这类模型通常情况下是简化的模型，仅具备主要的工作原理和基本外形，省去了大量外观细节。这类模型通常也被称为FUMO，即功能模型（functional models）。产品的细节以及材料通常在早期的创意产生阶段已经决定。

第1步：在制作模型之前明确自己的目的。

第2步：应该在选材、计划和制作模型之前决定该模型的精细程度。

第3步：在创意生成的早期用到的设计草模，可以用身边触手可及的材料制作。但功能原型和展示模型就需要花精力详细计划制作方案。

参考资料及拓展阅读： Hallgrimsson, B., 2012. Prototyping and Modelmaking for Product Design. London: Laurence King. / Thompson, R. 2011. Prototyping and Low-Volume Production. London: Thames & Hudson.

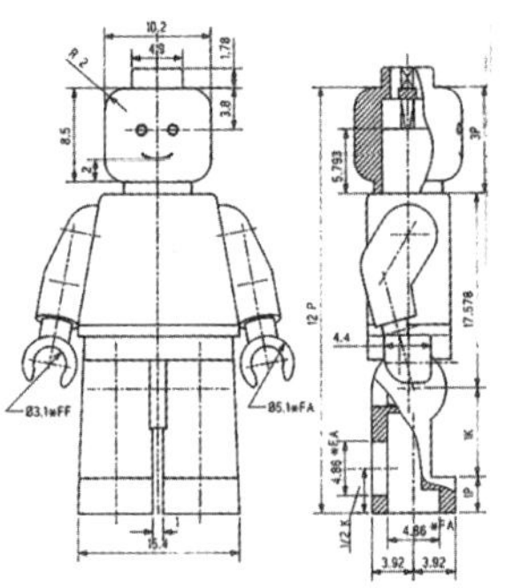

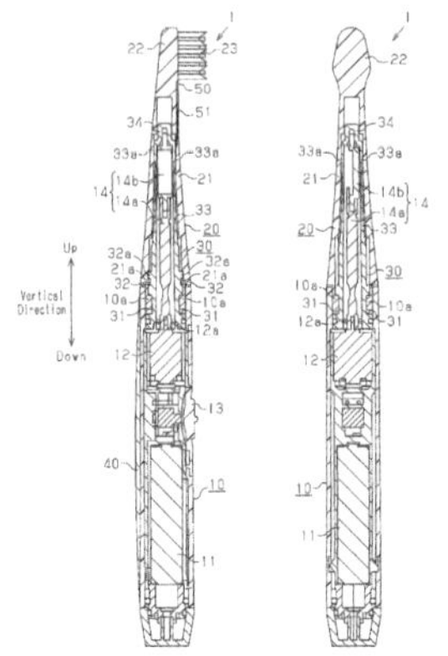

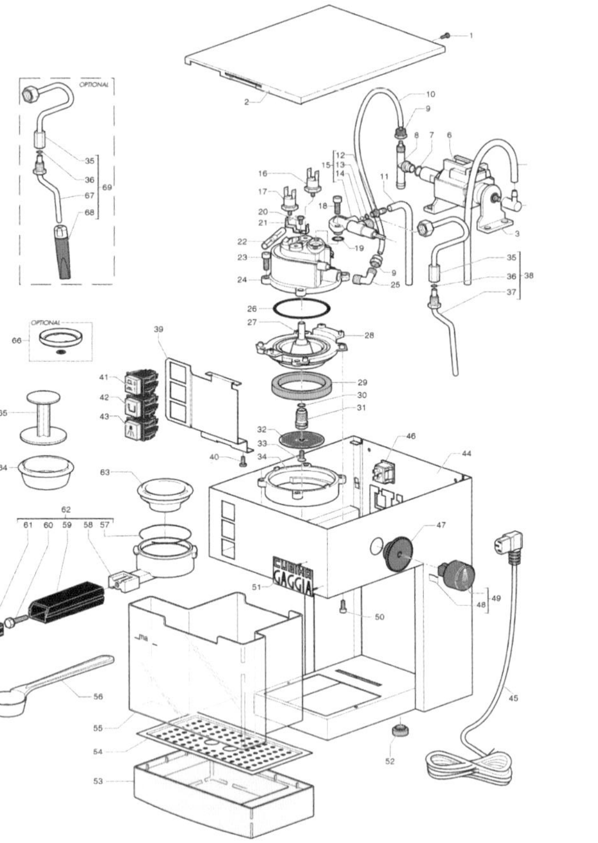

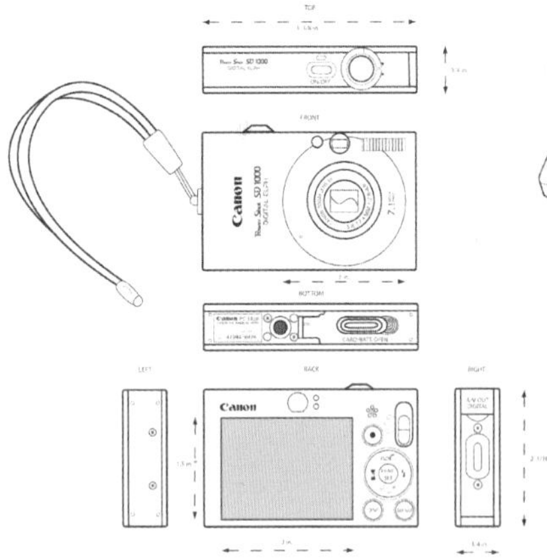

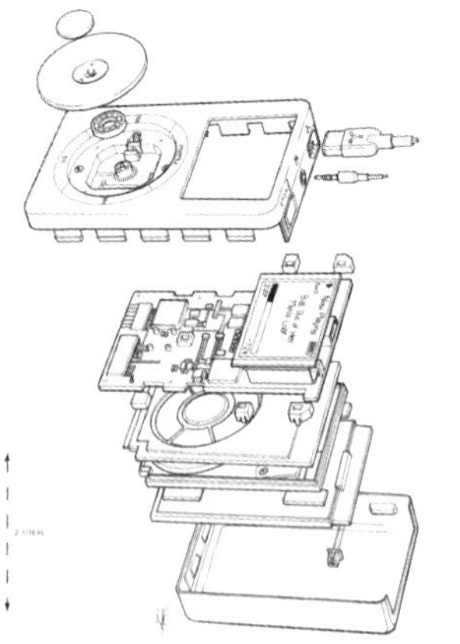

乐高小人的工程制图、电动牙刷的剖面图、佳能数码相机尺寸图、iPod和方形浓缩咖啡机的爆炸图。
空客双层喷气式客机A330图纸。

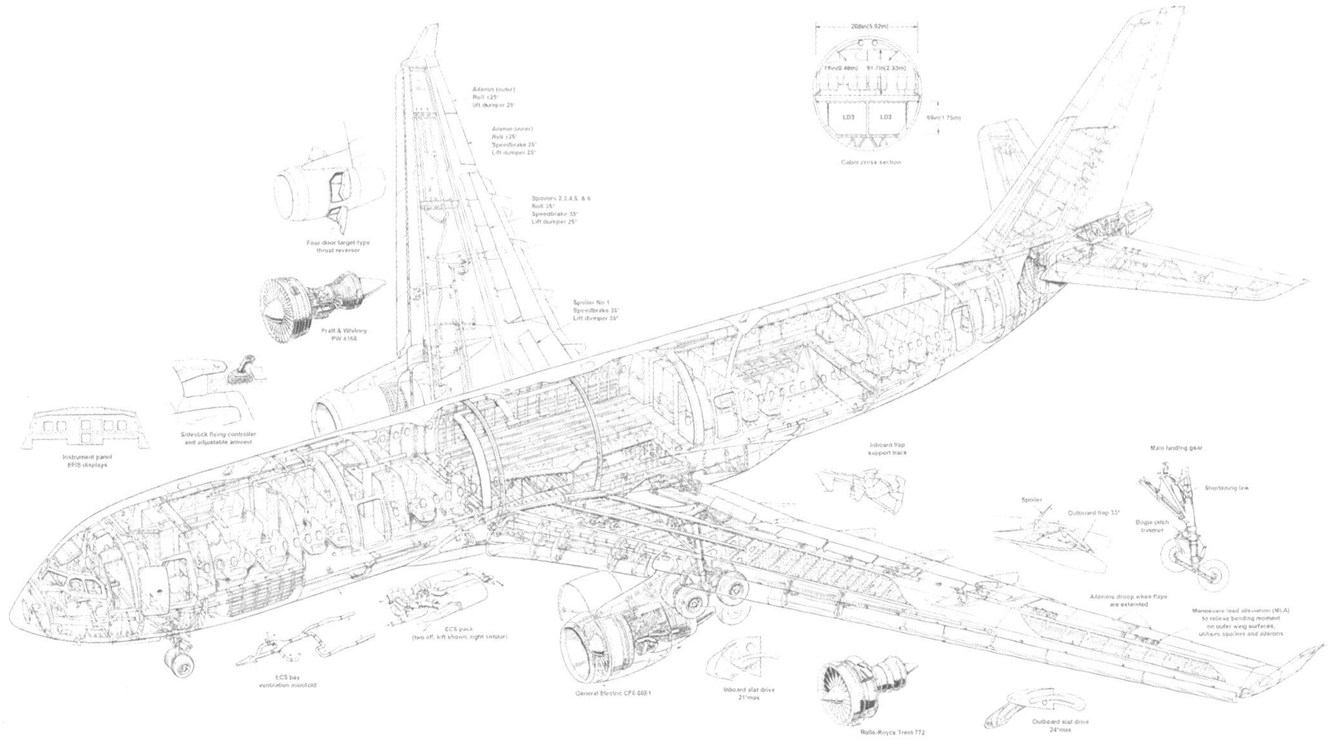

技术文档

技术文档是一种使用标准3D数字模型和工程图纸对设计方案进行精准记录的方法。3D模型数据还可以用于模拟并控制产品生产及零件组装的过程。在此基础上，还能运用渲染技术或动画的手法展示设计概念。

内涵及原因

技术文档与3D模型是设计师与车间工人或制造商之间的标准化交流方式。理论上讲，设计师的想法可以在车间完全准确得以实现。即便是在3D打印机和计算机驱动的制造时代，技术文档也是产品开发过程中的一个重要环节，以及对外询价过程中最重要的沟通工具。

思维方式：站在图纸接收方的立场想象一下：制造零件或产品需要哪些信息。设计师的技术图纸或文档中，不应该缺少必要信息，也不应该包含过多繁冗信息。

何时应用

技术文档一般用于概念产生后，选择材料并研究生产方式的阶段，即设计方案具体化（materialization）阶段。除此之外，技术文档也为设计的初始阶段提供支持，帮助生成设计概念，并探索设计方案的生产过程、技术手段等因素的可能性。有些项目需要从基础零部件开始建立技术文档，例如电池、内部骨架等（自下而上的设计）。这些模型的打印纸可以作为探索设计形态的基础，明确设计的几何形态与空间限制等。通过快速加工技术可以创造出有形的模型，如壳型模型或产品外壳等。最后，技术文档还可用于制作产品外部构造（自上而下的设计）。

如何应用

SolidWorks一类的设计软件可用于构建参数化的3D数字模型。这类模型建立在特征建模概念的基础上，即不同的部件是由不同的几何形态（如圆柱体、球体或其他有机形态等）结合或削减得出的。3D模型可以是实心的，还可以是曲面建模成型的（即运用零厚度曲面），后者在有机形态中的使用尤为广泛。一个产品（或组装部件）的3D模型可以由不同的零部件组合而成。不同部件之间的组合特征关系相互关联。如果你有不错的空间想象能力，那么经过60~80小时的训练，便可以掌握基本建模技巧。标准的工程图在设计中的主要作用在于保证并规范生产质量并控制误差。因此，设计师应该对“制造语言”具备良好的读、写、说的能力。

第1步：在概念设计阶段创建一个初步的3D模型。在设计早期，可以运用动画的形式探索该3D模型机械结构的行为特征。

第2步：在设计方案具体化的过程中，在建模软件中赋予3D模型可持续的材料，并通过虚拟现实的方式观察、预测该部件在生产流程中的行为表现（例如在注模和冷却过程中会出现怎样的情况）。同时，也可以进行一些故障分析，如强度分析等。当然，还可以摸索产品的形态、色彩和肌理。

第3步：在设计末期，重新建立一个具体详细的3D模型，并导出所需的工程图，以确保设计方案在加工制造过程中能最大程度地满足属性与功能要求。

第4步：在设计结束后，可以运用最终的3D模型控制生产线上的机器，或制造相关生产工具。

第5步：最后，还可以利用该模型的渲染效果图，如产品爆炸图、装配图或动画等辅助展示产品设计的材料（设计报告、产品手册、产品包装等）。

提示与注意

预先确定建模策略和时间安排。

制定产品数据管理策略（如文件管理、不同版本的部件和产品管理等）。

尽可能对称地建立部件和装配件的3D模型。

提前考虑产品在生产中可能遇到的实际问题。

在设计具体化阶段，重新建模，将所有细节都包含其中。

运用工程图标准绘制合理的工程图。

3D模型和设计草图结合使用在设计过程中十分有效。

由于设计过程是一个逐步细化的过程，因此，无论是3D建模还是设计草图都会逐渐耗费更多的时间和精力。

注意经常备份文件。

局限和限制

数字形态可以在虚拟世界中存在，但在现实世界中并非完全可行。因此在数字建模完成后需要进行现实可行性检查。

显示屏中的任何对象都可以不依附其他东西飘浮在空中。

参考资料及拓展阅读： Bertone, G.R. & Wiebe, E.N., 2002. Technical Graphics Communication. Blacklick, OH: McGraw-Hill College. / Breedveld, A., 2011. Producttekenen en - documenteren: van 3D naar 2D. The Hague: Academic Service. / Bremer, A.P., 2004. Technisch documenteren. Delft: Delft University of Technology.

“每个学生毕业后都应该好好问问自己，是更想赚钱还是更想做有意义的事。”

巴克明斯特·富勒

终章

索引

图书在版编目(CIP)数据

设计方法与策略：代尔夫特设计指南 / 荷兰代尔夫特理工大学工业设计工程学院著；倪裕伟译. -- 2版.
-- 武汉：华中科技大学出版社, 2023.9 （2025.1重印）
ISBN 978-7-5680-9702-4

Ⅰ. ①设… Ⅱ. ①荷… ②倪… Ⅲ. ①设计学 Ⅳ. ①TB21

中国国家版本馆CIP数据核字(2023)第154818号

湖北省版权局著作权合同登记 图字：17-2023-118号

书　　名 **设计方法与策略（第二版）：代尔夫特设计指南**
　　　　 Sheji Fangfa yu Celue (Di-er Ban): Daierfute Sheji Zhinan
作　　者 [荷]代尔夫特理工大学工业设计工程学院
译　　者 倪裕伟
原版编辑 Annemiek van Boeijen
　　　　 Jaap Daalhuizen
　　　　 Jelle Zijlstra
策划编辑 徐定翔
责任编辑 徐定翔
封面设计 杨小勤
责任校对 陈元玉
责任监印 周治超

出版发行 华中科技大学出版社（中国·武汉）
　　　　 武汉市东湖新技术开发区华工科技园（邮编430223 电话027-81321913）
录　　排 武汉东橙品牌策划设计有限公司
印　　刷 武汉精一佳印刷有限公司
开　　本 889mm x 1194mm 1/16
印　　张 14
字　　数 440千字
版　　次 2025年1月第2版第2次印刷
定　　价 139.90元

本书若有印装质量问题，请向出版社营销中心调换
全国免费服务热线400-6679-118竭诚为您服务